# 数学考房

## 大人の楽しい

田中 聰

東京図書出版

この本は数学だけでなく、科学の面白さや楽しさを知っていただくために書きました。したがって、即戦力を養う受験目的の参考書ではありません。最近、若い人の理科離れが進んで、将来の科学技術の発展に危機を感じております。いや、若い人だけでなく一般の社会人の間にも"理科離れ"が浸透してきています。理科離れは小学校高学年から始まっていると聞いています。これは数学（算数）や理科は公式を用いて問題を解くと考えているためと思われます。特に幼少期や小学校低学年時代は好奇心旺盛で見るもの聞くものすべてに"好奇心"や"不思議さ"を抱いています。それに大人が真剣に対応していないためではないでしょうか。そのため、物事に対する好奇心が薄れて、何事にも興味を示さなくなってしまいます。しかし、試験ではよい点数を取りたい。とりあえず、理解できないが公式だけを覚えておこう。この公式がどのように導かれたかというもっとも大事な事柄を無視して‥‥。数学とは"考える"学問です。古代ギリシャでは自然哲学と呼ばれていました。先人達がいろいろと考えて、失敗を重ねて、やっとある法則を発見し、感動をした。辛いマラソンを完走して味わう満足感と感動、一歩一歩険しい山を登って山頂で見た景色に感動する。感動とは努力や苦労の後に与えられる"神からの褒美"です。一度、この感動を体験すると、また、味わいたくなる。この連鎖が好奇心を呼び起こすと思います。数学や算数においても然り！ 数学とは公式を覚えるのではなく、偉大な数学者、科学者が苦労して発見した法則や定理をゆっくりと理解することです。そのためにもっとも大事なことは"なぜ？ どうして？"と"考える"ことです。数学や算数の問題を何時間も（長いときは何日も）考えて、解答にたどり着いたときの感動！ たとえ解答にたどり着けなくても、後で解答を教えてもらった時の"そうか！"と叫ぶときの感動！ この感動は忘れないものです。

　この本の内容は小学校高学年あるいは中学生程度から高校程度か大学１から２年生程度の微分積分までを含んでいます。学校などで一般に用いられている段階的な教科書とは違って、できるだけ初めから大学程度の内容を含めるようにしました。公式をつかうのではなく、ゆっくりと"何故か？"を大事にすることによって充分理解されると信じています。また、科学にも親しんでいただくため、例題や問題に科学（特に物理）の話題をできるだけ取り入れるようにしました。

# 目次

| | | |
|---|---|---|
| 第1章 | **数（数値）とは？** | 7 |
| 1.1 | いろいろな数字 | 7 |
| 1.2 | ゼロの発見 | 8 |
| 1.3 | 負の数の発見 | 9 |
| 1.4 | 自然数、整数 | 9 |
| 1.5 | 数直線 | 10 |
| 1.6 | 掛け算 (×)、割り算 (÷)、分数 (/) | 11 |
| 1.7 | 累乗（べき乗）と指数とルート | 14 |
| 1.8 | 記数法 | 16 |
| 1.9 | 数の性質 | 17 |
| 1.10 | 不思議な数 | 18 |
| 1.11 | 有理数と無理数 | 19 |
| 1.12 | うその数（虚数） | 20 |
| 1.13 | 文字記号と数値 | 21 |
| 1.14 | 単位 | 21 |
| 1.15 | 第1章 解答 | 23 |
| 第2章 | **式と方程式** | 26 |
| 2.1 | 式 | 26 |
| 2.2 | 方程式 | 27 |
| 2.3 | 恒等式 | 27 |
| 2.4 | 1次方程式 | 28 |
| 2.5 | 1次不等式 | 29 |
| 2.6 | （2元1次）連立方程式 | 30 |

| | | |
|---|---|---|
| 2.7 | （1元）2次方程式 | 31 |
| 2.8 | 2次方程式の一般解 | 33 |
| 2.9 | 2次不等式 | 35 |
| 2.10 | 高次方程式 | 36 |
| 2.11 | Appendix-A：図形と2次方程式 | 36 |
| 2.12 | Appendix-B：3次方程式の解法 | 38 |
| 2.13 | 第2章 解答 | 39 |

## 第3章 関数とグラフ（座標） 45

| | | |
|---|---|---|
| 3.1 | 関数 | 45 |
| 3.2 | グラフ（座標） | 45 |
| 3.3 | 1次関数 | 46 |
| 3.4 | 比例と反比例 | 48 |
| 3.5 | (2元1次) 連立方程式 | 50 |
| 3.6 | 2次関数 | 51 |
| 3.7 | 平行移動 | 54 |
| 3.8 | 関数不等式 | 55 |
| 3.9 | 逆関数 | 57 |
| 3.10 | Appendix-A:簡単な微分 | 58 |
| 3.11 | 第3章 解答 | 59 |

## 第4章 幾何（平面図形） 63

| | | |
|---|---|---|
| 4.1 | ユークリッド幾何学 | 63 |
| 4.2 | 三角形（基本図形） | 64 |
| 4.3 | 二つの三角形の合同 | 65 |
| 4.4 | 二等辺三角形と正三角形 | 67 |
| 4.5 | 平行四辺形と台形 | 68 |
| 4.6 | 三角形の相似 | 69 |
| 4.7 | 円 | 75 |
| 4.8 | 図形と面積 | 78 |
| 4.9 | ピタゴラスの定理（三平方の定理） | 79 |
| 4.10 | 円錐曲線 | 81 |
| 4.11 | Appendix-A:正五角形と黄金比 | 84 |

| 4.12 | 第 4 章 解答 . . . . . . . . . . . . . . . . . . . . . . . . . . . | 86 |

## 第 5 章　三角関数　　99

| 5.1 | 三角法 . . . . . . . . . . . . . . . . . . . . . . . . . . . . . . | 99 |
| 5.2 | 三角関数の定義 . . . . . . . . . . . . . . . . . . . . . . . . . | 100 |
| 5.3 | 正弦定理と余弦定理 . . . . . . . . . . . . . . . . . . . . . . . | 102 |
| 5.4 | 加法定理 . . . . . . . . . . . . . . . . . . . . . . . . . . . . . | 104 |
| 5.5 | 三角関数の合成 . . . . . . . . . . . . . . . . . . . . . . . . . | 107 |
| 5.6 | 逆三角関数 . . . . . . . . . . . . . . . . . . . . . . . . . . . . | 108 |
| 5.7 | 振動（三角関数の応用 1） . . . . . . . . . . . . . . . . . . . . | 109 |
| 5.8 | 波（三角関数の応用 2） . . . . . . . . . . . . . . . . . . . . . | 112 |
| 5.9 | 第 5 章 解答 . . . . . . . . . . . . . . . . . . . . . . . . . . . | 118 |

## 第 6 章　指数関数と対数関数　　120

| 6.1 | 累乗と指数の公式 . . . . . . . . . . . . . . . . . . . . . . . . | 120 |
| 6.2 | 指数関数と対数関数 . . . . . . . . . . . . . . . . . . . . . . . | 121 |
| 6.3 | 常用対数 . . . . . . . . . . . . . . . . . . . . . . . . . . . . . | 123 |
| 6.4 | ネイピア数 $e$ と自然対数 . . . . . . . . . . . . . . . . . . . . | 126 |
| 6.5 | オイラーの公式 . . . . . . . . . . . . . . . . . . . . . . . . . | 127 |
| 6.6 | 第 6 章 解答 . . . . . . . . . . . . . . . . . . . . . . . . . . . | 129 |

## 第 7 章　ベクトル　　130

| 7.1 | ベクトルの定義 . . . . . . . . . . . . . . . . . . . . . . . . . | 130 |
| 7.2 | ベクトルの合成と釣り合い . . . . . . . . . . . . . . . . . . . | 131 |
| 7.3 | 力学とベクトル . . . . . . . . . . . . . . . . . . . . . . . . . | 133 |
| 7.4 | ベクトルの内積（スカラー積） . . . . . . . . . . . . . . . . . | 137 |
| 7.5 | ベクトルの外積（ベクトル積） . . . . . . . . . . . . . . . . . | 140 |
| 7.6 | ベクトルの座標表現 . . . . . . . . . . . . . . . . . . . . . . . | 142 |
| 7.7 | ベクトル方程式：三次元空間内の平面、直線 . . . . . . . . . . | 145 |
| 7.8 | 第 7 章 解答 . . . . . . . . . . . . . . . . . . . . . . . . . . . | 148 |

## 第 8 章　行列と行列式　　152

| 8.1 | 行列の定義 . . . . . . . . . . . . . . . . . . . . . . . . . . . . | 152 |
| 8.2 | 行列の足し算と引き算 . . . . . . . . . . . . . . . . . . . . . . | 153 |

| | | |
|---|---|---|
| 8.3 | 行列の掛け算 | 154 |
| 8.4 | 逆行列と行列式 | 156 |
| 8.5 | 連立方程式 | 159 |
| 8.6 | ガリレオ変換とローレンツ変換 | 160 |
| 8.7 | ベクトルの回転 | 162 |
| 8.8 | 第 8 章 解答 | 165 |

## 第 9 章　数列　170

| | | |
|---|---|---|
| 9.1 | 数列とは？ | 170 |
| 9.2 | 数列の和 | 171 |
| 9.3 | 等差数列 | 173 |
| 9.4 | 等比数列 | 174 |
| 9.5 | $a_n = n^p$ の形の数列の和 | 175 |
| 9.6 | $a_n = \frac{1}{n(n+1)}$ の形の数列の和 | 176 |
| 9.7 | 階差数列 | 177 |
| 9.8 | 二項定理 | 178 |
| 9.9 | 数学的帰納法 | 181 |
| 9.10 | 数列の極限 | 183 |
| 9.11 | 区分求積法（取り尽くし法） | 184 |
| 9.12 | ネイピア数：$e$ | 187 |
| 9.13 | Appendix-A: 奇数和と自然数の三平方の定理 | 189 |
| 9.14 | Appendix-B: フィボナッチ数列 | 190 |
| 9.15 | Appendix-C: 順列と組み合わせ | 192 |
| 9.16 | 第 9 章 解答 | 194 |

## 第 10 章　微分　201

| | | |
|---|---|---|
| 10.1 | 関数の極限 | 201 |
| 10.2 | 関数の連続性（正則性）と中間値の定理 | 205 |
| 10.3 | 微分の定義 | 207 |
| 10.4 | 微分の公式 1 | 210 |
| 10.5 | 変形関数と逆関数の導関数 | 212 |
| 10.6 | 三角関数の導関数 | 215 |
| 10.7 | 指数関数・対数関数の導関数 | 216 |

| | | |
|---|---|---|
| 10.8 | 高階の微分 | 218 |
| 10.9 | 微分と関数の形 | 218 |
| 10.10 | 冪 (べき) 級数展開 | 222 |
| 10.11 | オイラーの公式 | 224 |
| 10.12 | 運動法則 | 226 |
| 10.13 | （力学における）ベクトル量の微分 | 229 |
| 10.14 | Appendix-A: バーゼル問題とオイラーの解法 | 233 |
| 10.15 | Appendix-B: ベクトル微分公式 | 236 |
| 10.16 | 第 10 章 解答 | 237 |

## 第 11 章 積分　246

| | | |
|---|---|---|
| 11.1 | 積分の定義 | 246 |
| 11.2 | 置換積分法 | 249 |
| 11.3 | 部分積分法 | 251 |
| 11.4 | 面積と定積分 | 253 |
| 11.5 | 体積と定積分 | 254 |
| 11.6 | 曲線の長さと定積分 | 255 |
| 11.7 | 微分方程式 | 257 |
| 11.8 | フーリエ（Fourier）級数 | 264 |
| 11.9 | 第 11 章 解答 | 268 |

## 参考文献　275

## 索引　276

# 第1章

# 数（数値）とは？

　数はどのように生まれてきたのだろうか。初めは、狩りをしたときの獲物や農耕で収穫した作物など、"物を数える"ことから生まれたと考えられている。集団生活で物を分配する場合、物を数える必要性がある。一人では物を数える必要がない。このように"物を数える"ということは、1から始めて$1, 2, 3, \cdots$と数える。したがって、ここではゼロや負の数（$-1, -2, -3, \cdots$）の考え方は生まれてこないだろう。文明が発達して数え方も進歩すると、"物にまつわる数"ではなく、より一般的な数（"抽象的な数"）の概念が生まれてきた。
この章では、数の歴史、数の性質、四則演算、さらに数に付随した単位などについて解説する。

## 1.1 いろいろな数字

　現在、私たちが一般に使っている数字は"アラビア数字"、"漢数字"、"ローマ数字"である。

### 1.1.1 アラビア数字

　アラビア数字（算用数字）はインドで発明（発見？）され、8世紀後半にアラビアに入り、12世紀後半にアラビアからヨーロッパに広まっていったと言われている。

$$1, 2, 3, 4, 5, 6, 7, 8, 9, 0$$

しかし、アラブ世界ではアラビア数字は"インド数字"と呼ばれている。

## 1.1.2 漢数字

漢数字は中国で発明されて主に日本や東アジアで現在も使われているが、この表記法は筆算には適さず、主に文字として用いられている。

零, 一 (壱), 二 (弐), 三 (参), 四, 五, 六, 七, 八, 九, 十 (拾), 百, 千, 万, $\cdots$
（2017 年 $\implies$ 二千十七年）

## 1.1.3 ローマ数字

ローマ数字は古代ローマ時代に発明され、主にヨーロッパで広まった。この表記法も漢数字と同じく筆算には適さず、文字として使われている。

I, II, III , IV, V, VI, VII, VIII, IX, X(10), L(50), C(100), D(500), M(1000), $\cdots$
（2017 年 $\implies$ MMXVII 年）

漢数字やローマ数字が筆算に適さないのは、数字や位取りが複雑なこともあるが、ゼロがないことが大きな理由と考えられる。例えば、2017 年を漢数字では二千十七年、ローマ数字では MMXVII 年と表記する。そのため、計算にはもっぱら算盤[*1]が用いられた。

# 1.2 ゼロの発見

6 世紀ごろインドでゼロ（空）が発見され[*2]、9 世紀ごろにインドからアラビアへ伝わり、その後、ヨーロッパに伝わった。日本には 17 世紀ごろ伝わってきたと言われている。位取りとしてのゼロは紀元前から考えられていて、算盤のように空位のところを空けることによって表記していた。しかし、数学の概念としてゼロを最初に使ったのはインドである。ゼロの導入はアラビア数字と相まって表記法としての数字だけでなく、計算法としても飛躍的な発展をした。

---

[*1] 算盤にはゼロに対応するものとして、位取り（空位）がある。
[*2] インドの数学者 ブラーマグプタの著書である天文の書『ブラーマ・スプタ・シッダーンタ』（AC：628 年）の中に、ゼロを用いた演算の規則が書かれている。

## 1.3 負の数の発見

古代ギリシャや中世ヨーロッパでは、数学は図形の学問が主流であった。そのため、負の数の概念はなかった。2次方程式や高次方程式（第 2 章§ 2.12 Appendix-B 参照）の解としては正の答えのみを採用して、負の答えは無意味として捨てられた。15 世紀ごろインドでは、負の数は商売上の負債（赤字）の考え方から用いられていたが、数学としては認知されていなかった。17 世紀になって、デカルトやオイラーによって負の数の数学的概念が出来上がった。

## 1.4 自然数、整数

### 1.4.1 自然数

自然数とは、1 から始めて 1 ずつ増える数の集合であり、ゼロは含まれない。

$$1, 2, 3, 4, 5, 6, 7, 8, 9, 10 \cdots$$

### 1.4.2 整数

整数とは、0 を中心にして 1 ずつ減じた数と 1 ずつ増える数の集合であり、ゼロは含まれる。

$$\cdots, -5, -4, -3, -2, -1, 0, 1, 2, 3, 4, 5, \cdots$$

### 1.4.3 偶数

偶数とは、2 で割り切れる整数をいう。したがって、偶数は 2 の倍数である。

$$\cdots, -8, -6, -4, -2, 0, 2, 4, 6, 8 \cdots$$

### 1.4.4 奇数

奇数とは、2 で割ると 1 余る整数をいう。したがって、奇数は 2 の倍数に 1 を加えた整数、あるいは 2 の倍数に 1 を減じた整数である。

$$\cdots,\ -7,\ -5,\ -3,\ -1,\ 1,\ 3,\ 5,\ 7\ \cdots$$

## 1.5 数直線

図 1.1 では、直線上に左から右に、負の数から 1 ずつ増した数字が記されている。0 を中心にして、左側は負の領域、右側が正の領域を示している。この直線を数直線という。

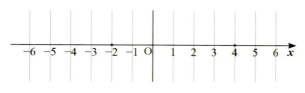

図 1.1 数直線

### 1.5.1 数直線と足し算 (+)、引き算 (−)

数直線(図 1.1 参照)を用いると、足し算や引き算が理解しやすい。例えば、4 から $-2$ を引く場合($4-(-2)=$)、数直線上では 4 と $-2$ の間の差を意味している。即ち、この差は 6 で 4 と 2 を足した数($4-(-2)=4+2=6$)に等しい。また、$-6$ から $-2$ を引く場合($-6-(-2)=$)、数直線上では $-6$ と $-2$ の間の差であるが、$-6$ のほうが $-2$ より小さいのでこの差は $-4$ となる。即ち、$-6$ に 2 を足した数($-6-(-2)=-6+2=-4$)に等しい。いろいろな足し算、引き算を数直線上で確かめてみよう。

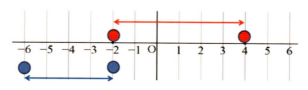

図 1.2 数直線

### 1.5.2 絶対値

数値を $|\cdots|$ で囲むことによって、数値を正値に変換する記法である。例えば、$-3$ の絶対値:$|-3|$ は 3 である。

$$|-3|=|3|=3$$

第1章 数（数値）とは？

## 1.6 掛け算 (×)、割り算 (÷)、分数 (/)

### 1.6.1 掛け算 (×)

例えば、3が5個あること、または5が3個あることを表す記法として × を用いる。

$$3 + 3 + 3 + 3 + 3 = 3 \times 5 = 5 + 5 + 5 = 5 \times 3 = 15$$

掛け算（または割り算）と足し算（または引き算）が混ざった演算（計算）の場合、計算の順序は掛け算（または割り算）を先に行い、足し算（または引き算）を後で行う。例えば、

$$3 \times 5 + 2 \times 4 = 15 + 8 = 23$$

### 1.6.2 分配の法則と結合の法則

例えば、3が5個あることを 3が3個と3が2個の和で表すこともできる。このことを括弧でまとめて、次のように書く。

$$3 + 3 + 3 + 3 + 3 = 3 \times 3 + 3 \times 2 = 3 \times (3 + 2) = 3 \times 5 = 15$$

このように、括弧で囲まれた演算は先に行う。

### 1.6.3 割り算 (÷)

例えば、15の中に3がいくつあるか？ これは掛け算の逆の演算（操作）、即ち、割り算である。

$$15 \div 3 = 5$$

15を3で割るということは、15を3等分したときの値である。

### 1.6.4 分数 (/)

割り算表記 (÷) は分数表記 (/) を用いて表すことができる[*3]。例えば、5を3で割るということは、5を3等分した値であるが、1を3等分した値を5倍した値でもある。

$$5 \div 3 = \frac{5}{3} = 5 \times \frac{1}{3} \quad (1を3等分した値の5倍)$$

---

[*3] ドイツやフランスでは、割り算表記（÷）を使わず、初めから分数表記（/）を使っている。

**12**

分数：$a/b$ において、$a$ を分子、$b$ を分母という。分子が分母より小さい分数を真分数、分子が 1 の分数を単位分数という。分数表記のほうが計算上便利であり、高学年では分数表記を使うことが多い。

### 分数の足し算

例えば、1/6 と 3/4 を加えると 11/12 になるのはなぜかについて考えてみよう。

$$\frac{1}{6} + \frac{3}{4} = \frac{2}{12} + \frac{9}{12} = \frac{11}{12}$$

1/6 とは、面積 1 の円を扇形に 6 等分した面積、即ち 12 等分した面積の 2 倍に等しい。同様に、3/4 は、面積 1 の円を扇形に 4 等分した面積の 3 倍、即ち 12 等分した面積の 9 倍に等しい。したがって、この面積を加えると、12 等分した面積の 11 倍に等しい。したがって、11/12 になる。

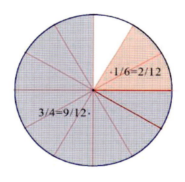

図 1.3

### 分数の掛け算

例えば、2/3 と 2/7 をかけると 4/21 となるのはなぜかについて考えてみる。

$$\frac{2}{3} \times \frac{2}{7} = \frac{4}{21}$$

2/3 とは 1/3 を 2 倍した値であり、2/7 とは 1/7 を 2 倍した値である。したがって、2/3 × 2/7 は 1/3 × 1/7 の 4 倍になる。1/3 × 1/7 は 1/3 を 7 等分することである。1/3 は面積 1 の円を扇形に 21 等分した面積の 7 倍なので、この面積を 7 等分すると、

# 第1章 数（数値）とは？

$1/3 \times 1/7 = 1/21$ となり、これを 4 倍すれば、4/21 になる (図 1.4 参照)。

$$\frac{2}{3} \times \frac{2}{7} = \frac{1}{3} \times \frac{1}{7} \times 4 = \frac{7}{21} \times \frac{1}{7} \times 4 = \frac{4}{21}$$

一般に、次式が成り立つ。

$$\frac{b}{a} \times \frac{d}{c} = \frac{bd}{ac}$$

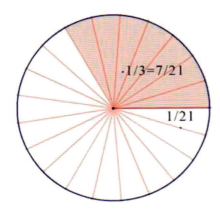

図 1.4　分数の掛け算　　　図 1.5　分数の割り算

### 分数の割り算

例えば、2/3 を 2/7 で割ると 14/6 となるのはなぜかについて考える。

$$\frac{2}{3} \div \frac{2}{7} = \frac{14}{6}$$

2/3 を 2/7 で割るということは、面積 1 の円を扇形に 21 等分した面積の 14 倍 (2/3 = 14/21) の中に、面積 1 の円を扇形に 21 等分した面積の 6 倍 (2/7 = 6/21) がいくつあるかを考えればよい。この答えは 2 個と余り 2/21 (面積 1 の円を扇形に 21 等分した面積の 2 倍) である。この余り 2/21 は 2/7(= 6/21) を 3 等分した値、即ち 3 分の 1 である。したがって、答えは $2 + 1/3 = 14/6$ となる (図 1.5 参照)。一般に、次式が成り立つ。

$$\frac{b}{a} \div \frac{d}{c} = \frac{\frac{b}{a}}{\frac{d}{c}} = \frac{\frac{b}{a} \times ac}{\frac{d}{c} \times ac} = \frac{bc}{ad}$$

**為替レート**

分数の例として、為替のレートを考えてみよう。1 ドル 95 円の場合と 1 ドル 105 円の場合では、どちらのほうが円高か？（円の価値が高いか？）円の価値とは 1 円当たりの価値なので、

$$1\text{ ドル } 95\text{ 円の場合の円の価値}：1\text{ 円当たりのドルの値} = \frac{1\text{ ドル}}{95\text{ 円}} = 約 0.0105\text{ ドル/円}$$

$$1\text{ ドル } 105\text{ 円の場合の円の価値}：1\text{ 円当たりのドルの値} = \frac{1\text{ ドル}}{105\text{ 円}} = 約 0.0095\text{ ドル/円}$$

となる。したがって、1 ドル 95 円の場合のほうが、1 ドル 105 円の場合より円の価値が高い、即ち、円高である。

### 1.6.5 問題

(1)： $-1$ と $-1$ をかけると $+1$ となるのはなぜか？

$$(-1) \times (-1) = 1$$

(2)： 古代エジプトでは、1 以下の数値は単位分数と 2/3 で表していた。例えば、

$$\frac{2}{7} = \frac{1}{4} + \frac{1}{28}$$

2/5 を単位分数の和で表せ。

(3)： ある日の為替レートで、1 ドルが 81 円、1 ユーロが 105 円であった。1 ドルは何ユーロか？

(4)： 東京と新大阪間、約 560 km を 2 時間 30 分で走る新幹線のぞみの平均時速はいくらか？ また平均分速はいくらか。

## 1.7 累乗（べき乗）と指数とルート

### 1.7.1 累乗 (べき乗) と指数

例えば、3 を 6 個掛けるとき、

$$3 \times 3 \times 3 \times 3 \times 3 \times 3 = 3^6$$

# 第1章 数（数値）とは？

と書く。これを 3 の 6 乗と読む。肩の 6 を指数といい、掛ける個数を表している。したがって、$6 = 6^1$ である。また、

$$7^2 \times 7^3 = 7 \times 7 \times 7 \times 7 \times 7 = 7^{2+3} = 7^5$$

ルート記号：$\sqrt{\cdots}$

$$5 = 5^1 = 5^{\frac{1}{2}} \times 5^{\frac{1}{2}} = \left(5^{\frac{1}{2} \times 2}\right) = \left(5^{\frac{1}{2}}\right)^2$$

また、

$$5 = 5^1 = 5^{\frac{1}{3}} \times 5^{\frac{1}{3}} \times 5^{\frac{1}{3}} = \left(5^{\frac{1}{3}}\right)^3$$

5 の 1/2 乗のことを $\sqrt{5}$ と書き、ルート 5 あるいは 5 の 2 乗根と読む。

$$5^{\frac{1}{2}} \equiv \sqrt{5}$$

5 の 1/3 乗のことを 5 の 3 乗根という。

$$5^{\frac{1}{3}} \equiv \sqrt[3]{5}$$

べき乗の掛け算は指数の足し算になる。

$$5^{\frac{2}{3}} \times 5^{\frac{1}{4}} = 5^{\frac{2}{3}+\frac{1}{4}} = 5^{\frac{11}{12}}$$

べき乗のべき乗は指数の掛け算になる。

$$5^2 = 5^{\frac{2}{3}} \times 5^{\frac{2}{3}} \times 5^{\frac{2}{3}} = \left(5^{\frac{2}{3}}\right)^3$$

べき乗の割り算は指数の引き算になる。

$$\frac{5^2}{5^6} = \frac{5 \times 5}{5 \times 5 \times 5 \times 5 \times 5 \times 5} = \frac{1}{5 \times 5 \times 5 \times 5} = \frac{1}{5^4} = 5^{-4} = 5^{2-6}$$

ゼロ乗は 1 である。

$$5^0 = 5^{2-2} = \frac{5^2}{5^2} = \frac{5 \times 5}{5 \times 5} = 1$$

## 1.8 記数法

数を表記するのに、様々な記数法がある。現在、私たちが使っているのは、10 で位が一つ上がる 10 進法の記数法である。また、時計のように 60 秒で 1 分、60 分で 1 時間というように 60 を単位とした 60 進法も使っている。古代バビロニアの人々は 60 進法を用いていたし、マヤ文明で有名なインカでは 20 進法を用いていたことが分かっている。また、コンピューターなどの電子機器では、0, 1 のみで表記する 2 進法が用いられている。

### 1.8.1 10 進法

10 進法とは 10 個の数字： 0，1，2，3，4，5，6，7，8，9 で、すべての数を表示する記数法である。例えば、

$$1425 = 1 \times 10^3 + 4 \times 10^2 + 2 \times 10 + 5$$

### 1.8.2 2 進法

コンピューターの基本はビット：ON (1), OFF (0) の 2 進法で構成されている。この基本単位（或いは最小単位）を 1 ビットという。例えば、2 進法で 1011 は

$$1011 = 1 \times 2^3 + 0 \times 2^2 + 1 \times 2 + 1$$

数値だけでなく、アルファベットや漢字などの文字は 8 ビットを単位とするバイトが用いられている。半角文字は 1 バイト ($2^8 = 256$ 通り)、全角文字は 2 バイト ($2^{16} = 65,536$ 通り) で表現されている。一般によく使われている 1 キロバイト (1kB と書く) は $1024(= 2^{10})$ バイトを指している。

### 1.8.3 問題

(1)： あなたの年齢を 2 進法で表せ。
(2)： 10000 秒は何時何分何秒か？
(3)： 2 進法で 101010 + 11111 の値は、10 進法ではいくらか？

## 1.9 数の性質

### 1.9.1 約数

ある整数 $a$ が整数 $b$ で割り切れるとき、整数 $b$ は整数 $a$ の約数という。
例えば、12 の約数は 1, 2, 3, 4, 6, 12 である。

### 1.9.2 素数

1 より大きい自然数で、1 とそれ自身の数以外に約数を持たない数である。
例えば、2, 3, 5, 7, 11, 13, 19, 23, $\cdots$, などは素数である。素数は無数に存在することが知られていて、大変奥深いものがある。"ある数の中に素数はいくつあるのか？"、"素数の分布はどうなっているのか？"、また、"一般公式はあるのか？" など、これらの解決の糸口は "リーマン予想"[*4] として知られているが、現在も未だ解決していない数学の大問題である。

### 1.9.3 素因数分解

自然数は素数の積の形で表すことができる。自然数を素数の積で表現することを素因数分解という。例えば、90 は素数 2, 3, 5 を用いて表すことができ、$90 = 2 \times 3^2 \times 5$ となる。

### 1.9.4 公約数と最大公約数

例えば、60, 72, 96 の約数を考える。それぞれを素因数分解すると、$60 = 2^2 \times 3 \times 5$, $72 = 2^3 \times 3^2$, $96 = 2^5 \times 3$ となる。この 3 個の数の共通する約数は 2, 3, $2^2(=4)$, $2^2 \times 3 (= 12)$ の 4 個である。これを公約数という。この中で最大の公約数は 12 で、これを最大公約数という。素数同士の最大公約数は 1 である。

### 1.9.5 公倍数と最小公倍数

例えば、60, 72 をそれぞれを素因数分解すると、$60 = 2^2 \times 3 \times 5$, $72 = 2^3 \times 3^2$ となる。この 2 個の数の共通する倍数の中で最小の倍数は $2^3 \times 3^2 \times 5 = 360$ である。これ

---

[*4] 参考文献：『リーマン予想の 150 年』黒川信重, 2009 年。

を、最小公倍数という。素数 $a$ と $b$ の最小公倍数は $ab$ である。

## 1.10 不思議な数

約数や素数に関連した数には面白い性質がある。ここでは、"完全数" と "ゴールドバッハの予想" について紹介する。

### 1.10.1 完全数

完全数とは、その数の約数 (1 は含めるがその数自身は除く) の和がその数と等しい自然数のことをいう。例えば、6 の約数は 1, 2, 3 でその約数の和は 6(=1+2+3) となるので 6 は完全数である。また、28 の約数は 1, 2, 4, 7, 14 でその約数の和は 28(=1+2+4+7+14) となる。したがって、28 も完全数である。その次の完全数は 496 である。完全数は古代ギリシャ時代から知られており、現在、発見されている完全数は全て偶数の完全数で、47 個が発見されている。しかし、"偶数の完全数が無数に存在するのか？"、"奇数の完全数は存在するのか？" などの問題は未解決である。

#### 友愛数と婚約数

その他に、完全数と関連した友愛数や婚約数などがある。友愛数とは、異なる 2 つの自然数の組で、各々の数の約数 (1 は含めるがその数自身は除く) の和が他方の数と等しくなるような 2 つの自然数の組をいう。一番小さな友愛数の組は (220, 284) である。婚約数とは、1 とその数自身を除く約数の和が、互いに他方と等しくなるような数をいう。一番小さな婚約数の組は (48, 75) である。

#### メルセンヌ素数と完全数

また、素数と完全数は深い関係がある[*5]。いま、$n$ が素数のとき、$N_n = (2^n - 1)$ は素数となる。この素数 $N_n$ を "メルセンヌ素数" という。例えば、

$$N_2 = (2^2 - 1) = 3, \quad N_3 = (2^3 - 1) = 7, \quad N_5 = (2^5 - 1) = 31, \quad \cdots$$

などはメルセンヌ素数である。さらに、完全数は、メルセンヌ素数を用いて、

$$完全数 = 2^{n-1} N_n = 2^{n-1}(2^n - 1) \quad (n : 素数)$$

---

[*5] 参考文献：『数の世界』 数学セミナー編、1982 年。

第1章　数（数値）とは？

と表されることが知られている。例えば、

$$2^{2-1}N_2 = 6, \quad 2^{3-1}N_3 = 28, \quad 2^{4-1}N_5 = 31, \quad \cdots$$

などである。

### 1.10.2　ゴールドバッハの予想

4以上の偶数は二つの素数の和で表されるという。これを"ゴールドバッハの予想"と言い、400兆以下の偶数まで検証されているが証明はされていない。例えば、

$$10 = 3 + 7 = 5 + 5 \qquad 18 = 5 + 13 = 7 + 11$$

## 1.11　有理数と無理数

私たちが一般に用いている数値は実数という。実数は、有理数と無理数に分けられる。

### 1.11.1　有理数

有理数とは、整数分数 (分母、分子とも整数の分数) で表示できる数値（例えば、3/5 27/31など）である。循環小数である 0.333333333… なども整数分数で表示できる。例えば、$a = 0.333333333\cdots$ を10倍すると $10a = 3.333333333\cdots$ となる。この差をとると $9a = 3$ なので、したがって $a = 1/3$ となり、有理数であることが分かる。

**循環小数の問題**

次の循環小数を (整数) 分数で表せ。

(1)：$0.777777\cdots$　(2)：$0.323232\cdots$　(3)：$0.556556\cdots$　(4)：$0.999999\cdots$

### 1.11.2　無理数

無理数とは、整数分数で表示できない数値のことである。例えば、$\sqrt{2}$、$\sqrt{3}$ などは無理数である。$\sqrt{2}$ が無理数である証明は以下のようにする。

**証明**

$\sqrt{2}$ が整数分数で表示できたとすると $\sqrt{2} = m/n$ が成り立つ。ただし、$m, n$ は整数である。したがって、

$$\sqrt{2} = \frac{m}{n} \implies 2 \times n^2 = m^2 \tag{1.1}$$

$2 \times n^2 = m^2$ を満足する整数 $m, n$ は存在しないことは明らかである。したがって、$\sqrt{2}$ は整数分数で表示できないので無理数であることが分かる。

### 1.11.3 代数的無理数と超越数

無理数には 2 つの種類があって、$\sqrt{2}$ のように有理数を係数とする方程式[*6]：$x^2 - 2 = 0$ の無理数の解を "代数的無理数" という。一方、代数的無理数以外の無理数を "超越数" という。超越数として良く知られているのは "円周率：$\pi = 3.14159\cdots$" や "ネイピア数：$e = 2.71828\cdots$" がある。ネイピア数については、第 6 章及び第 7 章で解説する。

## 1.12 うその数（虚数）

実数（現実）の世界では、正負に関係なく、同じ数値を 2 乗すると正の値になる。一方、数学の世界では同じ数値を 2 乗して負の値となる世界 (現実では存在しないイメージの世界) を考える。このような世界を導入することによって、数学だけでなく科学も非常な発展を遂げた。因みに、英語では虚数のことを "Imaginary number" という。

### 1.12.1 虚数の定義

$$\sqrt{-1} \equiv i \tag{1.2}$$

ここで、$\equiv$ は定義式を示している。数学では虚数単位として、$i$（あるいは $j$）を用いる。したがって、

$$i \times i = i^2 = -1, \quad i^3 = -i, \quad i^4 = 1, \quad \frac{1}{-i} = i \tag{1.3}$$

また、実数と虚数を組み合わせた数値、例えば、$3 + 5i$ などを複素数という。

---

[*6] 第 2 章参照。

# 第 1 章　数（数値）とは？

## 1.13　文字記号と数値

　数学では、文字記号を変数として一般的に用いる。文字記号としては、アルファベット：$a, b, c, \cdots$ や、ギリシャ文字：$\alpha, \beta, \gamma, \cdots$ などが用いられている。また、$x, y, z$ などは未知な変数として使用される場合が多い。しかし、これらの文字記号を重ねて (例えば、$ab$) 一つの変数としては用いてはいけない。この $ab$ は $a$ と $b$ の掛け算を意味する。また、$a_1, a_2, D_{i,j}$ など添え字付きの文字記号を変数として用いる場合もある。

### 1.13.1　文字記号同士や数値と文字記号との掛け算

　$3 \times a = 3a$ と表記し、$a3$ とは表記しない。数値と文字記号を掛けるとき、数値を前に記す。

$$3 \times a + 2 \times a = 3a + 2a = 5a$$
$$3 \times a + x \times y = 3a + xy$$
$$a \times a \times a = a^3$$
$$2 \times a \times a \times b = 2a^2 b$$

### 1.13.2　問題

(1)：連続する 3 個の整数の和は 3 の倍数であることを示せ。
(2)：2 桁の整数がある。この整数の十の位の数と一の位の数を入れ替えた整数と元の整数の和は 11 の倍数であることを示せ。
(3)：4 桁の自然数がある。各桁の数の和が 9 の倍数であるとき、この自然数は 9 の倍数であることを示せ。

## 1.14　単位

　数学とは直接関係がないが、最近、新聞やテレビで ppm（ピーピーエム）や $\mu$(マイクロ) などの単位がよく出てくる。これらの単位について簡単に解説する。

%：パーセント (per cent)　百分率のことで、$1\% = 10^{-2} = 0.01$ である。例えば、500 人の 3% は 15 人である。

ppm：ピーピーエム (parts per million)　百万分率のことで、$1\text{ppm} = 10^{-6} = 0.000001$ である。実際は数値の単位であるが、液体や気体の不純物の濃度 (1 立方メートル当たりに溶けている不純物のグラム数 ($\text{g/m}^3$) や 1 リットル当たりに溶けている物質のミリグラム数 (mg/L)) に用いられることが多い。例えば、水道水の塩素濃度は 0.4ppm というように使われている。これは 1 立方メートル当たりの水道水に 0.4g の塩素が溶けていることを示している。

$$0.4\text{ppm} = 0.4\text{g/m}^3 = \frac{0.4\text{g}}{10^6\text{cm}^3} = \frac{0.4 \times 10^{-3}\text{g}}{10^3\text{cm}^3} = 0.4\text{mg/L}$$

ppb：ピーピービー (parts per billion)　10 億分率のことで、$1\text{ppb} = 10^{-9} = 0.000000001$ である。

## 1.14.1　国際単位系

その他の単位でよく用いられる国際単位系 (SI) を列記する。

| 単位 | 読み方 | 数値の値 | | 例 |
|---|---|---|---|---|
| T | テラ | 1 T = | $10^{12}$ | 2 TB (テラバイト) |
| G | ギガ | 1 G = | $10^{9}$ | 4 GHz (ギガヘルツ) |
| M | メガ | 1 M = | $10^{6}$ | 2 MB (メガバイト) |
| k | キロ | 1 k = | $10^{3}$ | 100 km (キロメートル) |
| m | ミリ | 1 m = | $10^{-3}$ | 1 mm (ミリメートル) |
| $\mu$ | マイクロ | 1 $\mu$ = | $10^{-6}$ | 2 $\mu$m (マイクロメートル) |
| n | ナノ | 1 n = | $10^{-9}$ | 1 nm (ナノメートル) |
| p | ピコ | 1 p = | $10^{-12}$ | 1 ps (ピコ秒) |

## 1.15 第1章 解答

### § 1.6.5 問題解答

(1): $-1 = (2-3)$ と置き換えると、

$(-1) \times (-1) = (-1) \times (2-3) = (-1) \times 2 - (-1) \times 3 = -2 - (-3) = -2 + 3 = 1$

(2): 2/5 を単位分数で表すと、

$$\frac{2}{5} = \frac{1}{3} + \frac{1}{15}$$

(3): この場合、レートの換算は円を基準にすればよい。1 ドル 81 円ということは、1 円当たりのドルは（1 ドル）/（81 円）、一方、1 ユーロ 105 円ということは、1 円当たりのユーロは（1 ユーロ）/（105 円）である。したがって、1 ドル当たりのユーロは、（1 ユーロ）/（105 円）を（1 ドル）/（81 円）で割ればよい。

$$\left(\frac{1\,\text{ユーロ}}{105\,\text{円}}\right) \div \left(\frac{1\,\text{ドル}}{81\,\text{円}}\right) = \frac{81\,\text{ユーロ}}{105\,\text{ドル}} = 約\,0.771\frac{\text{ユーロ}}{\text{ドル}}$$

(4): 平均時速とは 1 時間当たり走った距離であり、平均分速とは 1 分当たり走った距離である。したがって、

$$平均時速 = \frac{560\text{km}}{2.5\,時間} = 224\text{km/h} \quad 平均分速 = \frac{560\text{km}}{150\,分} = 3.73\text{km/min}$$

### § 1.8.3 問題解答

(1): 例として、年齢が 55 歳を 2 進法で表わす。
10 進法表示の数 $N$ を 2 進法で表す場合、$N$ を 2 で割った余りは、2 進法表示の末尾の数値（0 または 1）を表わしている。さらに、その商を 2 で割った余りは 2 進法表示の 2 桁目の数値を表している。この操作を繰り返すことによって、2 進法で表示できる。

$$55 = 1 \times 2^5 + 1 \times 2^4 + 0 \times 2^3 + 1 \times 2^2 + 1 \times 2 + 1 = 110111$$

(2): 時間は 60 進法なので、10000 秒を 60 で割ればよい。その余りは秒の値を示す。さらにその商を 60 で割れば、その余りは分の値を示す。

$$10000 = 2 \times 60^2 + 46 \times 60 + 40 = 2 : 46 : 40$$

したがって、10000 秒は 2 時間 46 分 40 秒である。

(3)： 2進法で、
$$101010 + 11111 = 1001001$$

## § 1.11.1 循環小数の問題解答

(1)： $x = 0.777777\cdots$ と置くと、$10x = 7.777777\cdots$。この2式の差をとると、$9x = 7$ となり、したがって、
$$x = 0.777777\cdots = \frac{7}{9}$$

(2)： $x = 0.323232\cdots$ と置くと、$100x = 32.323232\cdots$。この2式の差をとると、$99x = 32$ となり、したがって、
$$x = 0.323232\cdots = \frac{32}{99}$$

(3)： $x = 0.556556\cdots$ と置くと、$1000x = 556.556556\cdots$。この2式の差をとると、$999x = 556$ となり、したがって、
$$x = 0.556556\cdots = \frac{556}{999}$$

(4)： $x = 0.999999\cdots$ と置くと、$10x = 9.999999\cdots$。この2式の差をとると、$9x = 9$ となり、したがって、
$$x = 0.999999\cdots = 1$$

## § 1.13.2 問題解答

(1)：連続する3個の整数を $n, (n+1), (n+2)$ と置くと、その和は
$$n + (n+1) + (n+2) = 3n + 3 = 3(n+1)$$
となり、3の倍数であることが分かる。

(2)：十の位の数を $a$、一の位の数を $b$ と置くと、二桁の整数は $(10a+b)$ と表せる。一方、十の位の数と一の位の数を入れ替えた整数は $(10b+a)$ となる。この二つの整数を加えると、
$$(10a+b) + (10b+a) = 11a + 11b = 11(a+b)$$
となり、11の倍数であることが分かる。

(3)：4桁の自然数を $(1000a + 100b + 10c + d)$ と置く。ただし、$a, b, c, d$ は一桁の数値である。

$1000a+100b+10c+d = 999a+99b+9c+(a+b+c+d) = 9(111a+11b+c)+(a+b+c+d)$

したがって、各桁の和：$(a + b + c + d)$ が 9 の倍数であるとき、この自然数は 9 の倍数である。

# 第 2 章

# 式と方程式

## 2.1 式

式には、等式と不等式があり、さらに等式は方程式と恒等式に分けられる。

### 2.1.1 等式 ：左辺＝右辺

$$\text{例} \quad 3+5=8 \quad 3x+2=-4x+5 \quad ax+b=cx+d$$

等式には次の公理が成り立つ。

- 等式の両辺に同じ数を加えても減じても等式は変わらない。
- 等式の両辺に 0 以外の同じ数を掛けても割っても等式は変わらない。

### 2.1.2 不等式 ：左辺 (大) ＞右辺 (小)

$$\text{例} \quad 8>5 \quad 3x+2>-4x\geq 5 \quad ax+b\geq cx+d$$

記号：$\geq$ は等しい場合も含むことを意味している。不等式には次の性質が成り立つ。

- 不等式の両辺に同じ数を加えても減じても大小関係は変わらない。
- 不等式の両辺に 0 以外の正の数を掛けても割っても大小関係は変わらない。
- 不等式の両辺に 0 以外の負の数を掛けるかまたは割った場合、大小関係は逆転する。例えば、$8>5$ の両辺に $-1$ を掛けると不等号が逆転して、$-8<-5$ となる。

## 2.2 方程式

$$3x + 2 = 5 \qquad x^2 + 2x - 5 = 0$$

$x$ の値（未知数とも言う）が特別な値をとるとき、等式が成り立つ式を方程式[*1]という。$x$ の値を求めることを方程式を解くという。

未知数：$x$ の次数が 3 次以上の方程式を高次方程式という。例えば、

$$x^3 + 2x^2 - 5x + 6 = 0 \qquad x^5 + 4x^3 - 2x^2 + 8x - 5 = 0$$

### 2.2.1 連立方程式

$$例 \quad 3x + 5y = 8 \qquad 3x - 2y = 5$$

未知数が $x$ と $y$ の 2 個ある方程式を連立方程式という。この 2 式を解いて $x$ と $y$ の値が決められるためには、この 2 式は互いに独立した方程式（§ 2.6 で後述）でなければならない。例えば、$x + 2y = 3$ と $2x + 4y = 6$ は、前の式を 2 倍すれば後の式になるので、互いに独立した方程式ではない。一般に $n$ 個の未知数がある場合、独立した方程式も $n$ 個なければ、$n$ 個の未知数を決めることはできない。

## 2.3 恒等式

恒等式とは、例えば、次式のように、

$$3x + 5x = 8x$$

$x$ のどんな値に対しても等式が成り立つ式を言う。他の例として、

$$(a - c)x + (b - d) = 0$$

---

[*1] 式や方程式を解く数学を、一般に代数学（algebra）という。代数学を初めて発明したのは、アラビアのアル＝フワーリズミー（8 世紀ごろ）という数学者で、数学史上有名な本『アル＝ジャブルとアル＝ムカーバラの計算』を残している。この本は方程式を解くための方法を説明した本で、「ジャブル」：方程式の両辺に等しい数を加えて負の数を消去すること。また、「ムカーバラ」：方程式の両辺にある同類項を移項してまとめることを意味している。その後、代数学はアラビア世界だけでなく、ヨーロッパにも広まった。

が恒等式であり、どんな $x$ の値についても等式が成り立つためには、係数がゼロでなければならない。したがって、$a = c$ かつ $b = d$ でなければならない。

恒等式の等号として、= の代わりに ≡ を使う場合があるが、どちらでもよい。[*2]

## 2.4　1次方程式

先ず、簡単な1次方程式について解説しよう。例として、次の1次方程式を等式の公理（§ 2.1.1）に従って解く。
$$3x + 6 = 26 - 2x$$

左辺（または右辺）を未知数 $x$ のみの式に、右辺（または左辺）を定数（数値）のみの式にまとめる。両辺に同じ数を加えても等式は変わらないので、例えば両辺に $(2x - 6)$ を加える（或いは、両辺から $(3x - 26)$ を引く）と左辺 (右辺) には未知数 $x$ のみを含み、右辺（左辺）には定数（数値）のみを含む式にまとめられる。この方法は"移項する"（移項すれば、符号が替わる）と呼ばれている。したがって、次式が成り立つ。

$$5x = 20 \quad 或いは、\quad -20 = -5x$$

両辺を 5 (或いは $-5$) で割ると、$x = 4$ の答えが得られる。

一方、次のような文字記号を持つ1次方程式ではどうだろう。

$$ax + b = cx + d$$

ただし、$a \neq c$ でなければならない[*3]。もし、$a = c$ のとき、$b = d$ でなければ等式は成り立たない。この場合はどんな $x$ 値についても成り立ち、すなわち恒等式になる。したがって、$a \neq c$ でなければ方程式として成り立たない。解き方は、左辺を未知数のみの式：$x = $ 定数の形（或いは、右辺を未知数のみの式：定数 $= x$ の形）になるようにする。いわゆる、両辺を同類項でまとめる。

$$ax + b - cx - b = cx + d - cx - b \quad \Longrightarrow \quad (a - c)x = d - b$$

$a \neq c$ なので、両辺を $(a - c)$ で割ると、

$$x = \frac{d - b}{a - c} \quad または、\quad x = \frac{b - d}{c - a}$$

---

[*2] ≡ は定義式（$B$ を $A$ と定義する場合、$A \equiv B$）や図形の合同の記号としても用いられる。

[*3] 記号：$\neq$ は不等号を意味する。$a \neq c$ は $a$ と $c$ が等しくないことを意味している。

## 2.4.1 問題

(1): 次の 1 次方程式を解け。

$$\text{(a)}: \quad 5x + 2 = -3x + 1 \qquad \text{(b)}: \quad \frac{x}{2} + 4 = \frac{2x}{3} - 6$$

(2): ある小さな町で音楽会が開かれた。入場料は、大人 400 円、子供 250 円である。大人、子供合わせた全入場者数は 248 人で、入場料の合計は 82400 円であった。大人、子供それぞれの入場者数は何人か。

(3): 鶴と亀の頭の数は 21 匹、足の数は 58 本のとき、鶴と亀はそれぞれ何匹か？（鶴亀算）

(4): 現在、30 歳の母親には 6 歳の子供がいる。いまから何年後に子供の歳の 2 倍が母親の歳になるか？

(5): 4 時と 5 時の間で、時計の長針と短針が重なる時刻を求めよ。また、長針と短針が直線になる時刻を求めよ。（追い越し算）

(6): ある濃度の食塩水 300 g がある。この食塩水を 100 g 捨てて同じ量の水を加えたところ、濃度は 2 ％になった。元の食塩水の濃度は何％か。

$$\text{食塩水の濃度 (\%)} = \frac{\text{食塩}}{\text{食塩} + \text{水}} \times 100$$

(7): 1 次方程式は未知数を $x$ と置くことによって、簡単に解くことができるが、問 (2)、問 (3) を未知数 $x$ を用いないで、図形で問題を解くことを考えてみよ。

## 2.5　1 次不等式

1 次不等式を解くことを考えよう。例えば、次の 1 次不等式を不等式の公理（§ 2.1.2）に従って、未知数 $x$ の領域（範囲）を求める。

$$-13 - x \leq 2x + 2 < 8 - x$$

この式は 2 つの不等式：(a)：$-13 - x \leq 2x + 2$ と (b)：$2x + 2 < 8 - x$ で構成されている。不等式 (a) において、両辺に $x - 2$ を加えると $-15 \leq 3x$ となり、3 で割って $-5 \leq x$ が得られる。一方、不等式 (b) において、両辺に $x - 2$ を加えると $3x < 6$ となり、3 で割って、$x < 2$ となる。この 2 つの不等式の結果を組み合わせると、

$$-5 \leq x < 2$$

となる。したがって、$x$ は 2 未満で、$-5$ 以上である。

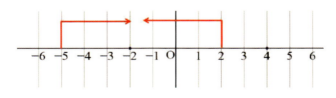

図 2.1　$x$ の領域

### 2.5.1　問題

$x$ の範囲（または領域）を数直線上で示せ。（図 2.1 参照）

(1)：　$2(x-3) < -x$
(2)：　$0.5x \leq 1 - 0.1x$
(3)：　$0.5x \leq 1 - 0.1x < 2x - 1$
(4)：　$|3x - 1| \geq x$

## 2.6　（2元1次）連立方程式

2個以上の未知数 $(x, y, z, \cdots)$ を含む方程式の解を求めるには、未知数と同じ数の独立した方程式が必要である。さらに、未知数が $n$ 個あるとき、これらの未知数を決めるには $n$ 個の独立した方程式（連立方程式）が必要となる。2元とは未知数が2個、3元とは未知数が3個あることを意味する。

### 2.6.1　問題

次の連立方程式を解け。

(1)：　2元1次連立方程式：
$$x - y = 1 \qquad x + y = 5$$

(2)：　2元1次連立方程式：
$$\frac{1}{x} + \frac{1}{y} = 3 \qquad \frac{2}{x} + \frac{3}{y} = 8$$

(3): 3元1次連立方程式：
$$x+y=1 \qquad y+z=3 \qquad z+x=5$$

### 2.6.2 問題

(1): 2桁の正の整数がある。その数は各桁の数の和の4倍に等しい。また、この数に18を加えると、元の整数の十の位の数と一の位の数を入れ替えた数に等しくなる。元の整数はいくらか。

(2): 川の上流から下流までの距離4 kmの区間を、ボートが川を下るとき30分かかり、川を上るとき1時間かかった。この川の流れの速さと、静水でボートが進む速さを求めよ。

(3): 容器Aには9％の食塩水、容器Bには4％の食塩水が入っている。容器Aに入っている食塩水の3分の1を取り出し容器Bに入れて混ぜたところ、6％の食塩水が800 gできた。はじめに、容器A, Bに入っていた食塩水の量はそれぞれ何gか。

## 2.7 （1元）2次方程式

例えば、$x^2+ax+b=0$の方程式のように、未知数$x$の2乗の項を持つ方程式を2次方程式[*4]という。前述の一次方程式の解は1個のみだが、2次方程式の解は一般に2個ある。さらに、$n$次方程式の解は一般に$n$個ある。

### 2.7.1 因数分解

例として、2次方程式：$x^2+2x-8=0$を解くことを考えよう。この方程式は次のように積の形に書きなおすことができる。
$$x^2+2x-8=0 \implies (x-2)(x+4)=0$$

このように積の形にすることを"因数分解する"という。因数分解ができると、解は簡単に求められる。$(x-2)(x+4)=0$を満たす$x$の値、即ち解は、$x=2$または、$x=-4$である。

---
[*4] 古代のエジプトやギリシャ、さらにもっと古いバビロニアでは、1次方程式や2次方程式の解法は図形を用いてなされていた。（§ 2.11 Appendix-A：図形と2次方程式　参照）

(例 1)： $x^2 - 6x + 9 = 0$ の場合、因数分解すると、
$$x^2 - 6x + 9 = 0 \implies (x-3)^2 = 0$$
$x = 3$ の一つの解のみをもつ。

(例 2)： $x^2 - 16 = 0$ の場合、因数分解すると、
$$x^2 - 16 = 0 \implies (x-4)(x+4) = 0$$
$x = 4$ または $x = -4$ の 2 つの実数解をもつ。

(例 3)： 例：$x^2 + 9 = 0$ の場合、因数分解すると、
$$x^2 + 9 = 0 \implies (x-3i)(x+3i) = 0$$
$x = 3i$ または $x = -3i$ の 2 つの虚数（$i = \sqrt{-1}$）解をもつ。

### 2.7.2 根と係数の関係

ある 2 次方程式：$x^2 - bx + c = 0$ の解が $x = \alpha$ または $x = \beta$（$\alpha, \beta$ をこの 2 次方程式の根という）であるとき、

$$x^2 - bx + c = (x-\alpha)(x-\beta) = 0 \tag{2.1}$$

の関係が成り立つことがわかる。さらに、右辺の因数分解を展開すると、

$$x^2 - bx + c = x^2 - (\alpha+\beta)x + \alpha\beta \tag{2.2}$$

この等式は恒等式なので、$x$ のどんな値についても成り立たなければならない。したがって、根 $\alpha, \beta$ と係数 $b, c$ の間に次の関係式が成り立つ。

$$b = \alpha + \beta \qquad c = \alpha\beta = 0 \tag{2.3}$$

### 2.7.3 問題

次の 2 次方程式を因数分解によって解を求めよ。

(1)： $(x-2)(x-3) = 12$
(2)： $0.3x^2 - 1.8x - 12 = 0$
(3)： $(x+5)^2 - 16 = 0$
(4)： $(x+1)^2 = -7$
(5)： $(x+3)^2 - 2(x+3) - 8 = 0$

## 2.7.4 問題

(1)：2次方程式：$x^2 + ax + b = 0$ の解が $x = 2$ または $x = -3$ とき、$a$、$b$ はいくらか。

(2)：2次方程式：$x^2 + 4x - a^2 - 12 = 0$ の解の1つが $a$ であるとき、$a$ はいくらか。また、もう1つの解はいくらか。

(3)：ある自然数に2を加えた数と、この自然数から1を引いた数の積が、28であった。この自然数はいくらか。

## 2.8 2次方程式の一般解

2次方程式の解法として、因数分解が簡単にできる場合は因数分解を用いて解を求めればよいが、難しい場合は一般解の方法を用いて解を求める。
次のような2次方程式を考える。ただし、$a, b, c$ は定数で $a \neq 0$ とする。

$$ax^2 + bx + c = 0 \tag{2.4}$$

この式を $a$ で割ると、

$$x^2 + \frac{b}{a}x + \frac{c}{a} = 0 \tag{2.5}$$

さらに、$x$ の係数：$b/a$ の半分の2乗を加えて引く。(このような操作は次式からわかるように、2乗の項にまとめるためである)

$$x^2 + \frac{b}{a}x + \frac{b^2}{4a^2} - \frac{b^2}{4a^2} + \frac{c}{a} = 0 \tag{2.6}$$

最初の3つの項は2乗の項にまとめられて次のようになる。

$$\left(x + \frac{b}{2a}\right)^2 = \frac{b^2}{4a^2} - \frac{c}{a} = \frac{b^2 - 4ac}{4a^2}$$

$$\left(x + \frac{b}{2a}\right) = \pm\sqrt{\frac{b^2 - 4ac}{4a^2}} = \frac{\pm\sqrt{b^2 - 4ac}}{2a} \tag{2.7}$$

したがって、2次方程式の一般解が得られる。

$$x = \frac{-b \pm \sqrt{b^2 - 4ac}}{2a} \tag{2.8}$$

ここで、$\pm$ は $+$ のときの解と $-$ のときの解の二つの解を示している。

## 2.8.1 判別式

この一般解の形（性質）を見てみると、式 (2.8) のルートの中の

$$判別式: \quad D \equiv b^2 - 4ac \tag{2.9}$$

の正負によって、解の性質が大きく変わることが分かる。

(a)：$D \equiv b^2 - 4ac > 0$ のとき、2つの実数の解（2実根）をもつ。
(b)：$D \equiv b^2 - 4ac = 0$ のとき、1つの実数解（重根という）をもつ。
(c)：$D \equiv b^2 - 4ac < 0$ のとき、2つの複素数[*5]の解をもつ。

$$x = \frac{-b \pm i\sqrt{|b^2 - 4ac|}}{2a} \tag{2.10}$$

このことから、判別式：$D$ の値の正負によって2次方程式の解の形を調べることが出来る。

## 2.8.2 問題

次の2次方程式を一般の解法で解け。

(1)：$3x^2 - 5x + 8 = 0$
(2)：$-0.5x^2 + 7x + 3 = 0$
(3)：$2/x + 5 = x - 3$

## 2.8.3 問題

(1)：2次方程式の一般解について、根と係数の関係：(2.3) 式が成り立つことを示せ。
(2)：長方形の土地がある。この面積は 270 m$^2$ で、縦と横の長さの和は 33 m であった。縦と横の長さはいくらか。
(3)：原価 5000 円で仕入れた品物を $x$ 割の利益を見込んで定価を付けたが、売れなかったので定価の $x$ 割引きで売ったところ、原価より 200 円損をした。$x$ を求めよ。

---

[*5] 複素数とは (実数＋虚数) のことである。

(4)：連続する3つの自然数がある。それぞれの自然数の平方の和が365である。連続する3つの自然数を求めよ。

(5)：地上からの高さが98 mのビルの屋上から秒速10 m/sの速さでボールを真上に投げた。このボールは投げ上げてから何秒後に地上に到達するか。ただし、投げ上げてから$t$秒後のボールの地上からの高さを$y$ mとするとき、次式が成り立つ。
$$y = -4.9t^2 + 10t + 98$$

(6)：長さ$a, b$の間に、$a : b = (a+b) : a$の関係式が成り立つとき、比：$= a/b$はいくらか。また、$b/a$はいくらか。この比を黄金比という。

## 2.9　2次不等式

例えば、$x^2 + bx + c > 0$の2次不等式を解くことを考える。即ち、この不等式を満足する$x$の範囲（または領域）を示すことである。
この左辺は§ 2.7.2の根と係数の関係を用いて、
$$x^2 + bx + c = (x-\alpha)(x-\beta) > 0 \tag{2.11}$$
の形に変形できる。したがって、$x$の領域は次のようになる。

$$\alpha > \beta \text{とき、} x \text{の領域は} \quad x < \beta \text{ または } x > \alpha \tag{2.12}$$
$$\alpha < \beta \text{とき、} x \text{の領域は} \quad x < \alpha \text{ または } x > \beta \tag{2.13}$$

一方、$x^2 + bx + c < 0$の場合、
$$x^2 + bx + c = (x-\alpha)(x-\beta) < 0 \tag{2.14}$$

したがって、$x$の領域は次のようになる。

$$\alpha > \beta \text{とき、} x \text{の領域は} \quad \alpha > x > \beta \tag{2.15}$$
$$\alpha < \beta \text{とき、} x \text{の領域は} \quad \alpha < x < \beta \tag{2.16}$$

### 2.9.1　問題

$x$の範囲（または領域）を数直線上で示せ。（図2.1 参照）

(1)：$(x-2)(x+4) \leq 0$

(2)：$-x^2 - 2x - 3 > 0$

(3)：$x^2 - 4x + 9 > 0$

## 2.10 高次方程式

　高次方程式の解法については、2次方程式ほど簡単ではない。3次方程式の代数的解法[*6]はカルダノの公式として認知されている[*7]（§ 2.12 Appendix-B で3次方程式の解法にいて簡単に解説する）。さらに、4次方程式の代数的解法はカルダノの弟子であるフェラーリの解法として知られている。しかし、5次方程式以上の高次方程式については、代数的解法はないことが証明されている。

### 2.10.1 問題

　高次方程式においても、因数分解によって解析解が求められる場合がある。
下記の問題を因数分解を用いて解け。

(1): $x^3 - 1 = 0$

(2): $x^4 - 1 = 0$

(3): $x^4 + x^2 - 12 = 0$

(4): 次の3次方程式の解 (根) が $\alpha, \beta, \gamma$ であるとき、

$$x^3 + ax^2 + bx + c = (x - \alpha)(x - \beta)(x - \gamma) = 0$$

根と係数 $a, b, c$ の関係を導け。

## 2.11 Appendix-A：図形と2次方程式

　古代のエジプトやギリシャ、さらにもっと古いバビロニアにおいて、1次方程式や2次方程式の解法は図形を用いてなされていた。

### 2.11.1 2次方程式：a

　次のような2次方程式を図形を用いて解くことを考えよう。

$$x^2 + 2x - 15 = 0 \tag{2.17}$$

---

[*6] 四則演算や累乗根などで表示された解法。

[*7] 本当は15世紀のイタリアの数学者タルターニャによって発見されたと言われている。

この方程式は解の公式や因数分解を用いると簡単に答えが求められ、その答えは $x = 3$ あるいは $x = -5$ である。この答えを図 2.2 を用いて求めてみよう。(2.17) 式を次のように変形する。
$$x^2 + 4 \times 0.5x = 15 \tag{2.18}$$

第 1 項は一辺が $x$ の正方形の面積、第 2 項は辺の長さが $0.5$ と $x$ の長方形の面積の 4 倍で、この二つの面積を加えると 15 になる。したがって、四隅にある一辺が 0.5 の正方形の面積の 4 倍：$0.5^2 \times 4 = 1$ を先ほどの面積に加えれば、一辺が $(x+1)$ の正方形の面積になる。
$$(x+1)^2 = 15 + 1$$

したがって、答え $x = 3$ が得られる。古代ギリシャでは負の数は考えなかった。負の数の概念はもっと後の 15 世紀以降である。したがって、もう一つの答え $x = -5$ は古代では意味を持たなかった。

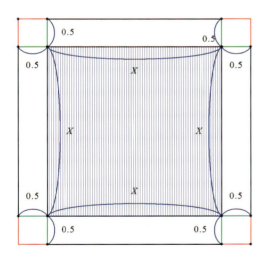

図 2.2 図形と 2 次方程式

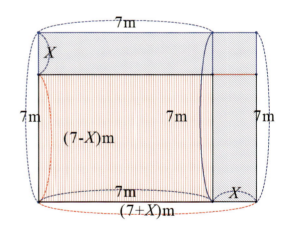

図 2.3 面積と 2 次方程式

## 2.11.2  2 次方程式：b

次の面積問題を図 2.3 を用いて解こう。
「問題」：ある長方形の土地がある。縦の長さと横の長さを加えると 14m、またこの土地の

面積は 40m$^2$ であった。縦と横の長さを求めよ。

「解答」: 14m の半分の一辺 7m の正方形の面積 49m$^2$ を作る。この正方形から $7 \times x$[m$^2$] の面積を切り取って、右の側面に張り付ける。この面積は元の長方形の面積 40m$^2$ に一辺が $x$[m] の正方形の面積 $x^2$[m$^2$] を加えたものになっている。

$$40 + x^2 = 49$$

したがって、$x = 3$ となり、縦の長さが $7 - 3 = 4$ m、横の長さが $7 + 3 = 10$ m と求められる。

## 2.12　Appendix-B: 3次方程式の解法

次の三次方程式について、タルターニャの解法を簡単に説明する。

$$x^3 + bx^2 + cx + d = 0 \tag{2.19}$$

この 3 次方程式において、$x = z - b/3$ に置き換えると、次のような $z$ の 3 次方程式が得られる。

$$z^3 + pz + q = 0 \tag{2.20}$$

この変換は、すでにデル・フェルロ（1465-1526）によってなされていた。

一方、次のような $x, y, z$ の 3 次式は因数分解することが出来る。

$$x^3 + y^3 + z^3 - 3xyz = (x + y + z)(x^2 + y^2 + z^2 - xy - yz - zx) \tag{2.21}$$

この因数分解の結果を用いて、(2.20) 式の $z$ の 3 次方程式を解く。(2.20) 式と (2.21) 式において、$z$ の次数に注目すると、次のような関係式が得られる。

$$x^3 + y^3 = q, \quad 3xy = -p \quad 即ち、\quad x^3 y^3 = -\frac{p^3}{27} \tag{2.22}$$

二つの未知数 $x^3, y^3$ を加えた値 $q$ と掛けた値 $p$ が既知なので、$x^3, y^3$ は 2 次方程式の解法から簡単に得られ、その結果は次のようになる。

$$x^3 = \frac{q}{2} \pm \sqrt{\frac{q^2}{4} + \frac{p^3}{27}} \qquad y^3 = \frac{q}{2} \mp \sqrt{\frac{q^2}{4} + \frac{p^3}{27}} \tag{2.23}$$

(2.21) 式の右辺の因数分解から、$z$ の一つの解は、$z = -x - y$ なので、

$$z = -(x + y) = \sqrt[3]{-\frac{q}{2} + \sqrt{\frac{q^2}{4} + \frac{p^3}{27}}} + \sqrt[3]{-\frac{q}{2} - \sqrt{\frac{q^2}{4} + \frac{p^3}{27}}} \tag{2.24}$$

残りの二つの解は、因数分解の後ろの 2 次項の因子から 2 次方程式の解法を用いて得られる。

# 第2章 式と方程式

## 2.13 第2章 解答

### § 2.4.1 問題解答

(1): (a): $x = -1/8$、(b): $x = 60$

(2): 大人の入場者数を $x$ 人とする。子供の入場者数は $(248 - x)$ 人。したがって、

$$400x + 250(248 - x) = 82400$$

が成り立つ。故に、$x = 136$。大人の入場者数は136人、子供の入場者数は112人。

(3): 亀を $x$ 匹とする。鶴は $(21 - x)$ 羽。足の本数について次式が成り立つ。

$$4x + 2(21 - x) = 58$$

上式を解いて、$x = 8$。故に、亀は8匹、鶴は13羽。

(4): いまから $x$ 年後に子供の歳の2倍が母親の歳になるとする。したがって、

$$30 + x = 2(6 + x)$$

故に、$x = 18$。18年後。18年後には、母親は48歳、子供は24歳になる。

(5): 長針が1分間に進む角度は6°，短針が1分間に進む角度は0.5°である。

(a): 長針と短針が重なる時間を4時 $x$ 分とする。短針が長針より、120°先に進んでいることを考慮すると、次式が成り立つ。

$$6x = 120 + 0.5x$$

したがって、$x = 21 + 9/11$。9/11分は $(9/11 \times 60)$ 秒＝49.09秒。故に、4時と5時の間で、時計の長針と短針が重なる時刻は4時21分49.09秒。

(b): 長針と短針が直線になる時間を4時 $x$ 分とする。長針が短針を追い越して、さらに長針が短針より、180°先に進んでいることを考慮すると、次式が成り立つ。

$$6x = (120 + 0.5x) + 180$$

したがって、$x = 54 + 6/11$。6/11分は $(6/11 \times 60)$ 秒＝32.72秒。故に、4時と5時の間で、時計の長針と短針が直線になる時刻は4時54分32.72秒。

(6): 元の食塩水の濃度を $x$ ％とする。食塩水300g中に含まれる食塩の量は $300 \times x/100 = 3x$ g、食塩水を100g捨てて、同じ量の水を加えた食塩水300g

中に含まれる食塩の量は $200 \times x/100 = 2x$ g。したがって、次式が成り立つ。

$$\frac{2x}{200 + 100\,水} = \frac{2}{100}$$

故に、$x = 3$。元の食塩水の濃度は 3 ％である。

(7)： 例えば、§ 2.4.1 の問 (2)、問 (3) を図形で表現すると、それぞれ図 2.4、図 2.5 となり、簡単な面積の問題であることがわかる。

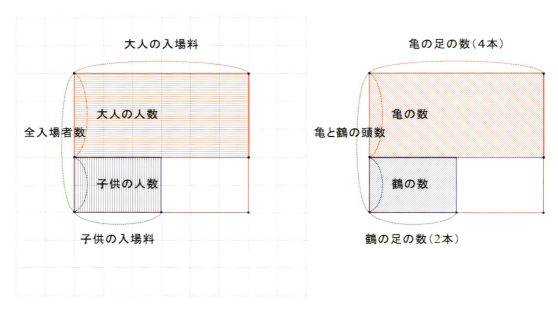

図 2.4  問 (2) の図形表示　　　　　図 2.5  問 (3) の図形表示

## § 2.5.1 問題解答

(1)： $2(x-3) < -x \Longrightarrow x < 2$

(2)： $0.5x \leq 1 - 0.1x \Longrightarrow x \leq 10/6$

(3)： $0.5x \leq 1 - 0.1x < 2x - 1$ を二つの不等式に分けて、

  (a)： $0.5x \leq 1 - 0.1x \Longrightarrow x \leq 10/6$

  (b)： $1 - 0.1x < 2x - 1 \Longrightarrow 20/21 < x$

(a), (b) から、$x$ の領域は、$20/21 < x \leq 10/6$

(4)： $|3x - 1| \geq x \Longrightarrow$

  (a)： $3x - 1 \geq 0$ 即ち、$x \geq 1/3$ とき、$3x - 1 \geq x \Longrightarrow x \geq 1/2$、故に、$x \geq 1/3$ と $x \geq 1/2$ の二つの不等式の共通領域は、$x \geq 1/2$ となる。

第 2 章　式と方程式

(b)：$3x - 1 < 0$ 即ち、$x < 1/3$ のとき、$-(3x - 1) \geq x \longrightarrow 1/4 \geq x$、ゆえに、$x < 1/3$ と $1/4 \geq x$ の二つの不等式の共通領域は、$x \leq 1/4$ となる。

(a),(b) の結果から、答えは、$x \geq 1/2$ または、$x \leq 1/4$ となる。

## § 2.6.1 問題解答

(1)：$x = 3$、$y = 2$

(2)：$X = 1/x, Y = 1/y$ と置き換えると、$X = 1, Y = 2$ となる。したがって、$x = 1, y = 1/2$

(3)：3 式を加えると、$x + y + z = 4.5$ となる。この式から、各式を引くと、$x = 1.5, y = -0.5, z = 3.5$

## § 2.6.2 問題解答

(1)：十の位の数を $x$、と一の位の数を $y$ とする。

$$10x + y = 4(x + y) \quad (a), \qquad 10x + y + 18 = 10y + x \quad (b)$$

(a), (b) の連立方程式から、$x = 2, y = 4$ となる。故に、二桁の整数は 24 である。

(2)：川の流速を $x$ km/h、静水でのボートの速さを $y$ km/h とする。

$$0.5(y + x) = 4 \quad (a), \qquad 1.0(y - x) = 4 \quad (b)$$

(a), (b) の連立方程式から、$x = 2$、$y = 6$ となる。故に、川の流速は 2km/h、静水でのボートの速さは 6 km/h である。

(3)：A 容器の食塩水の量：$x$[g]、（食塩の量：$(9x/100)$[g]）、また、B 容器の食塩水の量：$[y]$g、（食塩の量：$(4y/100)$[g]）とすると次式が成り立つ。

$$\frac{x}{3} + y = 800 \quad (a), \qquad \frac{9x/100}{3} + 4y/100 = 800 \times \frac{6}{100} \quad (b)$$

(a), (b) の連立方程式から、$x = 960, y = 480$。故に、A 容器の食塩水の量は 960 g、B 容器の食塩水の量 1 は 480 g である。

## § 2.7.3 問題解答

(1)：$(x - 2)(x - 3) = 12 \Longrightarrow x^2 - 5x + 6 = 12 \Longrightarrow (x - 6)(x + 1) = 0$
故に、$x = 6$ または、$x = -1$

(2)：$0.3x^2 - 1.8x - 12 = 0 \Longrightarrow x^2 - 6x - 40 = 0 \Longrightarrow (x - 10)(x + 4) = 0$
故に、$x = 10$ または、$x = -4$

(3)：$(x+5)^2 - 16 = 0 \Longrightarrow \{(x+5) - 4\}\{(x+5) + 4\} = 0$
故に、$x = -1$ または、$x = -9$
(4)：$(x+1)^2 = -7 \Longrightarrow (x+1) = \pm\sqrt{-7} = \pm\sqrt{7}i$
故に、$x = -1 + \sqrt{7}i$ または、$x = -1 - \sqrt{7}i$。まとめて、$x = -1 \pm \sqrt{7}i$ と書く。
(5)：$(x+3)^2 - 2(x+3) - 8 = 0 \Longrightarrow \{(x+3) - 4\}\{(x+3) + 2\} = 0$
故に、$x = 1$ または、$x = -5$

## § 2.7.4 問題解答

(1)：$x^2 + ax + b = 0 \Longrightarrow (x-2)(x+3) = 0 \Longrightarrow x^2 + x - 5 = 0$
故に、$a = 1$ または、$b = -5$。
(2)：$x$ の 2 次方程式：$x^2 + 4x - a^2 - 12 = 0$ の解の一つが $a$ であるので、$x$ に $a$ を代入して、$a^2 + 4a - a^2 - 12 = 0$ から $a = 3$ が得られる。
$x^2 + 4x - 9 - 12 = 0 \Longrightarrow (x+7)(x-3) = 0$ 故に、$x = -7$ または、$x = 3$
また、もう一つの解は $-7$
(3)：ある自然数を $x$ とおく。$(x+2)(x-1) = 28 \Longrightarrow (x+6)(x-5) = 0$
したがって、$x = -6$ または、$x = 5$ となるが、自然数なので、答えは $x = 5$ である。

## § 2.8.2 問題解答

(1)：一般解の公式 (2.8) 式を参照して解く。
$$x = \frac{-5 \pm \sqrt{25 - 96}}{6} = \frac{-5 \pm \sqrt{71}i}{6}$$
(2)：
$$x = \frac{-7 \pm \sqrt{49 + 6}}{-1} = 7 \pm \sqrt{55}$$
(3)：$2/x + 5 = x - 3$ は両辺に $x$ をかけてまとめると、$x^2 - 8x - 2 = 0$。
$$x = \frac{8 \pm \sqrt{64 + 8}}{2} = 4 \pm 3\sqrt{2}$$

## § 2.8.3 問題解答

(1)：(2.8) 式より、2 次方程式の一般解をそれぞれ $\alpha, \beta$ と置くと、
$$\alpha = \frac{-b + \sqrt{b^2 - 4ac}}{2a} \qquad \beta = \frac{-b - \sqrt{b^2 - 4ac}}{2a}$$

この2式から、$\alpha+\beta = b/a, \alpha\beta = c/a$ が得られ、根と係数の関係が成り立つことが分かる。

(2)：縦（または横）の長さを $x$[m] とする。横（または縦）の長さは $(33-x)$[m]。
$$x(33-x) = 270 \implies (x-18)(x-15) = 0$$

したがって、この土地は 18m × 15m ＝ 270m$^2$ の長方形。

(3)：原価＝5000 円、定価＝$5000(1+x/100)$ 円、売値＝定価×$(1-x/100)$ 円、200 円＝原価－定価。
$$200 = 5000 - 5000(1+x/100)(1-x/100) = 5000\left(\frac{x}{10}\right)^2$$

したがって、$x = \pm 2$。$x = -2$ は 2 割の損益で定価を付けるので、不適当な解である。故に、原価の 2 割の利益を見込んで定価を付けた。

(4)：連続する 3 つの自然数をそれぞれ $(n-1), n, (n+1)$ とする。
$$(n-1)^2 + n^2 + (n+1)^2 = 365 \implies n^2 = 121 \implies n = \pm 11$$

自然数なので、負の値は不適当。したがって、連続する 3 つの自然数は 10, 11, 12 である。

(5)：$y = -4.9t^2 + 10t + 98$ から、地上 $y = 0$ に到達した時間を $x$ 秒とすると、
$$-4.9x^2 + 10x + 98 = 0 \longrightarrow x = 1 \pm \sqrt{21} \approx -3.58 \text{ または、} 5.58$$

時間は正なので負の値は不適当。したがって、投げ上げてから地上に到達するまでの時間は、約 5.58 秒。

(6)：$a : b = (a+b) : a \implies a^2 - ab - b^2 = 0$。$x = a/b$ とおくと、
$$x^2 - x - 1 = 0 \implies x = \frac{1 \pm \sqrt{5}}{2}$$

$a, b$ とも長さなので、正の値。したがって、
$$\frac{a}{b} = \frac{1+\sqrt{5}}{2} \quad \frac{b}{a} = \frac{\sqrt{5}-1}{2}$$

## § 2.9.1 問題解答

(1)：$(x-2)(x+4) \leq 0 \implies -4 < x < 2$

(2)：$-x^2 - 2x - 3 > 0 \implies x^2 + 2x + 3 < 0 \longrightarrow (x+1)^2 + 2 < 0$
この不等式は $x$ のどんな値に対しても成り立たない。したがって、"解なし"。

(3): $x^2 - 4x + 9 > 0 \implies (x-2)^2 + 5 > 0$

この不等式は $x$ のどんな値に対しても成り立つ。したがって、"解は不定"。

## § 2.10.1 問題解答

(1): $x^3 - 1 = 0 \implies (x-1)(x^2 + x + 1) = 0 \implies x = 0$ または、$(x^2 + x + 1) = 0$
故に、解は 3 個（1 個の実数解と 2 個の複素数）が得られる。

$$x = 1 \quad \text{or} \quad x = \omega \equiv = \frac{-1 + i\sqrt{3}}{2} \quad \text{or} \quad x = \omega^2 \equiv \frac{-1 - i\sqrt{3}}{2}$$

(2): $x^4 - 1 = 0 \implies (x^2 - 1)(x^2 + 1) = 0$
故に、解は 4 個（2 個の実数解と 2 個の複素数解）が得られる。

$$x = \pm 1 \quad \text{or} \quad x = \pm i$$

(3): $x^4 + x^2 - 12 = 0 \implies (x^2 - 3)(x^2 + 4) = 0$ より、解は 4 個（2 個の実数解と 2 個の複素数）が得られる。

$$x = \pm\sqrt{3} \quad \text{or} \quad x = \pm 2i$$

(4): $x^3 + ax^2 + bx + c = (x - \alpha)(x - \beta)(x - \gamma) = 0$ の右辺を展開すると、

$$(x - \alpha)(x - \beta)(x - \gamma) = x^2 - (\alpha + \beta + \gamma)x^2 + (\alpha\beta + \beta\gamma + \gamma\alpha)x - \alpha\beta\gamma$$

したがって、$x$ の次数を比較すると、根と係数 $a, b, c$ の関係が得られる。

$$a = -(\alpha + \beta + \gamma) \quad b = (\alpha\beta + \beta\gamma + \gamma\alpha) \quad c = -\alpha\beta\gamma$$

# 第 3 章

# 関数とグラフ（座標）

## 3.1 関数

為替レートが時間とともにどのように変化するか、雨量が時間とともにどのように変わるかなど、2つ以上の数量の関係を関数という。いま、ある貯水槽の貯水量：$y[\mathrm{m}^3]$ と時間：$x[\text{分}]$ の関係を表わす数学表現として、

$$y = f(x) \tag{3.1}$$

と書く。ここで、$f(x)$ を $x$ の関数 (function) という。

例 1：初め 100 $\mathrm{m}^3$ あった貯水量に、1 分あたり 5 $\mathrm{m}^3$ の水が $x[\text{分}]$ 間注入されるとき、貯水量：$y[\mathrm{m}^3]$ は次のように書ける。

$$y = f(x) = 5x + 100$$

例えば、$x = 10$ 分間注水したときの貯水量は、$y = f(10) = 150$ $\mathrm{m}^3$ となる。

例 2：高さ 100 m のビルの屋上からボールを落下させたとき、落下してから $x[\text{秒}]$ 後の小石の高さ $y[\mathrm{m}]$ は力学の法則から次のように与えられる。

$$y = f(x) = -4.9x^2 + 100$$

例えば、$x = 2$ 秒後の小石の高さは、$y = f(2) = 80.4$ m となる。

## 3.2 グラフ（座標）

いま、平面上のある位置 (場所) を定めるために、東に何 m、北に何 m というように 2 つの値を定めて位置を表す。例えば、東の方向に 50m、北の方向に 40m にある P 地点は

(50m, 40m) と表示できる (図 3.1 参照)。この表現を P 地点の座標 (位置) という。

また、横軸 ($x$ 軸) に $x$ の値を、縦軸 ($y$ 軸) に $y$ の値を定めると、例えば、図 3.2 で示されているように、$x=3, y=4$ の位置の座標 P 点は $(3,4)$、また、$x=-4, y=2$ の位置の座標 Q 点は $(-4,2)$ と表示される。座標は $x$ 軸、$y$ 軸によって、4 つの領域に分かれている。反時計回りに、領域：$(x \geq 0, y \geq 0)$ を第 1 象限、領域：$(x < 0, y \geq 0)$ を第 2 象限、領域：$(x < 0, y < 0)$ を第 3 象限、領域：$(x \geq 0, y < 0)$ を第 4 象限という[*1]。

$y=x$ や $y=0.5x+1$ のように、関数が $x$ の 1 次式で表されている関数を 1 次関数といい、$y=0.5x^2$ のように、関数が $x$ の 2 次式で表されている関数を 2 次関数という。図 3.3 では、様々な関数のグラフが描かれている。

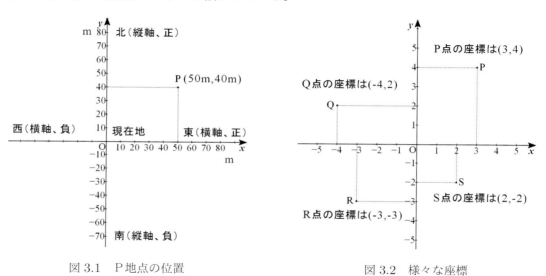

図 3.1　P 地点の位置　　　　　　図 3.2　様々な座標

## 3.3　1 次関数

関数 $y=f(x)$ において、$f(x)$ が変数 $x$ の 1 次式で与えられるとき、

$$y = f(x) = ax + b \quad (a \neq 0) \tag{3.2}$$

を $x$ の 1 次関数という[*2]。ここで、$a, b$ は定数である。

---

[*1] 座標の考え方は、"我思う。故に、我あり！"の格言で有名なデカルト (1596-1650) によって、初めて導入されたと言われている。

[*2] $x$ を独立変数、$y$ を従属変数という。

# 第3章 関数とグラフ（座標）

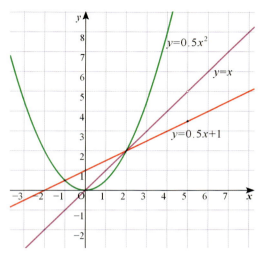

図 3.3　様々な関数

## 3.3.1　1次関数の勾配（傾き）と $y$ 切片

関数の勾配は、$x$ の増分に対する $y$ の増分の比で定義されている。例えば、関数：$y = f(x)$ について、$x = \alpha$ と $x = (\alpha + h)$ 間の勾配は、

$$x = \alpha \text{ での勾配} \implies \frac{y \text{ の増分}}{x \text{ の増分}} = \frac{f(\alpha + h) - f(\alpha)}{h} \tag{3.3}$$

で与えられる。(3.2) 式の1次関数の場合、

$$x = \alpha \text{ での勾配} = \frac{f(\alpha + h) - f(\alpha)}{(\alpha + h) - \alpha} = \frac{a(\alpha + h) - a\alpha}{h} = a \tag{3.4}$$

となる。1次関数の場合、$x$ の係数（(3.2) 式では $a$ の値）が勾配を示し一定である。このことから、1次関数はグラフ上に図示すると、直線として描ける。(3.2) 式の直線が $y$ 軸を切る値は、$x = 0$ のときの値：$b$ である。この値を $y$ 切片という。

## 3.3.2　問題

(1)：図 3.4 において、P 点の値（直線が $x$ 軸を切る値）はいくらか。

(2)：2 点：P$(-3, 5)$ と Q$(2, -1)$ を通る一次関数を求めよ。

(3)：図 3.5 には様々な一次関数の直線が描かれている。各々の直線の式を求めよ。

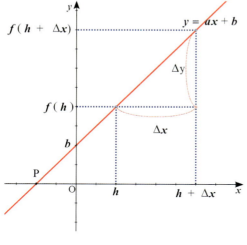
図 3.4 1次関数と勾配

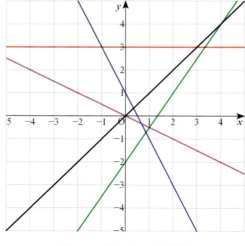
図 3.5 様々な1次関数

## 3.4 比例と反比例

### 3.4.1 比例

$x$ の値が 1, 2, 3, 4, ⋯ と増えるにつれて、$y$ の値が 1, 2, 3, 4, ⋯ 倍（或いは、−1, −2, −3, −4, ⋯ 倍）に増加するとき、$x$ と $y$ は比例（関係）するという。$a$ を比例定数という。

$$y = ax \tag{3.5}$$

これは、原点（$y$ 切片がゼロ）を通り、勾配が $a$ の一次関数である。（図 3.6 内の点線の直線グラフ）

### 3.4.2 反比例

$x$ の値が 1, 2, 3, 4, ⋯ と増えるにつれて、$y$ の値が 1, 1/2, 1/3, 1/4, ⋯ 倍と減少するとき、$x$ と $y$ は反比例 (関係) するという。反比例のグラフは双曲線と呼ばれている。

$$y = \frac{a}{x} \tag{3.6}$$

# 第3章 関数とグラフ（座標）

ここで、$a$ は定数である。反比例では $a > 0$ ($a < 0$) のとき、$x$ の値が正値からゼロに近づくにつれて $y$ の値は $\infty$*3 ($-\infty$) に近づき、一方、$x$ の値が負値からゼロに近づくにつれて $y$ の値は $-\infty$ ($\infty$) に近づく。$x = 0$ を特異点という。(図 3.6 内の実線のグラフ)

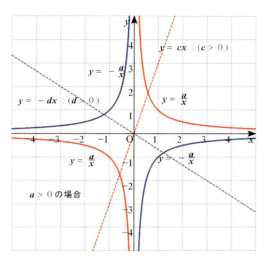

図 3.6　比例と反比例のグラフ

## 3.4.3 比例と反比例の例

比例と反比例の代表的な例としてオームの法則がある。電圧:$V[\mathrm{V}]$ の電池に抵抗値:$R[\Omega]$ の電球をつなぐとき、回路に流れる電流が $I[\mathrm{A}]$ であった。$V, R, I$ の間の関係はオームの法則によって次式で与えられる。

$$V = RI \tag{3.7}$$

- 抵抗値 $R$ が一定のとき、電流 $I$ と電圧 $V$ は比例する（図 3.7）。
- 電圧 $V$ が一定のとき、$R = V/I$ と置くと、抵抗値 $R$ と電流 $I$ は反比例する（図 3.8）。

---

*3 $\infty$ は無限の数学記号。

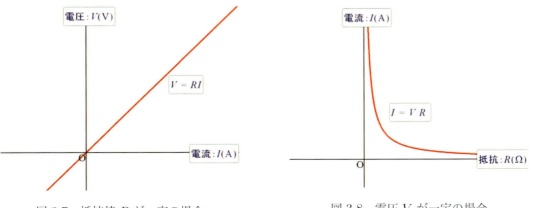

図 3.7 抵抗値 $R$ が一定の場合　　図 3.8 電圧 $V$ が一定の場合

## 3.5 （2元1次）連立方程式

次の連立方程式をグラフから求めてみよう。

$$x - 2y = 8 \qquad 3x + 2y = 8 \tag{3.8}$$

これらの式を、次のように1次関数に変形する。

$$y = \frac{x}{2} - 4 \qquad y = -\frac{3x}{2} + 4 \tag{3.9}$$

図 3.9 に図示されているように、これらの 1 次関数は 2 本の直線となり、その交点は $(4, -2)$ であることが分かる。したがって、$x = 4$ と $y = -2$ がこの連立方程式の解である。もし、2 つの一次関数が独立でない場合（§ 2.2.1 参照）、この 2 本の直線は平行となり交点がないので連立方程式の解は存在しない。

### 3.5.1 問題

(1)： 図 3.9 で $y = |4(x-1)|$ と $3x + 2y = 8$ の交点を求めよ。

(2)： 3 つの直線；$3x + 2y = 6, x + 4y = -8, x + ay = 10$ が 1 点で交わるためには、$a$ の値はいくらでなければならないか。

第3章 関数とグラフ（座標）

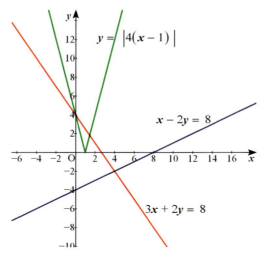

図 3.9 連立方程式とグラフ

## 3.6 2次関数

$y = f(x)$ において、
$$f(x) = ax^2 + bx + c \quad (a \neq 0) \tag{3.10}$$

を2次関数という。第2章の2次方程式の解を求める手順と同様に、(3.10) 式を次のように変形する。

$$\begin{aligned}
y = f(x) &= a\left(x^2 + \frac{b}{a}x\right) + c \\
&= a\left(x^2 + \frac{b}{a}x + \frac{b^2}{4a^2} - \frac{b^2}{4a^2}\right) + c \\
&= a\left(x + \frac{b}{2a}\right)^2 - \frac{b^2 - 4ac}{4a}
\end{aligned} \tag{3.11}$$

特に、$f(x) = 0$ とき、(3.11) 式は $x$ の2次方程式となるので、その解は次のようになる (§ 2.8 参照)。

$$x = \frac{-b \pm \sqrt{b^2 - 4ac}}{2a} \tag{3.12}$$

### 3.6.1　$a > 0$ の場合

(3.11) 式から分かるように、

$$x = x_0 \equiv -\frac{b}{2a} \text{ とき、関数 } f(x) \text{ は最小値}: y_0 = f(x_0) \equiv -\frac{b^2 - 4ac}{4a} \tag{3.13}$$

となるため、$a > 0$ の 2 次関数は下に凸な関数となる。したがって、2 次方程式の判別式：

$$D \equiv b^2 - 4ac \tag{3.14}$$

と 2 次関数のグラフとの関係は次のようにまとめられる (図 3.10 参照)。

- $D > 0$ のとき、2 次方程式は 2 つの実数の解 ( 2 実根) をとる。したがって、2 次関数は $x$ 軸とその 2 つの実根値で交わり、最小値 $y_0$ は負となる。
- $D = 0$ のとき、2 次方程式は重根（重解）をとる。したがって、2 次関数は $x$ 軸とその重根値（$x = x_0$）で接し、最小値は $y_0 = 0$ となる。
- $D < 0$ のとき、2 次方程式は 2 つの複素数の解をとる。したがって、2 次関数は $x$ 軸と交わらず、最小値 $y_0$ は正となる。

### 3.6.2　$a < 0$ の場合

(3.11) 式で $a = -|a|$ と置き換えると、

$$y = -|a|\left(x - \frac{b}{2|a|}\right)^2 + \frac{b^2 + 4|a|c}{4|a|} \tag{3.15}$$

したがって、

$$x = x_0 \equiv \frac{b}{2|a|} \text{ とき、関数 } f(x) \text{ は最大値}: y_0 = f(x_0) \equiv \frac{b^2 + 4|a|c}{4|a|} \tag{3.16}$$

となるため、上に凸な関数となる。判別式：

$$D \equiv b^2 + 4|a|c \tag{3.17}$$

と 2 次関数のグラフとの関係は次のようにまとめられる (図 3.11 参照)。

- $D > 0$ のとき、2 次方程式は 2 つの実数の解（2 実根）をとる。したがって、2 次関数は $x$ 軸とその 2 つの実根値で交わり、最大値 $y_0$ は正となる。

# 第3章 関数とグラフ（座標）

- $D=0$ のとき、2次方程式は重根（重解）をとる。したがって、2次関数は $x$ 軸とその重根値 ($x = x_0$) で接し、最大値は $y_0 = 0$ となる。
- $D<0$ のとき、2次方程式は2つの複素数の解をとる。したがって、2次関数は $x$ 軸と交わらず、最大値 $y_0$ は負となる。

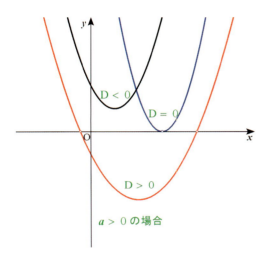

図 3.10　下に凸 ($a>0$) の二次関数

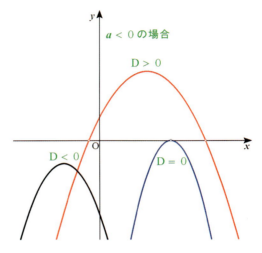

図 3.11　上に凸 ($a<0$) の二次関数

## 3.6.3　問題

(1)：地上から真上に速さ 20 m/s でボールを投げ上げた。ボールが最高点に達するまでの時間とその高さはいくらか。またボールが地上に衝突するまでの時間はいくらか。ただし、地上からの高さを $y$[m]、投げ上げてからの時間を $t$ 秒、重力加速度：$g = 9.8$ m/s$^2$ とおくと、落下の法則により次式が成り立つ。

$$y = -\frac{1}{2}gt^2 + 20t$$

(2)：地上からボールを水平面から角度 45°の方向に速さ $30\sqrt{2}$ m/s（垂直方向、水平方向とも同じ 30 m/s の速さ）で投げた。ボールが最高点に達するまでの時間とその位置(高さと水平距離)はいくらか。また、再びボールが地上に落下するまでの時間と飛んだ距離はいくらか。地上からの高さを $y$[m]、水平距離を $x$[m]、時間を $t$ 秒とすると、次式が成り立つ。

$$y = -\frac{1}{2}gt^2 + 30t, \qquad x = 30t$$

(3)：ある大木の枝にサルがぶら下がっている。いま、ハンターがサルに狙いを定めて銃を撃ったところ、同時にサルは枝から手を放して落下した。さて、弾丸はサルに命中するだろうか？

## 3.7 平行移動

$y = f(x)$ の関数を $x$ 軸方向に沿って $b$ だけ平行移動させた関数はどのように表せるだろうか。関数を $x$ 軸方向に $b$ だけ移動させるということは、原点を $x$ 軸に沿って逆方向に、即ち、$-b$ だけ ($y$ 軸が $-b$ だけ) 移動させたことと同じである。したがって、$y = f(x)$ の関数を $x$ 軸方向に沿って $b$ だけ平行移動させた関数は、

$$x \text{ 軸方向 } b \text{ 平行移動}: \quad y = f(x-b) \tag{3.18}$$

となることが分かる。

同様に、$y = f(x)$ の関数を $y$ 軸方向に $c$ だけ平行移動させた関数は、原点を $y$ 軸方向に沿って $-c$ だけ ($x$ 軸が $-c$ だけ) 移動させたことと同じである。したがって、

$$y \text{ 軸方向 } c \text{ 平行移動}: \quad y - c = f(x) \implies y = f(x) + c \tag{3.19}$$

となる。

一般に、$y = f(x)$ の関数を $x$ 軸方向に $b$、$y$ 軸方向に $c$ だけ平行移動させた関数は

$$y = f(x-b) + c \tag{3.20}$$

と書き換えられる。

例えば、1次関数：$y = 2x + 4$ を $x$ 軸方向に 3、$y$ 軸方向に $-5$ だけ平行移動させた関数は $y - (-5) = 2(x-3) + 4$、式を整理して、$y = 2x - 7$ となる。

2次関数：$y = ax^2$ を $x$ 軸方向に $b$、$y$ 軸方向に $c$ だけ平行移動させた関数は次のようになる（図 3.12 参照）。

$$y - c = a(x-b)^2 \quad \text{即ち、} \quad y = a(x-b)^2 + c$$

### 3.7.1 問題

(1)：直線：$y = -3x + 5$ を $x$ 軸方向、あるいは $y$ 軸方向に平行移動させて、他の直線：$y = -3x - 3$ と一致させたい。$x$ 軸方向にどれだけ移動させればよいか。あるいは、$y$ 軸方向にどれだけ移動させればよいか。

第3章 関数とグラフ（座標）

(2)：$y = f(x) = 2x^2$ を $x$ 軸、$y$ 軸方向に移動させて、関数 $y = 2x^2 - 3x + 5$ にしたい。どのように移動させればよいか。

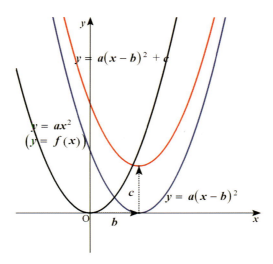

図 3.12　2 次関数の平行移動

## 3.8 関数不等式

第2章では、1次不等式 (§ 2.5 参照)、2次不等式 (§ 2.9 参照) について解説した。ここでは、関数不等式：$y \geq f(x)$ 或いは $y < f(x)$ について解説する。例として、次の関数不等式がどんな領域を表しているかを考えてみよう。

$$y \geq f(x) = x^2 - 2x$$

この関数不等式は、$y$ の値が $f(x) = x^2 - 2x$ より大きいことから、$y \geq f(x) = x^2 - 2x$ の領域は図 3.13 に示されているように、2 次曲線 $y = x^2 - 2x$ の上側 (あるいは内側。ただし、曲線上を含む) となることが分かる。
一方、不等式：$y < f(x) = x^2 - 2x$ の領域は、図 3.14 で示されているように、2 次曲線 $y = x^2 - 2x$ の下側 (あるいは外側。ただし、曲線上を含まない) となる。
一般に、図 3.15 で図示されているように、

(a) 不等式：$y \geq f(x)$ の領域は、曲線：$y = f(x)$ の上側である。
(b) 不等式：$y \leq f(x)$ の領域は、曲線：$y = f(x)$ の下側である。

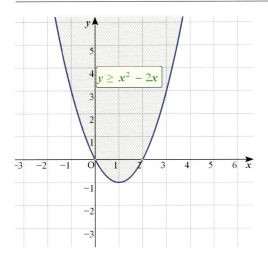

図 3.13　2 次不等式：1　　　　　　　　　　図 3.14　2 次不等式：2

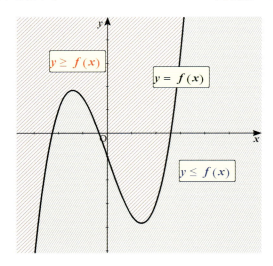

図 3.15　不等式の領域

## 3.8.1　問題

(1)：連立不等式：$y \leq x$、$y > -x + 1$、$y > 2x - 2$ を満たす領域を示せ。

(2)：連立不等式：$y \geq x^2$、$y \leq -x + 2$ を満たす領域を示せ。

(3)：問 (2) の領域において、$(y - x)$ の値の最大値と最小値を求めよ。

(4)：連立不等式：$y > x^2$、$y \leq -x^2 + 2x$ を満たす領域を示せ。

## 3.9 逆関数

関数 $y = f(x)$ の逆関数とは、元の関数の $x$ と $y$ を入れ替えた関数：$x = f(y)$ で定義されている。したがって、$y = f(x)$ と $x = f(y)$ は $y = x$ の直線に対して、対称な関数である。この逆関数を $y = f^{-1}(x)$ と書く。

$$y = f(x) \text{ の逆関数：} \quad x = f(y) \text{ または、} \quad y = f^{-1}(x) \tag{3.21}$$

当然ながら、逆関数の逆関数は元の関数になることは明らかである。関数 $f^{-1}(x)$ の上付きの "$-1$" は関数 $f(x)$ の逆数 $1/f(x)$ ではなく、逆関数を意味していることに注意！

例として、$y = f(x) = x^2/2$ の逆関数を考えよう。元の関数の $x$ と $y$ を入れ替えると、逆関数は $x = y^2/2$ となる。この式を変形して、$y = f^{-1}(x) = \pm\sqrt{2x}$ が $y = f(x) = x^2/2$ の逆関数である（図 3.16 参照）。

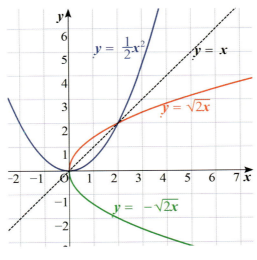

図 3.16　逆関数

## 3.10 Appendix-A:簡単な微分

一般的な微分については第 10 章で解説するが、ここでは、2 次関数： $y = ax^2$ を用いて微分の考え方について簡単に解説する。

図 3.17 に示されているように、$x = h$ と $x = h + \Delta x$ 間[*4]の傾き (勾配) を考えよう。

$$\text{勾配} = \frac{a(h+\Delta x)^2 - ah^2}{\Delta x} = 2ah + a\Delta x$$
$$\Longrightarrow \text{限りなく } \Delta x \text{ を小さくする} \Longrightarrow 2ah \tag{3.22}$$

この値 $2ah$ は関数 $y = ax^2$ 上の $x = h$（図 3.17 の P 点）での微分値（接線の勾配）という。このように微分は接線勾配を与えることがわかる。

一般に、関数 $y = f(x)$ を $x = x_0$ のところで微分することを数学記号を用いて表すと、

$$\lim_{\Delta x \to 0} \frac{f(x_0 + \Delta x) - f(x_0)}{\Delta x} \equiv \left.\frac{df(x)}{dx}\right|_{x=x_0} \tag{3.23}$$

数学記号：$\lim_{\Delta x \to 0}$ は、$\Delta x$ を限りなくゼロにすることを意味している。(3.23) 式の微分は、関数 $y = f(x)$ において、$x = x_0$ での接線勾配を示している。

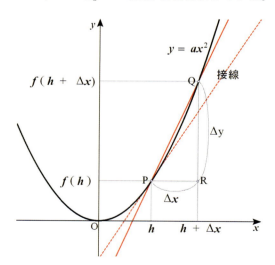

図 3.17　2 次関数の微分

---

[*4] $\Delta x$ は $\Delta$ と $x$ の積ではなく、$x$ 軸方向の微小な量を意味する。

第3章 関数とグラフ（座標）

## 3.11 第3章 解答

§ 3.3.2 問題解答

(1)：P点は、直線：$y = ax + b$ と $x$ 軸（$y = 0$）との交点なので、
$$0 = ax + b \quad \longrightarrow \text{故に、} \quad x = -\frac{b}{a}$$

(2)：求める一次関数を $y = ax + b$ として、2点：P$(-3, 5)$ と Q$(2, -1)$ を通るように、係数 $a$ と $b$ を決める。
$$5 = -3a + b \quad -1 = 2a + b \longrightarrow \text{故に、} \quad a = -\frac{6}{5}, \quad b = -\frac{7}{5}$$

したがって、求める一次関数は
$$y = -\frac{6}{5}x - \frac{7}{5}$$

(3)：
- 黒の直線の式：　$y = x$
- 緑の直線の式：　$y = \frac{3}{2}x - 2$
- 青の直線の式：　$y = -2x + 1$
- ピンクの直線の式：　$y = -\frac{1}{2}x$
- 赤の直線の式：　$y = 3$

§ 3.5.1 問題解答

(1)：$y = |4(x-1)|$ と $3x + 2y = 8$ の交点を求めるには、$x \geq 1$ の場合と $x < 1$ の場合に分けて求める。
- $x \geq 1$ の場合：
$$y = 4(x-1) \quad 3x + 2y = 8 \longrightarrow \text{故に } \left(\frac{16}{11}, \frac{20}{11}\right)$$
- $x < 1$ の場合：
$$y = -4(x-1) \quad 3x + 2y = 8 \longrightarrow \text{故に } (0, 4)$$

(2)：2つの直線：$3x + 2y = 6$、$x + 4y = -8$ の交点は、$(4, -3)$ である。この交点を直線：$x + ay = 10$ が通るためには $4 - 3a = 10$ が成り立たなければならない。したがって、$a = -2$。

## § 3.6.3 問題解答

(1):

- ボールが最高点に達するまでの時間を $t_0$ 秒、その高さを $y_0[\mathrm{m}]$ とする。

$$y = -\frac{1}{2}gt^2 + 20t \text{ を変形して、} \quad y = -\frac{1}{2}g\left(t - \frac{20}{g}\right)^2 + \frac{400}{2g}$$

故に、$t_0 = 20/g \approx 2.04$ 秒、$y_0 = 400/2g \approx 20.4\mathrm{m}$ 。

- ボールが地上に衝突するまでの時間を $t_1$ 秒とする。その時の高さはゼロなので、

$$0 = -\frac{1}{2}gt_1^2 + 20t_1 \longrightarrow 0 = \left(20 - \frac{1}{2}gt_1\right)t_1$$

この答えは、$t_1 = 0$ または、$t_1 = 40/g$ の 2 つの解があるが、$t_1 = 0$ は地上から投げ始めた時刻なので答えではない。したがって、$t_1 = 40/g \approx 4.08$ 秒 。

(2):

- 前問を参照して、最高点に達するまでの時間を $t_0$ 秒、その高さと水平距離をそれぞれ、$y_0[\mathrm{m}]$、$x_0[\mathrm{m}]$ とする。

$$y = -\frac{1}{2}gt^2 + 30t \text{ を変形して、} \quad y = -\frac{1}{2}g\left(t - \frac{30}{g}\right)^2 + \frac{900}{2g}$$

故に、$t_0 = 30/g \approx 3.06$ 秒, $y_0 = 900/2g \approx 45.94\mathrm{m}$, $x_0 = 30t_0 = 91.8\mathrm{m}$ 。

- ボールが地上に衝突するまでの時間を $t_1$ 秒、その水平距離を $x_1[\mathrm{m}]$ とする。

$$0 = -\frac{1}{2}gt_1^2 + 30t_1 \longrightarrow 0 = \left(30 - \frac{1}{2}gt_1\right)t_1$$

故に、$t_1 = 60/g \approx 6.12$ 秒、$x_1 = 30t_1 = 183.6\mathrm{m}$ 。

(3): ハンターからサルまでの水平距離を $l[\mathrm{m}]$、高さを $h[\mathrm{m}]$ とする。また、弾丸の初速度の水平方向、垂直方向の速さをそれぞれ $v_x$, $v_y$ と置くと、次式が成り立つ。

$$\frac{h}{l} = \frac{v_y}{v_x}$$

時刻 $t$ での弾丸の位置を $(x(t), f_1(t))$ と置くと、

$$x(t) = v_x t \qquad f_1(t) = -\frac{1}{2}gt^2 + v_y t$$

# 第3章 関数とグラフ（座標）

したがって、弾丸が水平方向に $l[\mathrm{m}]$ のところに来た時刻：$t_0 = l/v_x$ での弾丸の高さは

$$f_1(t_0) = -\frac{1}{2}gt_0^2 + v_y t_0 = -\frac{1}{2}g\left(\frac{l}{v_x}\right)^2 + h$$

一方、時刻 $t$ でのサルの位置を $(l, f_2(t))$ と置くと、

$$f_2(t) = -\frac{1}{2}gt^2 + h$$

$t_0 = l/v_x$ 秒後のサルの高さは

$$f_2(t_0) = -\frac{1}{2}g\left(\frac{l}{v_x}\right)^2 + h$$

となり、弾丸とサルの位置は一致するので、弾丸はサルに命中する。

## § 3.7.1 問題解答

(1)：直線 $y = -3x + 5$ を、$x$ 軸方向に $b$ だけ移動させた直線、あるいは、$y$ 軸方向に $c$ だけ移動させた直線が、$y = -3x - 3$ と一致するためには、

$$y = -3(x - b) + 5 = -3x - 3 \quad \text{あるいは、} \quad y = -3x + 5 + c = -3x - 3$$

この等式が成り立つためには、$b = -8/3, c = -8$。したがって、$x$ 軸の負の方向に、$8/3$ だけ移動させるか、あるいは、$y$ 軸の負の方向に、$8$ だけ移動させればよい。

(2)：$y = x^2$ を $x$ 方向に $b$、$y$ 軸方向に $c$ だけ移動させた関数が $y = 2x^2 - 3x + 5$ と一致するので、

$$y = 2(x - b)^2 + c = 2x^2 - 3x + 5$$

この等式から、次式が得られる。

$$4b = 3 \quad 2b^2 + c = 5 \Longrightarrow b = \frac{3}{4} \quad c = \frac{31}{8}$$

したがって、$x$ 軸正方向に $3/4$、$y$ 軸正方向に $31/8$ だけ移動させればよい。

## 3.8.1 問題解答

(1)：連立不等式：$y \leq x$、$y \geq -x + 1$、$y \geq 2x - 2$ を満たす領域は、図 3.18 に図示。

(2)：連立不等式：$y \geq x^2$、$y \leq -x + 2$ を満たす領域は、図 3.19 に図示されているように、$y = x^2$ より上で $y = -x + 2$ より以下を満たす領域。

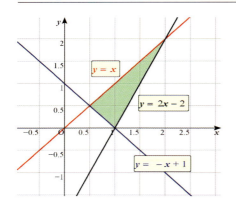

図 3.18　$y \leq x$、$y \geq -x+1$、$y \geq 2x-2$ の領域

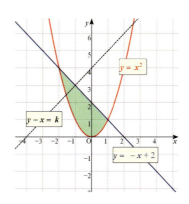

図 3.19　$y \geq x^2$、$y \leq -x+2$ の領域

(3)：$y - x = k$ と置き、この直線式の $y$ 切片の値 $k$ の最大値と最小値を、問 (2)：で示された領域内で探せばよい。この領域内の $(x, y)$ で $y$ 切片の値 $k_1$ が最大となるのは、$(x, y) = (-2, 4)$。したがって、$y - x = k_1 = 6$。

一方、最小となる値を $k_2$ と置く。$y - x = k_2$。$y$ 切片の値が最小のとき、$y = x^2$ と $y = x + k_2$ の交点は一点である。したがって、2 次方程式：$x^2 - x + k_2 = 0$ は重根を持つ。判別式：$D = 1 + 4k_2 = 0$ より、最小値 $k_2 = -1/4$。

(4)：連立不等式：$y \geq x^2$、$y \leq -x^2 + 2x$ を満たす領域は、図 3.20 で図示されているように、$y = x^2$ より上で $y = -x^2 + 2x$ より下を満たす領域。

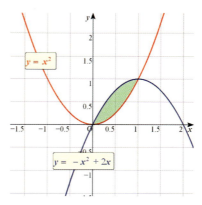

図 3.20　$y \geq x^2$、$y \leq -x^2 + 2x$ の領域

# 第4章

# 幾何（平面図形）

## 4.1 ユークリッド幾何学

古代ギリシャの数学者ユークリッドの有名な著書『幾何学原論』によって、現在の平面図形の基本が形成された。そこでは、公理 (原理；証明を伴わない基本的な自明の事柄) に基づいて (論理を発展させて) 定理が作られ、幾何学が形成された。

### 4.1.1 公理

公理とは、基本的に自明な事柄で次の項目からなる。

- 点とは、位置を示し面積がない。
- 直線とは、2点間の最短距離を通る線である。2点間の最短距離を結ぶ線は線分という。
- 平行線とは、同一平面内において交わることがない2つの直線である。即ち、2つの直線が平行であるとき、この二つの直線は交わらない。図 4.1 で直線 M,N が平行であるとき、∠a=∠c (同位角) である[*1]。
- 円とは、同一平面内で、中心点から等距離にある点の集まりをいう。三次元空間において、中心点から等距離にある点の集まりを球という。

---

[*1] ∠a とは、a の角度を意味する。

## 4.1.2 角度の定義

- 円の中心のまわりを 360 等分したときの角度を 1°（1 度）と定義する[*2]。
- 1° を 60 等分した角度を 1′（1 分）、1′ を 60 等分した角度を 1″（1 秒）と呼ぶ。

$$1° = 60' \qquad 1' = 60''$$

- 90° を特に直角と言い、90° = ∠R と書く。したがって、直線上の点のまわりの角度は 180° である。
- 角度を表す表記として、その他に"ラディアン"（radian）という単位がある。（§ 4.7.2 参照）

## 4.2 三角形（基本図形）

三角形とは、互いに平行でない三本の直線 (線分) からなる閉じた図形（基本図形）である。図 4.2 で図示されているように、三角形 ABC（△ABC と表記する）において、∠A、∠B、∠C を内角といい、その和は 180° である。また、∠ACD を ∠C の外角という。三角形の外角の和は 360° である。

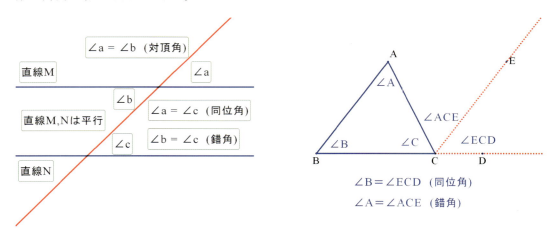

図 4.1　平行と同位角　　　　　図 4.2　三角形の内角と外角

---

[*2] 1 年の日数に由来しているといわれている。

# 第4章 幾何（平面図形）

## 4.2.1 問題

(1): 図 4.1 において、∠a = ∠b (対頂角) であることを示せ。
したがって、∠b = ∠c (錯角) である。

(2): 三角形の内角の和は 180° であることを示せ。

(3): 三角形の外角の和は 360° であることを示せ。

(4): 図 4.3 を参照して、多角形 ($n$ 角形) の内角の和と外角の和を求めよ。

(5): 図 4.4 の星形図形の内角の和を求めよ。

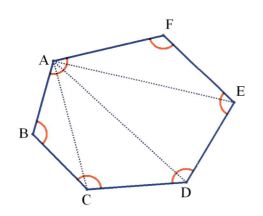

図 4.3 多角形の内角と外角

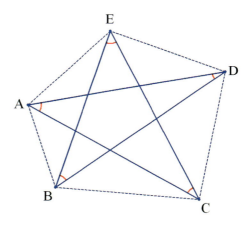

図 4.4 星形図形の内角

## 4.3 二つの三角形の合同

二つの図形が完全に重ね合わされることが出来るとき、この二つの図形は合同であるという。二つの三角形が合同となるには次の3つの条件がある。

**合同条件：1**

二つの三角形：△ABC と △DEF において、三辺がそれぞれ等しいとき[3]、

$$\overline{AB} = \overline{DE}、\quad \overline{BC} = \overline{EF}、\quad \overline{CA} = \overline{FD} \tag{4.1}$$

---

[3] A,B 間の線分を $\overline{AB}$ と表記する。

この二つの三角形：△ABC と △DEF は合同である。（図 4.5 参照）

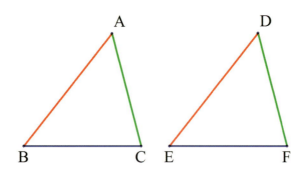

図 4.5　三角形の合同条件：1

**合同条件：2**

　二つの三角形：△ABC と △DEF において、二辺とその挟角（間の角）がそれぞれ等しいとき、例えば、
$$\overline{AB} = \overline{DE}、\quad \overline{BC} = \overline{EF}、\quad \angle ABC = \angle DEF \tag{4.2}$$
のとき、この二つの三角形：△ABC と △DEF は合同である。（図 4.6 参照）

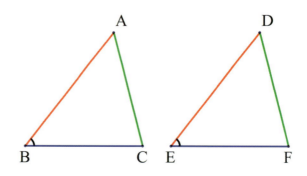

図 4.6　三角形の合同条件：2

**合同条件：3**

　二つの三角形：△ABC と △DEF において、一辺とその両端の角がそれぞれ等しいとき、例えば、
$$\overline{AB} = \overline{DE}、\quad \angle ABC = \angle DEF、\quad \angle CAB = \angle FDE \tag{4.3}$$

# 第4章 幾何（平面図形）

のとき、この二つの三角形：△ABC と △DEF は合同である。（図 4.7 参照）

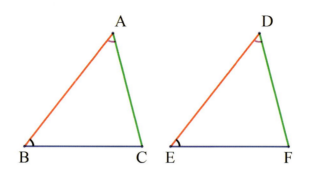

図 4.7　三角形の合同条件：3

## 4.4 二等辺三角形と正三角形

### 4.4.1 二等辺三角形

図 4.8 のように、二辺 $\overline{AB}$ と $\overline{AC}$ の長さが等しい三角形を二等辺三角形という。このとき、∠ABC = ∠ACB が成り立つ。

### 4.4.2 正三角形

図 4.9 のように、三辺 $\overline{AB}$、$\overline{BC}$、$\overline{CA}$ の長さが等しい三角形を正三角形という。このとき、それぞれの内角は等しい。

### 4.4.3 直角三角形

一つの内角が直角である三角形を直角三角形という。直角三角形では、三平方の定理[*4]が成り立つ。（§ 4.9 参照）

### 4.4.4 問題

(1)： 図 4.8 の二等辺三角形において、∠ABC = ∠ACB となることを示せ。

---

[*4] 三平方の定理："直角を挟む辺の長さの二乗の和は、斜辺の長さの二乗に等しい"。ピタゴラスの定理ともいう。

(2): 図 4.9 の正三角形おいて、それぞれの内角は等しいことを示せ。
(3): コンパスと定規だけで、二等辺三角形、正三角形、直角三角形を作図せよ。
(4): コンパスと定規だけで、∠ABC を二等分せよ[*5]。

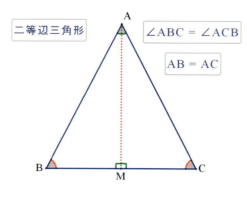

図 4.8 二等辺三角形

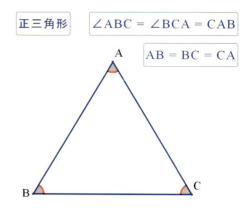

図 4.9 正三角形

## 4.5 平行四辺形と台形

### 4.5.1 平行四辺形

図 4.10 の四辺形 ABCD において、対辺が平行な四辺形 ($AB \parallel CD$、$AD \parallel BC$) を平行四辺形という。

- 菱 形： 四辺の長さが等しい平行四辺形。
- 長方形： 内角が直角である平行四辺形。
- 正方形： 四辺の長さが等しく、内角が直角である平行四辺形。

### 4.5.2 台形

図 4.10 の四辺形 ABCD において、一組の対辺のみが平行な四辺形 ($AB \parallel CD$ または、$AD \parallel BC$) を台形という。

---

[*5] 任意の角の三等分は、コンパスと定規だけで作図することが不可能であることが証明されている。

## 4.5.3 問題

(1)：図 4.10 の平行四辺形 1 において、対辺の長さが等しく ($\overline{AB} = \overline{CD}$、$\overline{AD} = \overline{BC}$)、また、対角が等しい (∠ABC = ∠CDA、∠BAD = ∠DCB) ことを示せ。

(2)：図 4.11 の平行四辺形 2 において、二つの対角線 $\overline{AC}$、$\overline{BD}$ は互いに他を二等分する ($\overline{AG} = \overline{CG}$、$\overline{BG} = \overline{DG}$) ことを証明せよ。

(3)：コンパスと定規だけを用いて、ある直線に平行な直線を作図せよ。

(4)：コンパスと定規だけを用いて、正方形を作図せよ。

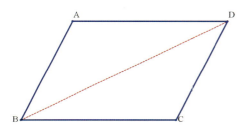

図 4.10　平行四辺形 1

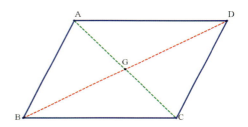

図 4.11　平行四辺形 2

## 4.6　三角形の相似

図 4.12 に示すように、二つの三角形 △ABC と △abc において、対応する内角がそれぞれ等しい (∠ABC = ∠abc、∠BCA = ∠bca、∠CAB = ∠cab) とき、この二つの三角形は相似形であるという。△ABC と △abc が相似[*6]であるとき、次の比例関係が成り立つ。

$$\frac{\overline{ab}}{\overline{AB}} = \frac{\overline{bc}}{\overline{BC}} = \frac{\overline{ac}}{\overline{AC}} \tag{4.4}$$

---

[*6] 相似の数学記号として、∽ を用いることがある。△ABC ∽ △abc。

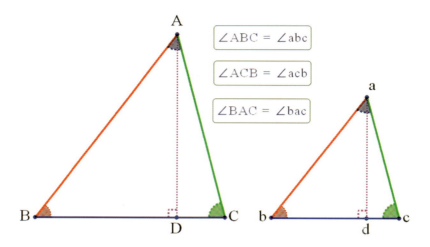

図 4.12 三角形の相似 1

[証明]

頂点 A, a からそれぞれの対辺 BC, bc に下ろした垂線と対辺との交点を D, d とする。さて、△ABD において、底辺 BD に対する直線 AB の傾き（∠ABD）は勾配 $\overline{AD}/\overline{BD}$ で定義される。同様に、△abd において、底辺 bd に対する直線 ab の傾き（∠abd）は勾配 $\overline{ad}/\overline{bd}$ で定義される。したがって、∠ABD = ∠abd より、

$$\frac{\overline{AD}}{\overline{BD}} = \frac{\overline{ad}}{\overline{bd}} \implies \frac{\overline{bd}}{\overline{BD}} = \frac{\overline{ad}}{\overline{AD}} \tag{4.5}$$

さらに、三平方の定理（§ 4.9 参照）と (4.5) 式を用いると、

$$\frac{\overline{ab}}{\overline{AB}} = \frac{\sqrt{\overline{bd}^2 + \overline{ad}^2}}{\sqrt{\overline{BD}^2 + \overline{AD}^2}} = \frac{\overline{bd}}{\overline{BD}} = \frac{\overline{ad}}{\overline{AD}} \tag{4.6}$$

また、∠ACD = ∠acd から、同様に次式が成り立つ。

$$\frac{\overline{ac}}{\overline{AC}} = \frac{\overline{dc}}{\overline{DC}} = \frac{\overline{ad}}{\overline{AD}} \tag{4.7}$$

(4.6)、(4.7) をまとめると、

$$\frac{\overline{ab}}{\overline{AB}} = \frac{\overline{ac}}{\overline{AC}} = \frac{\overline{bd}}{\overline{BD}} = \frac{\overline{dc}}{\overline{DC}} \tag{4.8}$$

# 第4章 幾何（平面図形）

(4.8) 式の第3, 4項の関係式から次式が成り立つことが分かる。

$$\frac{\overline{bd}}{\overline{BD}} = \frac{\overline{dc}}{\overline{DC}} = \frac{\overline{bd}+\overline{dc}}{\overline{BD}+\overline{DC}} = \frac{\overline{bc}}{\overline{BC}} \tag{4.9}$$

したがって、(4.8), (4.9) 式をまとめると、次式が得られる。

$$\frac{\overline{ab}}{\overline{AB}} = \frac{\overline{bc}}{\overline{BC}} = \frac{\overline{ac}}{\overline{AC}}$$

[証明終わり]

## 4.6.1 相似問題：1

(1)： 図 4.13 で相似関係にある二つの三角形、△ABC と △AEF において次の比例関係が成り立つことを証明せよ。

$$\frac{\overline{EB}}{\overline{AE}} = \frac{\overline{FC}}{\overline{AF}} \tag{4.10}$$

(2)： 図 4.14 で直線 $l$ と直線 $m$ が直交するとき、各直線の勾配の積は $-1$ となることを示せ。

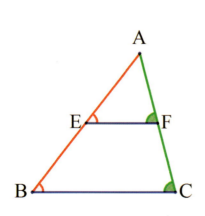

図 4.13 三角形の相似 2

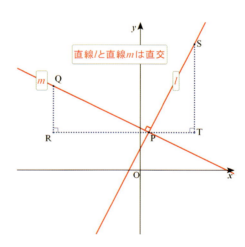

図 4.14 直交する二直線

### 4.6.2 相似問題：2 [メネラウスの定理]

図 4.15 において、△ABC のどの頂点も通らない直線 $l$ と 3 辺 BC, CA, AB または、その延長線との交点をそれぞれ P, Q, R とするとき、次の関係が成り立つことを証明せよ。これをメネラウスの定理という。

「ヒント」：直線 $l$ に平行な直線 CD を引け。

$$\frac{\overline{RA}}{\overline{BR}} \times \frac{\overline{QC}}{\overline{AQ}} \times \frac{\overline{PB}}{\overline{CP}} = 1 \tag{4.11}$$

### 4.6.3 相似問題：3 [チェバの定理]

図 4.16 において、△ABC の内部（あるいは外部）に任意の点 G をとり、直線 AG, BG, CG が辺 BC, CA, AB またはその延長線と交わる点をそれぞれ P, Q, R とするとき、次の関係が成り立つことを証明せよ。これをチェバの定理という。

「ヒント」：△ABP、△ACP において、メネラウスの定理を用いよ。

$$\frac{\overline{RA}}{\overline{BR}} \times \frac{\overline{QC}}{\overline{AQ}} \times \frac{\overline{PB}}{\overline{CP}} = 1 \tag{4.12}$$

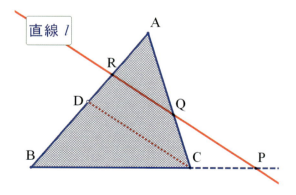

図 4.15　メネラウスの定理

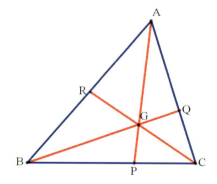

図 4.16　チェバの定理

## 4.6.4 相似問題:4 [三角形の重心]

図 4.17 で、三角形の各頂点 A, B, C からそれぞれの対辺の中点 D, E, F に引いた三本の直線 AD, BE, CF は、点 G で交わる。この点 G を重心という。
(証明 A):チェバの定理を用いて、点 E,F が中点のとき、D が中点であることを示せ。
(証明 B):点 E,F が中点のとき、直線 AG が直線 BC と交わる点 D が中点であることを示せ(図 4.18 参照)。「ヒント」:直線 BE, CF に平行な直線を点 B, C から引け。
(重心の作図):△ABC が与えられているとき、重心をコンパスと定規だけで作図せよ。

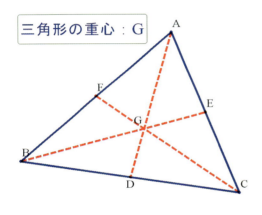

図 4.17 A:三角形の重心

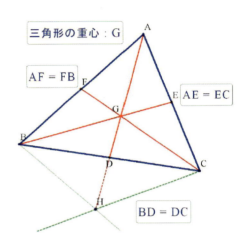

図 4.18 B:三角形の重心

## 4.6.5 相似問題:5 [三角形の垂心]

図 4.19 で、三角形の各頂点 A, B, C からそれぞれの対辺に引いた垂線 AD, BE, CF は、点 G で交わる。この点 G を垂心という。
(証明 A):各頂点を通って、対辺に平行な直線を引き、平行四辺形から点 G が垂心であることを示せ。
(証明 B):各垂線が一点で交わらないとき、チェバの定理と矛盾する(背理法)ことから、証明せよ(図 4.20 参照)。「ヒント」:△ABQ ∽ △ACR、△ABP ∽ △CBR から証明せよ。
(垂心の作図):△ABC が与えられているとき、垂心をコンパスと定規だけで作図せよ。

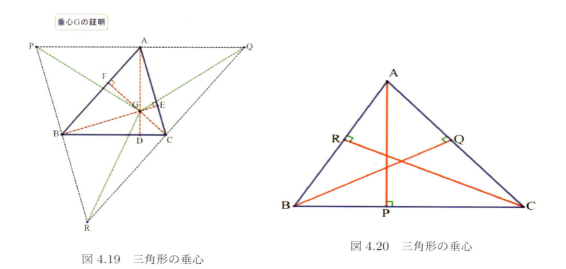

図 4.19 三角形の垂心

図 4.20 三角形の垂心

## 4.6.6 相似問題：6 [ポロニウスの定理]

図 4.21 の △ABC において、∠A の二等分線が辺 BC と交わる点を D とし、∠A の外角の二等分線が辺 BC の延長線と交わる点を E とするとき、次の関係式が成り立つことを証明せよ。これを、ポロニウスの定理という。「ヒント」：点 C を通り、辺 AD に平行な直線を引け。また、点 C を通り、辺 AB に平行な直線を引け。

$$\frac{\overline{AC}}{\overline{AB}} = \frac{\overline{DC}}{\overline{BD}} = \frac{\overline{CE}}{\overline{BE}} \tag{4.13}$$

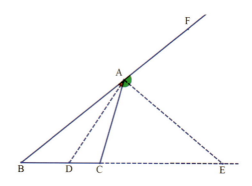

図 4.21 ポロニウスの定理

# 第4章 幾何（平面図形）

## 4.7 円

### 4.7.1 円周率

円は、同一平面内で、中心点から等距離にある点の集まりである。その円周の長さは直径と円周率の積で表される。即ち、円周率は円周の長さと直径との比で定義され、$\pi$ と表記される。その値は $\pi = 3.14159\cdots$ と限りなく続く無理数 (超越数) であり、現在、$\pi$ の値は 1 兆桁余りまでコンピューター計算によって分かっている。この $\pi$ の計算はコンピューターの性能テストとしても使われている。

### 4.7.2 ラディアンの定義

普通、角度の単位には度（°）が使われている。直角は 90°、直線は 180°、1 周は 360° である。一方、数学では角度を表すもう一つの定義として、"ラディアン"（"rad" と書く）という単位を用いるのが一般的である。円弧の長さが中心角（円の中心周りの角度）に比例することから、"半径 1 の円弧の長さが $\theta$ のとき、その中心角を $\theta$ rad と定義する"。したがって、$90° = \pi/2$ rad, $180° = \pi$ rad, $360° = 2\pi$ rad である。また、$1\text{rad} = 360°/2\pi \approx 57.296°$ となる。図 4.22 で示されているように、半径 $r$ の円の場合、中心角が 1 rad の円弧の長さは半径と同じ $r$ である。また、中心角が $\theta$ rad の円弧の長さは $r\theta$ となる。一般に角度を表すとき、度は "°" の単位を付けるが、ラディアンにはその定義から単位が付かない。ここでは、度と区別するため、"rad" を用いたが、$\angle\, \alpha$ と表記されている場合、この $\alpha$ はラディアンを意味する。

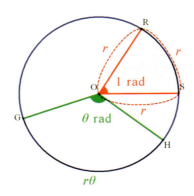

図 4.22　ラディアン

### 4.7.3 中心角と円周角

図 4.23 で示されているように、扇形 GBC において、二つの半径 GB,GC で挟まれた角を円弧 BC（または、弦 BC）の中心角（∠BGC）という。また、円に内接する三角形 ABC において、弦 AB,AC で挟まれた角を円弧 BC（または、弦 BC）の上に立つ円周角（∠BAC）という。

"同じ円弧（または、弦）から成る中心角は円周角の 2 倍である"。

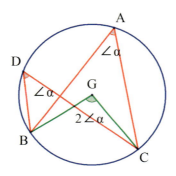

図 4.23　円周角と中心角

### 4.7.4 問題

(1)： 図 4.23 で、同じ円弧（または、弦）から成る中心角は円周角の 2 倍であることを示せ。したがって、直径の上に立つ円周角は直角である。

(2)： 図 4.23 で、同じ円弧 BC から成る、円周角 ∠BAC と円周角 ∠BDC が等しいことを示せ。

(3)： 図 4.24 で、円に内接する四辺形 ABCD の対角和 ($\angle\alpha+\angle\beta$) は 180° であることを示せ。四辺形の対角和が 180° のとき、この四辺形は円に内接する。

(4)： 図 4.25 において、円弧 BC の上に立つ円周角 ∠α と、弦 BC と点 B での接線となす角 ∠β が等しいことを示せ。

(5)： 前節のポロニウスの定理において（4.21 図参照）、頂点 A の軌跡が、$\overline{DE}$ を直径とする円になることを示せ。この円をポロニウスの円という。

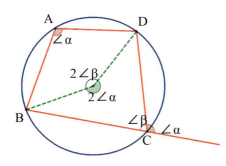
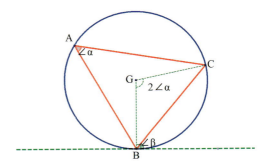

図 4.24　円に内接する四辺形　　　図 4.25　円の接線と円周角

### 4.7.5　内接円と外接円

図 4.26 で示されているように、三角形 ABC に内接する円を内接円と呼び、その円の中心を内心という。また、図 4.27 で示されているように、三角形 ABC に外接する円を外接円と呼び、その円の中心を外心という。

### 4.7.6　問題

(1)： 三角形の内心が、三角形の各頂点の内角の二等分線上にあることを示し、内接円を定規とコンパスだけで作図せよ。

(2)： 三角形の外心が、三角形の各辺の垂直二等分線上にあることを示し、外接円を定規とコンパスだけで作図せよ。

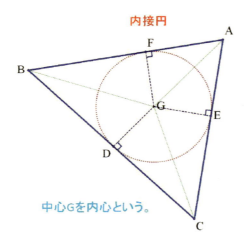
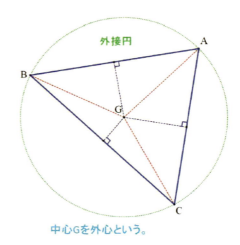

図 4.26　三角形の内接円　　　　　　図 4.27　三角形の外接円

## 4.8　図形と面積

### 4.8.1　面積の定義

長さ 1m の辺からなる正方形の面積を $1m^2$ と定義する。したがって、辺の長さが $a$ m、$b$ m の長方形の面積 $S$ は $S = ab$ $m^2$ となる。また、曲線で囲まれた図形（例えば、円や楕円など）の面積もこの定義式から求められ（第 11 章の積分参照）、半径 $r$ の円の面積 $S$ は $S = \pi r^2$ である。また、半径 $r$ の球面の表面積は $S = 4\pi r^2$ で与えられる。

### 4.8.2　問題

(1)：図 4.28 において、△ABC と △BCD の面積 $S$ が等しく、$S = ab/2$ となることを示せ。

(2)：図 4.29 において、平行四辺形 ABCD の面積 $S$ が $S = ab$ となることを示せ。また、台形 ABCF の面積はいくらか。

(3)：図 4.30 で示されている中心角 $\theta$ の扇形 OGH の面積 $S$ は、$S = r^2\theta/2$ となることを示せ。ただし、$r$ は円の半径である。

(4)：図 4.31 において、斜線の月形の面積が △ABO の面積と等しいことを示せ。

第 4 章　幾何（平面図形）

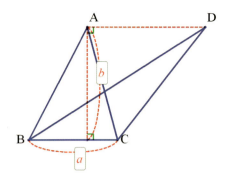

図 4.28　三角形の面積

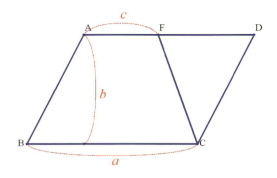

図 4.29　平行四辺形と台形の面積

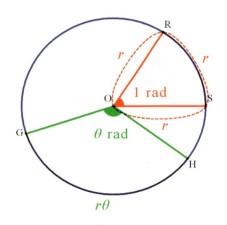

図 4.30　扇形の面積

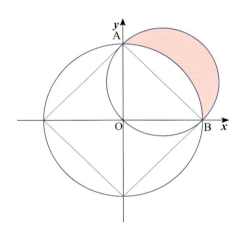

図 4.31　三日月形の面積

## 4.9　ピタゴラスの定理（三平方の定理）

図 4.32 の直角三角形 ABC において、直角を挟むそれぞれの二辺の長さの 2 乗の和は斜辺の長さの 2 乗に等しい。

$$\overline{AC}^2 + \overline{BC}^2 = \overline{AB}^2 \quad (a^2 + b^2 = c^2) \tag{4.14}$$

即ち、直角を挟むそれぞれの線分 $\overline{BC}$、線分 $\overline{AC}$ を一辺とする正方形の面積の和は斜辺の線分 $\overline{AB}$ を一辺とする正方形の面積に等しい。この関係式をピタゴラスの定理、或いは三平方の定理という。

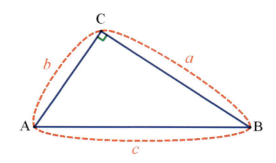

図 4.32 ピタゴラスの定理

## 4.9.1 ピタゴラスの定理の証明

証明方法はいくつもあるが、ここでは典型的な三つの証明方法について紹介する。

**証明方法 1**

図 4.33 で、頂点 C から対辺 AB に下ろした垂線との交点を D とすると、

$$\triangle ABC \backsim \triangle CBD \backsim \triangle CAD$$

が成り立つ。この相似の関係式からピタゴラスの定理を証明せよ。

**証明方法 2**

図 4.34 で示されているように、三角形の合同と面積から証明する。

$$\triangle ACE \equiv \triangle AHB \qquad \triangle AEC \text{ の面積} \times 2 = \square ABDE \text{ の面積}$$

この関係式を用いて、ピタゴラスの定理を証明せよ。

**証明方法 3**

図 4.35 の 2 つの図形を見比べることによって、ピタゴラスの定理を視覚的に証明することが出来る。

## 第4章 幾何（平面図形）

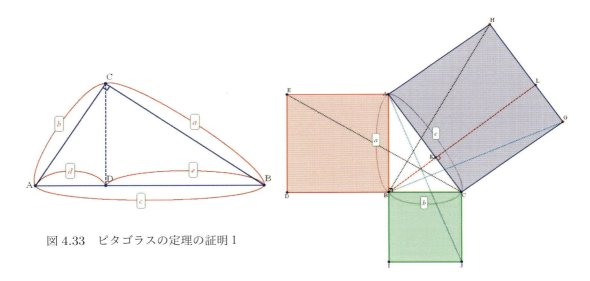

図 4.33　ピタゴラスの定理の証明 1

図 4.34　ピタゴラスの定理の証明 2

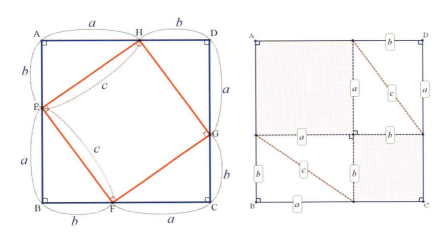

図 4.35　ピタゴラスの定理の証明 3

## 4.10　円錐曲線

　円錐曲面を水平に、垂直に、あるいは斜めに切ったとき、その切り口は円や双曲線や楕円及び、放物線（第3章参照）になる。そのことから、これらの曲線を円錐曲線という。

### 4.10.1　円の式

平面上の $(x, y)$ 座標の原点から距離 $r$ の点 P$(x, y)$ の軌跡はピタゴラスの定理から、

$$x^2 + y^2 = r^2 \tag{4.15}$$

となる。この式は、原点を中心とする半径 $r$ の円の式である。また、中心を点 Q$(c, d)$ とする半径 $r$ の円の式は

$$(x - c)^2 + (y - d)^2 = r^2 \tag{4.16}$$

となる（図 4.36 参照）。

### 4.10.2　楕円の式

楕円には焦点が二つあり、各焦点からの距離の和が一定となる点 P$(x, y)$ の軌跡が楕円である。図 4.37 で二つの焦点を A$(-r, 0)$ と点 B$(r, 0)$ として、$\overline{AP} + \overline{PB} = l$ （一定）となる点 P$(x, y)$ の軌跡は

$$x^2 + \frac{l^2}{(l^2 - 4r^2)} y^2 = \frac{l^2}{4} \tag{4.17}$$

で与えられる（青の点線）。ただし、$l > 2r$ である。この式が、二つの焦点 $(-r, 0)$、$(r, 0)$ からの距離の和が $l$ となる楕円の式である。太陽系を回る惑星の軌道は楕円であり、太陽は二つある焦点の一つに位置する。因みに、焦点が一致するとき、楕円は円になる。

### 4.10.3　双曲線の式

双曲線も楕円と同様、二つの焦点を持ち、違いは、各焦点からの距離の差が一定となる点 Q$(x, y)$ の軌跡が双曲線である。したがって、$|\overline{AQ} - \overline{QB}| = l$ （一定）となる点 Q$(x, y)$ の軌跡は

$$x^2 - \frac{l^2}{(4r^2 - l^2)} y^2 = \frac{l^2}{4} \tag{4.18}$$

となる（図 4.37 の緑の点線）。双曲線の式は楕円の式と同じであるが、楕円と違って、$l < 2r$ である。彗星のように遠くから太陽に接近して、その後太陽から遠ざかって再び現れない彗星の軌道は双曲線軌道である。

# 第 4 章　幾何 (平面図形)

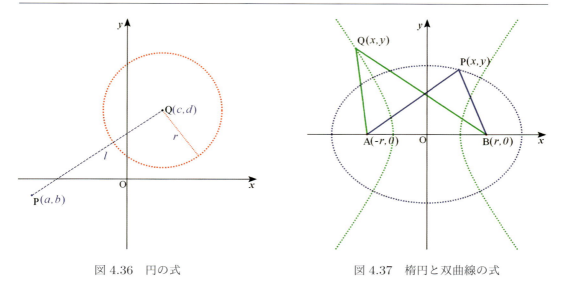

図 4.36　円の式　　　　　　　　　　図 4.37　楕円と双曲線の式

## 4.10.4　問題

(1)：　図 4.36 で点 $P(a,b)$ と点 $Q(c,d)$ 間の距離 $l$ を求めよ。

(2)：　$x$ 軸上の 2 点 A(4,0)、B(1,0) からの距離の比が 2:1 となる点の軌跡を求めよ。この円をポロニウスの円という。(§ 4.6.6 のポロニウスの定理を参照)

(3)：　(4.17) 式の楕円の式を導け。

(4)：　(4.18) 式の双曲線の式を導け。

(5)：　次の式は、一般的な楕円の式である。

$$\left(\frac{x}{a}\right)^2 + \left(\frac{y}{b}\right)^2 = 1$$

この楕円の概略図を描け。また、焦点を求めよ。

## 4.11 Appendix-A: 正五角形と黄金比

図 4.38 では、半径 $r$ の円に内接する正五角形の中に星形（五芒星）が描かれている。この星形は神聖な図形と言われ、次の比が黄金比 Φ（第 2 章参照）となることが知られている。

$$\frac{\overline{AC}}{\overline{AB}} = \frac{\overline{BM}}{r} = \frac{1+\sqrt{5}}{2} \equiv \Phi \cdots (A1)$$

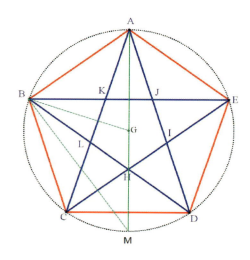

図 4.38 正五角形

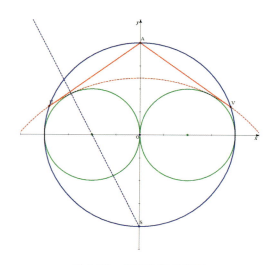

図 4.39 正五角形の作図

[証明]
△ABL、△ACD はともに、二等辺三角形で互いに相似である。したがって、

$$\frac{\overline{BL}}{\overline{AB}} = \frac{\overline{CD}}{\overline{AC}} \cdots (A2)$$

また、△LBC も二等辺三角形なので、

$$\overline{BL} = \overline{LC} = \overline{AC} - \overline{AL} = \overline{AC} - \overline{AB} \cdots (A3)$$

正五角形なので、

$$\overline{CD} = \overline{AB} \cdots (A4)$$

(A2) に (A3), (A4) を代入して、

$$\frac{\overline{AC} - \overline{AB}}{\overline{AB}} = \frac{\overline{AB}}{\overline{AC}} \cdots (A5)$$

$\dfrac{\overline{AC}}{\overline{AB}} = x$ と置くと、(A5) 式は次のように書きかえられる。

$$x^2 - x - 1 = 0 \cdots (A6)$$

故に、

$$x = \dfrac{\overline{AC}}{\overline{AB}} = \dfrac{1+\sqrt{5}}{2} \cdots (A7)$$

次に、$\overline{BM}$ の長さを $r$ で表そう。

点Aより中心Gを通って直線と円周との交点をMとする。$\overline{AB} = \overline{CD}$ からその上に立つ円周角は等しいので、∠ACB = ∠AMB、また△GBM は二等辺三角形なので、∠AMB = ∠GBM、したがって、△ABC と △MGB は相似である。

$$\dfrac{\overline{AC}}{\overline{AB}} = \dfrac{\overline{BM}}{\overline{GM}} = \dfrac{\overline{BM}}{r} \cdots (A8)$$

[証明終わり]

線分 $\overline{BM}$ と半径 $r$ の比が黄金比であることを用いると、正五角形を定規とコンパスだけで作図することができる。(図 4.39 参照)。

## 4.12　第4章 解答

§ 4.2.1 問題解答

(1)：[証明]　図 4.1 で ∠a の外角：∠d を定義する。したがって、

∠a + ∠d = 180°（直線）.... (1)　　∠b + ∠d = 180°（直線）.... (2)

(1),(2) より、∠a = ∠b (対頂角) が成り立つ。[証明終わり]

(2)：[証明]　図 4.2 において、△ABC の辺 AB に平行で、点 C を通る直線を引き、その直線上の任意の点を E とする。また、辺 BC の延長線上の任意の点を D とする。AB∥CE より、∠A = ∠ACE (錯角) .... (1)　　∠B = ∠ECD (同位角) .... (2)

一方、点 C において、∠C + ∠ACE + ∠ECD = 180°　.... (3) が成り立つ。(3) に (1),(2) を代入すると、三角形の内角の和：∠A + ∠B + ∠C = 180° .... (4)

[証明終わり]

(3)：[証明] 図 4.2 において、∠A の外角 = 180° − ∠A .... (1)

∠B の外角 = 180° − ∠B .... (2)　　∠C の外角 = 180° − ∠C .... (3)

(1)+(2)+(3) より、

△ABC の外角の和：540° − (∠A + ∠B + ∠C) = 360° [証明終わり]

(4)：[証明] 図 4.3 を参照して、$n$ 角形は $(n-2)$ 個の三角形から成ることが分かる。したがって、$n$ 角形の内角の和 $= (n-2) \times$ (三角形の内角の和) $= 180(n-2)°$。一方、$n$ 角形の外角の和：

$$(180° - ∠A) + (180° - ∠B) + (180° - ∠C) + \cdots$$
$$= 180 \times n - (∠A + ∠B + ∠C + \cdots) = 180n - 180(n-2) = 360°$$

[証明終わり]

(5)：[証明] 図 4.4 で辺 BE と辺 AD の交点を F、辺 BE と辺 AC の交点を G とする。三角形の内角と外角の関係より、△CEG において、∠E + ∠C = ∠AGF ....(1) 同様に、△BDF において、∠B + ∠D = ∠AFG ....(2)。一方、△AGF において、∠A + ∠AGF + ∠AFG = 180°....(3) 。

(3) に (1), (2) を代入すると、星形図形の内角の和は、∠A + ∠B + ∠C + ∠D + ∠E = 180°。[証明終わり]

# 第 4 章 幾何（平面図形）

## § 4.4.4 問題解答

(1)：[証明] 図 4.8 で頂点 A から ∠BAC を二等分する直線 (二等分線) を引き、対辺 BC との交点を M とする。△ABM と △ACM において、∠BAM = ∠CAM、$\overline{AB} = \overline{AC}$、$\overline{AM}$ は共通。したがって二辺とその間の角が互いに等しいことから、△ABM と △ACM は合同（△ABM ≡ △ACM）である。故に、∠ABC = ∠ACB、また、∠AMB = ∠AMC = 直角。[証明終わり]

(2)：[証明] 図 4.9 で、$\overline{AB} = \overline{AC}$ から、△ABC は二等辺三角形である。故に、∠ABC = ∠ACB ....(1)、同様に、$\overline{BA} = \overline{BC}$ より、∠BAC = ∠BCA....(2)
(1), (2) 及び、三角形の内角の和=180° から、∠ABC = ∠ACB = ∠CAB = 60°。
[証明終わり]

(3)：, (4)：省略。

## § 4.5.3 問題解答

(1)：[証明] 図 4.10 で、頂点 B,D 間に補助線 $\overline{BD}$ を引く。△ABD と △CDB において、$\overline{BD}$ は共通、AB∥CD から ∠ABD = ∠CDB (錯角)、AD∥CB から ∠ADB = ∠CBD (錯角)。一辺とその両端の角が互いに等しいので、△ABD ≡ △CDB である。故に、$\overline{AB} = \overline{CD}$、$\overline{AD} = \overline{CB}$。さらに、∠BAD = ∠DCB、∠ABC = ∠CDA。[証明終わり]

(2)：[証明] 図 4.11 で、△ADG と △CBG において、AD∥CB から ∠GAD = ∠GCB (錯角)、∠ADG = ∠CBG (錯角)、$\overline{AD} = \overline{CB}$。一辺とその両端の角が互いに等しいので、△ADG ≡ △CBG である。したがって、$\overline{AG} = \overline{GC}$、$\overline{BG} = \overline{GD}$。[証明終わり]

(3)：, (4)：省略。

## § 4.6.1 相似問題：1 解答

(1)：[証明] 図 4.13 において、△ABC と △AEF は相似形なので、

$$\frac{\overline{AB}}{\overline{AE}} = \frac{\overline{AC}}{\overline{AF}} \cdots (1)$$

両辺から 1 を引くと、左辺は、

$$\frac{\overline{AB}}{\overline{AE}} - 1 = \frac{\overline{AB} - \overline{AE}}{\overline{AE}} = \frac{\overline{EB}}{\overline{AE}} \cdots (2)$$

一方、右辺は、
$$\frac{\overline{AC}}{\overline{AF}} - 1 = \frac{\overline{AC} - \overline{AF}}{\overline{AF}} = \frac{\overline{FC}}{\overline{AF}} \cdots (3)$$

故に、(1), (2), (3) 式から、
$$\frac{\overline{EB}}{\overline{AE}} = \frac{\overline{FC}}{\overline{AF}}$$

[証明終わり]

(2)：[証明] 図 4.14 において、直線 $l$ と $m$ の交点を P とする。P 点を通り、$x$ 軸に平行な直線を $n$ とする。直線 $l$, $m$ 上の任意の点 Q, S から直線 $n$ に垂線を下ろし、その交点をそれぞれ R, T とする。故に、∠RTS = ∠PRQ = 直角（∠R） ....(1)。直線 $l$ と $m$ が直交する（∠QPS = 直角）ため、∠QPR +∠SPT = 直角 ....(2)。また、△SPT は直角三角形、したがって、∠SPT +∠PST = 直角 ....(3)
(2)、(3) から、∠QPR = ∠PST ....(4)。同様にして、∠PQR = ∠SPT ....(5) 。
したがって、△PQR と △STP は相似であることが分かる。故に、

$$\frac{\overline{TS}}{\overline{PT}} = \frac{\overline{RP}}{\overline{QR}} \cdots (6)$$

直線 $l$ と $m$ の勾配をそれぞれ $G_l$、$G_m$ と定義すると、

$$G_l = \frac{\overline{TS}}{\overline{PT}} \qquad G_m = -\frac{\overline{QR}}{\overline{RP}} \cdots (7)$$

直線 $l$ と $m$ の勾配の積は、(7) 式に (6) 式を代入することによって、次のように与えられる。

$$G_l \times G_m = \frac{\overline{TS}}{\overline{PT}} \times \frac{-\overline{QR}}{\overline{RP}} = \frac{\overline{RP}}{\overline{QR}} \times \frac{-\overline{QR}}{\overline{RP}} = -1 \cdots (8)$$

[証明終わり]

### § 4.6.2 相似問題：2　[メネラウスの定理] の証明

図 4.15 において、点 C から直線 $l$ に平行な直線を引き、辺 AB との交点を D とする。△ARQ ∽ △ADC より、

$$\frac{\overline{AR}}{\overline{AD}} = \frac{\overline{AQ}}{\overline{AC}} \implies \frac{\overline{AR}}{\overline{RD}} = \frac{\overline{AQ}}{\overline{QC}} \cdots (1)$$

また、△BCD ∽ △BPR より、

$$\frac{\overline{BC}}{\overline{BP}} = \frac{\overline{BD}}{\overline{BR}} \implies \frac{\overline{CP}}{\overline{PB}} = \frac{\overline{RD}}{\overline{BR}} \cdots (2)$$

第4章　幾何（平面図形）

(1), (2) から、$\overline{RD}$ を消去すると、

$$\overline{RD} = \overline{AR} \times \frac{\overline{QC}}{\overline{AQ}} = \frac{\overline{CP}}{\overline{PB}} \times \overline{BR} \ldots (3)$$

(3) 式の第 2, 3 項を整理してまとめると、

$$\frac{\overline{RA}}{\overline{BR}} \times \frac{\overline{QC}}{\overline{AQ}} \times \frac{\overline{PB}}{\overline{CP}} = 1$$

[証明終わり]

### § 4.6.3 相似問題：3　[チェバの定理] の証明 A

図 4.16 において、△ABP と直線 RC において、メネラウスの定理を適用すると、次式が成り立つ。

$$\frac{\overline{RA}}{\overline{BR}} \times \frac{\overline{GP}}{\overline{AG}} \times \frac{\overline{CB}}{\overline{PC}} = 1 \ldots (1)$$

同様に、△APC と直線 BQ において、メネラウスの定理を適用すると、次式が成り立つ。

$$\frac{\overline{QA}}{\overline{CQ}} \times \frac{\overline{GP}}{\overline{AG}} \times \frac{\overline{BC}}{\overline{PB}} = 1 \ldots (2)$$

(1), (2) から、

$$\frac{\overline{GP}}{\overline{AG}} = \frac{\overline{PC}}{\overline{CB}} \times \frac{\overline{BR}}{\overline{RA}} = \frac{\overline{CQ}}{\overline{QA}} \times \frac{\overline{PB}}{\overline{BC}} \ldots (3)$$

(3) 式の第 2，3 項を整理してまとめると、

$$\frac{\overline{RA}}{\overline{BR}} \times \frac{\overline{QC}}{\overline{AQ}} \times \frac{\overline{PB}}{\overline{CP}} = 1$$

[証明終わり]

### § 4.6.3 相似問題：3　[チェバの定理] の証明 B

チェバの定理の別の証明を示す。図 4.40 で、△ABC は線分 $\overline{AP}, \overline{BQ}, \overline{CR}$ によって 6 個の三角形に分けられる。各々の面積を $S_1$、$S_2$、$S_3$、$S_4$、$S_5$、$S_6$ とする。

$$\frac{\overline{RA}}{\overline{BR}} = \frac{S_1 + S_2 + S_3}{S_4 + S_5 + S_6} = \frac{S_1}{S_6} \ldots (1)$$

(1) 式の右辺の式から、次式が得られる。

$$(S_2 + S_3)S_6 = (S_4 + S_5)S_1 \ldots (2)$$

(1)、(2) 式から
$$\frac{\overline{RA}}{\overline{BR}} = \frac{S_1}{S_6} = \frac{S_2 + S_3}{S_4 + S_5} \cdots (3)$$

同様にして、
$$\frac{\overline{QC}}{\overline{AQ}} = \frac{S_3}{S_2} = \frac{S_4 + S_5}{S_1 + S_6} \cdots (4)$$

$$\frac{\overline{PB}}{\overline{CP}} = \frac{S_5}{S_4} = \frac{S_1 + S_6}{S_2 + S_3} \cdots (5)$$

(3) から (5) 式をかけると、次式が示される。
$$\frac{\overline{RA}}{\overline{BR}} \times \frac{\overline{QC}}{\overline{AQ}} \times \frac{\overline{PB}}{\overline{CP}} = \frac{(S_2 + S_3)}{(S_4 + S_5)} \times \frac{(S_4 + S_5)}{(S_1 + S_6)} \times \frac{(S_1 + S_6)}{(S_2 + S_3)} = 1$$

[証明終わり]

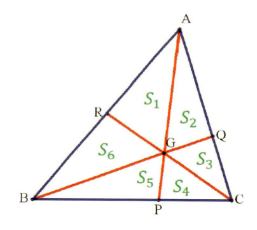

図 4.40　チェバの定理別証明

### § 4.6.4 相似問題：4　[三角形の重心] の証明 A（チェバの定理による証明）

図 4.17 において、頂点 B, C からそれぞれの対辺 AC, AB の中点 E, F に引いた直線の交点を G とし、A から G を通って、対辺 BC と交わる点を D とするとき、$\overline{BD} = \overline{DC}$ を証明する。

チェバの定理より、
$$\frac{\overline{FA}}{\overline{BF}} \times \frac{\overline{EC}}{\overline{AE}} \times \frac{\overline{DB}}{\overline{CD}} = 1 \cdots (1)$$

E, F は中点なので、$\overline{FA} = \overline{BF}$、$\overline{EC} = \overline{AE}$ .....(2)
(2) を (1) に代入して、$\overline{DB} = \overline{CD}$ .....(3) 。[証明終わり]
また、メネラウスの定理を用いて、△ABD と直線 $\overline{FGC}$ において、

$$\frac{\overline{FA}}{\overline{BF}} \times \frac{\overline{GD}}{\overline{AG}} \times \frac{\overline{CB}}{\overline{DC}} = 1 \cdots (4)$$

点 F, D はそれぞれ線分 $\overline{AB}, \overline{BC}$ の中点なので、

$$\frac{\overline{FA}}{\overline{BF}} = 1 \qquad \frac{\overline{CB}}{\overline{DC}} = 2 \cdots (4)$$

したがって、

$$\frac{\overline{GD}}{\overline{AG}} = \frac{1}{2}$$

[証明終わり]

### § 4.6.4 相似問題：4　[三角形の重心] の証明 B（一般的な証明）

図 4.18 において、C から BE に平行な直線を引き、AD の延長線と交わる点を H とする。したがって、△AHC と △AGE は相似である。

$$1 = \frac{\overline{AE}}{\overline{EC}} = \frac{\overline{AG}}{\overline{GH}}$$

故に $\overline{AG} = \overline{GH}$ .....(1)。 題意により、F は $\overline{AB}$ の中点なので、$\overline{AF} = \overline{FB}$ .....(2)
したがって、△AFG と △ABH は相似であり、FG ∥ BH ......(3)
故に、□BGCH は平行四辺形である。平行四辺形における二つの対角線は互いに他を二等分するため、$\overline{GD} = \overline{DH}$ .....(4)　　$\overline{BD} = \overline{DC}$ .....(5)
また、

$$\overline{AG} = \overline{GH} = \overline{GD} + \overline{DH} = 2\overline{GD} \cdots (6)$$

したがって、

$$\frac{\overline{GD}}{\overline{AG}} = \frac{1}{2} \quad 同様に、\quad \frac{\overline{GE}}{\overline{BG}} = \frac{\overline{GF}}{\overline{CG}} = \frac{1}{2}$$

[証明終わり]

### § 4.6.5 相似問題：5　[三角形の垂心] の証明 A

図 4.19 において、頂点 B, C からそれぞれの対辺 AC, AB に引いた垂線 BE, CF の交点を G とし、A から G を通って対辺 BC と交わる点を D とするとき、AD と BC が垂直で

交わることを証明する。
△ABC の各頂点を通って対辺に平行な直線を引く。これらの直線の交点を P, Q, R とする。□ABCQ、□ABRC 及び、□APBC は平行四辺形である。したがって、

$$\overline{AB} = \overline{CR} = \overline{CQ} \cdots (1) \quad \overline{BC} = \overline{AP} = \overline{AQ} \cdots (2) \quad \overline{AC} = \overline{BP} = \overline{BR} \cdots (3)$$

また、∠AFG = ∠GCR = 直角 ....(4) 。(1), (4) より △GRQ は二等辺三角形。

$$\overline{GR} = \overline{GQ} \cdots (5)$$

同様に、∠AEB = ∠EBR = 直角 ....(6) 。(3), (6) より △GPR は二等辺三角形。

$$\overline{GR} = \overline{GP} \cdots (7)$$

(5)(7) より、

$$\overline{GR} = \overline{GQ} \cdots (8)$$

したがって、線分 AG は二等辺三角形 △GPR の垂直二等分線である。また、AP∥BC なので ∠GAP = ∠ADC = 直角 ....(9) 。[証明終わり]

## § 4.6.5 相似問題：5　[三角形の垂心] の証明B

図 4.20 において、△ABC の各頂点 A,B,C から対辺に垂線を引き、対辺との交点をそれぞれ P,Q,R とする。この三本の垂線が一点（垂心）で交わることを示すため、チェバの定理：

$$\frac{\overline{RA}}{\overline{BR}} \times \frac{\overline{QC}}{\overline{AQ}} \times \frac{\overline{PB}}{\overline{CP}} = 1$$

が成り立つことを証明する。

[証明] △BAQ と △CAR において、∠BAQ = ∠CAR, ∠AQB = ∠ARC = 直角（∠R）。したがって、△BAQ と △CAR は相似である。（△BAQ ∽ △CAR）故に、次式が成り立つ。

$$\frac{\overline{AQ}}{\overline{AB}} = \frac{\overline{AR}}{\overline{AC}} \implies \frac{\overline{AR}}{\overline{AQ}} = \frac{\overline{AC}}{\overline{AB}} \ldots (1)$$

同様に、△ABP と △CBR においても、△ABP と △CBR は相似なので、（△ABP ∽ △CBR）故に、次式が成り立つ。

$$\frac{\overline{PB}}{\overline{AB}} = \frac{\overline{BR}}{\overline{BC}} \implies \frac{\overline{PB}}{\overline{BR}} = \frac{\overline{AB}}{\overline{BC}} \ldots (2)$$

# 第4章 幾何（平面図形）

さらに、△ACP と △BCQ においても、△ACP と △BCQ は相似なので、(△ACP ∽ △BCQ) 故に、次式が成り立つ。

$$\frac{\overline{QC}}{\overline{BC}} = \frac{\overline{CP}}{\overline{AC}} \Longrightarrow \frac{\overline{QC}}{\overline{CP}} = \frac{\overline{BC}}{\overline{AC}} \cdots (3)$$

(1), (2), (3) を掛け合わせると、

$$\frac{\overline{AR}}{\overline{AQ}} \times \frac{\overline{PB}}{\overline{BR}} \times \frac{\overline{QC}}{\overline{CP}} = \frac{\overline{AC}}{\overline{AB}} \times \frac{\overline{AB}}{\overline{BC}} \times \frac{\overline{BC}}{\overline{AC}} = 1$$

したがって、チェバの定理が成り立つので、三本の垂線は一点（垂心）で交わる。

[証明終わり]

## § 4.6.6 相似問題：6　[ポロニウスの定理] の証明

先ず初めに、

$$\frac{\overline{AC}}{\overline{AB}} = \frac{\overline{DC}}{\overline{BD}}$$

を証明する。

点 C より、AD に平行な直線を引き、AB の延長線との交点を G とすると、AD ∥ CG、したがって、∠DAC = ∠ACG（錯角）、∠BAD = ∠BGC（同位角）、
また、AD は ∠A（∠BAC）の二等分線なので、∠BAD = ∠DAC、
故に、∠ACG = ∠BGC なので、△ACG は二等辺三角形、$\overline{AC} = \overline{AG} \cdots (1)$
さらに、△BAD ∽ △BGC。したがって、

$$\frac{\overline{AC}}{\overline{AB}} = \frac{\overline{AG}}{\overline{AB}} = \frac{\overline{DC}}{\overline{BD}}$$

次に、次式を証明する。

$$\frac{\overline{AC}}{\overline{AB}} = \frac{\overline{CE}}{\overline{BE}}$$

点 C より、AB に平行な直線を引き、AE の延長線との交点を H とする。AB ∥ CH なので、∠AHC = ∠FAH（錯角）。また、AE は ∠CAF の二等分線なので、∠CAH = ∠FAH。故に、△ACH は二等辺三角形である。$\overline{AC} = \overline{CH} \cdots (1)$ さらに、△ABE ∽ △GCF。したがって、

$$\frac{\overline{AC}}{\overline{AB}} = \frac{\overline{CH}}{\overline{AB}} = \frac{\overline{CE}}{\overline{BE}}$$

[証明終わり]

## § 4.7.4 問題解答

(1)：[証明] 図 4.23 において、頂点 A と中心 G を結ぶ直線を引き、その延長線上の任意の点を E とする。△ABG は二等辺三角形である。

したがって、2∠BAG (= 2∠ABG) = ∠BGE (外角) .....(1) 。また、△ACG も二等辺三角形である。したがって、2∠GAC (= 2∠GCA) = ∠EGC (外角) .....(2) 。
(1) + (2) より、2(∠BAG + ∠GAC) = ∠BGE + ∠EGC
故に、 2∠BAC = ∠BGC [証明終わり]

(2)：[証明] 図 4.23 において、頂点 D と中心 G を結ぶ直線を引き、その延長線上の任意の点を F とする。△GDB は二等辺三角形である。

したがって、2∠BDG (= 2∠DBG) = ∠BGF (外角) .....(1)。また、△GDC も二等辺三角形である。したがって、2∠CDG (= 2∠DCG) = ∠CGF (外角) .....(2) 。
(1) − (2) より、2(∠BDG −∠CDG) = ∠BGF −∠CGF
故に、 2∠BDC = ∠BGC [証明終わり]

(3)：[証明] 図 4.24 において、円弧 BCD の上に立つ円周角 ∠BAD とその中心角 ∠BGD(C 側) の間に、2∠BAD = ∠BGD(C 側) = 2∠α.....(1) が成り立つ。
同様に、円弧 BAD の上に立つ円周角 ∠BCD とその中心角 ∠BGD(A 側) の間に 2∠BCD = ∠BGD(A 側) = 2∠β.....(2) が成り立つ。
(1)+(2) より、2(∠BAD + ∠BCD) = ∠BGD(C 側) + ∠BGD(A 側) = 360° .....(3)
故に、∠BAD + ∠BCD = 180°   [証明終わり]
対角和が 180°の四辺形は円に内接する。

(4)：[証明] 図 4.25 において、円弧 BC の上に立つ円周角 ∠BAC とその中心角 ∠BGC の間に ∠BGC = 2∠BAC = 2∠α .....(1) が成り立つ。
△BGC は二等辺三角形なので、∠BGC + 2∠GBC = 180° ....(2)。一方、点 B は円の接点なので、∠GBC + ∠CBE (∠β) = 90° ....(3)
(2) に (1), (3) を代入すると、2∠BAC(2∠α) + 2(90° −∠CBE (∠β)) = 180° ....(4)
(4) をまとめると、∠BAC(∠α) = ∠CBE (∠β) [証明終わり]

(5)：[証明](4.13) 式のポロニウスの定理：

$$\frac{\overline{AC}}{\overline{AB}} = \frac{\overline{DC}}{\overline{BD}} = \frac{\overline{CE}}{\overline{BE}}$$

において、比：$\overline{AC}/\overline{AB} = t$ とすると、点 D、点 E の位置は決まる。

$$\overline{CD} = \frac{t}{1+t}\overline{BC} \qquad \overline{CE} = \frac{t}{1-t}\overline{BC}$$

また、△ADE は直角三角形である。したがって、点 D, E の中点を点 O とするとき、点 A の軌跡は点 O を中心とする半径:$\overline{OD}$（または $\overline{OE}$）の円となる。この円をポロニウス円という。

$$\overline{OD} = \frac{t}{1-t^2}\overline{BC}$$

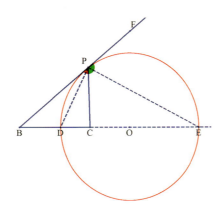

図 4.41　ポロニウスの円

## § 4.7.6 問題解答

(1)：[証明] 図 4.26 において、△ABC に内接する円が三角形の各辺との接点をそれぞれ D、E、F とする。∠AFG = ∠AEG = ∠R(直角) .....(1) 。四辺形 AEGF において、対角和が 180° なので、四辺形 AEGF は円に内接する。したがって、同じ長さの弦 $\overline{EG} = \overline{FG}$....(2) の上に立つ円周角は等しい。∠FAG = ∠EAG .....(3)。故に、内接円の中心 G は、頂点 A の二等分線上にある。同様に、中心 G は他の頂点 B、C の二等分線上にもある。

(作図)
1. △ABC の各頂点から二等分線を引く。
2. 二等分線の交点 (三本の二等分線は一点で交わる) が内接円の中心 G である。
3. 中心 G から辺 AC に垂線を下ろし、辺 AC との交点を E とする。
4. $\overline{GE}$ を半径とする円が △ABC の内接円である。

中心 G を △ABC の内心という。

(2)：[証明] 図 4.27 において、△ABC の各頂点は外接円の円周上にあるので、$\overline{AG} = \overline{BG} = \overline{CG} = $....(1)。また、△ABG は二等辺三角形なので、点 G から底辺

AB に下ろした垂線は辺 AB を二等分する。故に、外接円の中心 G は、辺 AB の垂直二等分線上にあることが分かる。同様に、中心 G は辺 BC、辺 CA の垂直二等分線上にもある。

〔作図〕
1. △ABC の各辺の垂直二等分線を引く。
2. 各辺の垂直二等分線の交点が外接円の中心 G である。
3. $\overline{GA}$ を半径とする円が △ABC の外接円である。

中心 G を △ABC の外心という。

§ 4.8.2 問題解答

(1)：[証明] 図 4.28 において、△ABC の面積 $S$ は $a, b$ を二辺とする長方形の面積の半分である。したがって、$S = ab/2$ となる。

(2)：[証明] 図 4.29 において、平行四辺形 ABCD の面積 $S$ は △ABC の面積 $(= ab/2)$ と △ADC の面積 $(= ab/2)$ の和である。したがって、平行四辺形 ABCD の面積 $S$ は $ab$ である。

同じように、台形 ABCF の面積も △ABC の面積 $(= ab/2)$ と △AFC の面積 $(= bc/2)$ の和なので、台形 ABCF の面積 $S$ は $b(a+c)/2$ である。

(3)：[証明] 図 4.30 において、中心角 $\theta$ の扇形 OGH の面積 $S$ は、半径 $r$ の面積 $\pi r^2$ の $\theta/2\pi$ 倍なので、$S = \pi r^2 \times \theta/2\pi = r^2\theta/2$ となる。

(4)：[証明] 図 4.31 において、$\overline{OA} = \overline{OB} = r$ とする。三日月形の面積 $S$ は、

$$S = \frac{1}{2}\pi \left(\frac{\sqrt{2}r}{2}\right)^2 - \left(\frac{1}{4}\pi r^2 - \triangle\text{OAB の面積}\right) = \triangle\text{OAB の面積}$$

§ 4.9.1 ピタゴラスの定理の証明

[証明方法 1]

図 4.33 において、点 C から辺 AB に下ろした垂線と辺 AB との交点を D とする。△ABC と △ACD において、∠CAD = ∠BAC = 共通、∠CDA = ∠BCA = ∠R 。したがって、△ABC と △ACD は相似である。また、△ABC と △CBD において、∠CBD = ∠ABC = 共通、∠CDB = ∠BCA = ∠R 。したがって、△ABC と △CBD は相似である。

$$\frac{b}{c} = \frac{d}{b} \cdots (1) \qquad \frac{a}{c} = \frac{e}{a} \cdots (2)$$

# 第 4 章　幾何（平面図形）

(1)、(2) より、
$$c = d + e = \frac{b^2}{c} + \frac{a^2}{c} \Longrightarrow a^2 + b^2 = c^2$$

[証明方法２]

図 4.34 において、正方形 ABDE の面積 = 2△AEC の面積 ....(1)
長方形 AKLH の面積 = 2△ABH の面積 ....(2)
また、△AEC≡△ABH なので、正方形 ABDE の面積 = 長方形 AKLH の面積....(3)。
同様に、△ACJ≡△GCB から、正方形 BCJI の面積 = 長方形 KLCG の面積.....(4)
(3), (4) より、正方形 ACGH の面積 = 長方形 AKLH の面積 + 長方形 KLCG の面積
故に、正方形 ACGH の面積 = 正方形 ABDE の面積 + 正方形 BCJI の面積。

[証明方法３]

図 4.35 で、四つの合同な直角三角形；△AEH ≡ △BFE ≡ △CGF ≡ △DHG
を用いて、一辺の長さが $(a+b)$ の正方形 ABCD を作る。内部にできた四辺形 EFGH は一辺の長さが $c$ の正方形である。
したがって、正方形 EFGH の面積 = 正方形 ABCD の面積 $-4$△AEH の面積
即ち、$c^2 = (a+b)^2 - ab/2 \times 4 = a^2 + b^2$

## § 4.10.4 問題解答

(1)：２点間の距離：
$$l = \sqrt{(c-a)^2 + (d-b)^2}$$

(2)：ポロニウスの円：
$$\frac{\sqrt{(x-4)^2 + y^2}}{\sqrt{(x-1)^2 + y^2}} = 2$$

上式を整理して、半径が 2 のポロニウス円の軌跡が得られる。
$$x^2 + y^2 = 2^2$$

(3)：楕円の式：
$$\sqrt{(x+r)^2 + y^2} + \sqrt{(x-r)^2 + y^2} = l$$

ただし、$l > 2r$ でなければならない。整理すると、次式の楕円の式が得られる。
$$x^2 + \frac{l^2}{(l^2 - 4r^2)} y^2 = \frac{l^2}{4}$$

(4)：双曲線の式：

$$\sqrt{(x+r)^2+y^2}-\sqrt{(x-r)^2+y^2}=l$$

ただし、$l<2r$ でなければならない。整理すると、次式の双曲線の式が得られる。

$$x^2-\frac{l^2}{(4r^2-l^2)}y^2=\frac{l^2}{4}$$

(5)：この楕円の式は $(\pm a,0)$ と $(0,\pm b)$ を通る。(4.17) 式と見比べると、

$$a^2=\frac{l^2}{4} \qquad b^2=\frac{l^2-4r^2}{4}$$

したがって、$l$ 及び、焦点距離：$r$ は

$$l=2a \quad r=\frac{\sqrt{a^2-b^2}}{2}$$

となる。

# 第 5 章

# 三角関数

この章では基本的な関数である三角関数や対数関数、指数関数について解説する。

## 5.1 三角法

三角法の歴史は古く、古代ギリシャ時代には、すでに三角法の表が作られていた。特に、sine は弓の弦の長さに由来しているといわれている。また、日本でも江戸時代に正弦 (sine)、余弦 (cosine)、正接 (tangent) の数表を記した『割円八線表』が出版されている。

### 5.1.1 三角法の定義

図 5.1 で示された直角三角形 ABC(各辺の長さ: $a, b, c$) において、正弦: sin (sine)、余弦: cos (cosine)、正接: tan (tangent) は次のように定義される。

$$\sin\theta = \frac{a}{b} \qquad \cos\theta = \frac{c}{b} \qquad \tan\theta = \frac{a}{c} \tag{5.1}$$

例えば、$\theta = \pi/3$ とき[*1]

$$\sin(\pi/3) = \frac{\sqrt{3}}{2} \qquad \cos(\pi/3) = \frac{1}{2} \qquad \tan(\pi/3) = \sqrt{3}$$

### 5.1.2 三角法の基本的な定理

(5.1) の定義式とピタゴラスの定理 (§ 4.9 参照) を用いると、次の関係式が成り立つ。

---

[*1] $\pi/3 = 60°$。§ 4.7.2 のラディアン 参照。

- 定理 1：
$$\sin^2\theta + \cos^2\theta = \frac{a^2+c^2}{b^2} = \frac{b^2}{b^2} = 1 \tag{5.2}$$

- 定理 2：
$$\frac{\sin\theta}{\cos\theta} = \frac{a/b}{c/b} = \frac{a}{c} = \tan\theta \tag{5.3}$$

- 定理 3：
$$\tan^2\theta + 1 = \frac{a^2}{c^2} + 1 = \frac{a^2+c^2}{c^2} = \frac{b^2}{c^2} = \frac{1}{\cos^2\theta} \tag{5.4}$$

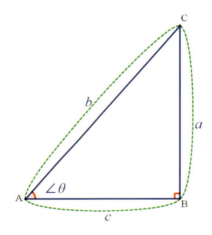

図 5.1　三角関数の定義 1

## 5.2　三角関数の定義

図 5.2 に示されているように、$x, y$ 座標上に単位円 (半径 1 の円) を描き、その円周上を動く点 P の座標を $(x, y)$ と置き、線分 $\overline{OP}$ が $x$ 軸となす角を $\theta$ とする。$\sin\theta =$ 点 P の $y$ 軸座標の値、$\cos\theta =$ 点 P の $x$ 軸座標の値、$\tan\theta =$ (点 P の $y$ 軸座標の値)/(点 P の $x$ 軸座標の値) で改めて、$\sin\theta, \cos\theta, \tan\theta$ を定義する。ここで、角度 $\theta$ は制限のない一般的な角度：$-\infty < \theta < \infty$ とする。

$$y = \sin\theta \qquad y = \cos\theta \qquad y = \tan\theta = \frac{\sin\theta}{\cos\theta} \qquad (-\infty < \theta < \infty) \tag{5.5}$$

これらの関数を三角関数という。図 5.3 には、三角関数：$y = \sin\theta, y = \cos\theta, y = \tan\theta$ のグラフが描かれている。

第 5 章　三角関数　　　　　　　　　　　　　　　　　　　　　　　　　　**101**

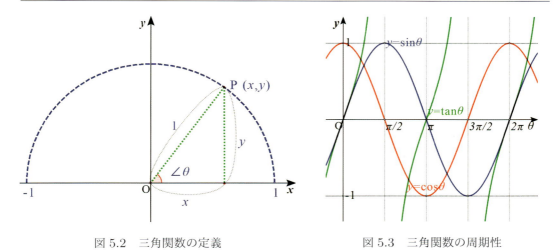

図 5.2　三角関数の定義　　　　　　　図 5.3　三角関数の周期性

## 5.2.1　三角関数の周期性

図 5.3 から明らかなように、これらの関数は $\theta$ 軸 ($x$ 軸) 方向に $2n\pi$（$n$：任意の整数）だけ平行移動させても重なって同じ関数になる。即ち、三角関数は $2\pi$ の周期関数である。ただし、$\tan\theta$ は $\pi$ の周期関数になっている。

$$\sin\theta = \sin(\theta + 2n\pi) \qquad \cos\theta = \cos(\theta + 2n\pi) \qquad \tan\theta = \tan(\theta + n\pi) \quad (5.6)$$

## 5.2.2　三角関数の偶奇性

- 図 5.3 から分かるように、$\sin\theta$ の場合、$\theta \Longrightarrow -\theta$ に置き換えると、$\sin(-\theta) = -\sin\theta$ となるため、$y = \sin\theta$ は原点に対して対称な関数である。このような原点対称な関数を奇関数[*2]という。
- $\cos\theta$ の場合、$\theta \Longrightarrow -\theta$ に置き換えても $\cos(-\theta) = \cos\theta$ となり同じ関数となる。$y = \cos\theta$ は $y$ 軸に対して対称な関数である。このような $y$ 軸対称な関数を偶関数[*3]という。
- $\tan\theta$ は、$\theta \Longrightarrow -\theta$ に置き換えると、$\tan(-\theta) = -\tan\theta$ となるため、$y = \tan\theta$ は奇関数である。

$$\sin(-\theta) = -\sin\theta \qquad \cos(-\theta) = \cos\theta \qquad \tan(-\theta) = -\tan\theta \quad (5.7)$$

---

[*2] 例えば、$y = x$ や $y = x^3$ などは奇関数である。
[*3] 例えば、$y = x^2$ や $y = x^4$ などは偶関数である。

### 5.2.3 三角関数の平行移動1

三角関数を $x$ 軸方向に $\pm\pi/2$ だけ平行移動させると、sin 関数は cos 関数に、cos 関数は $-\sin$ 関数に、tan 関数は逆数に入れ替わる。

$$\sin(\theta \pm \pi/2) = \pm\cos\theta \quad \cos(\theta \pm \pi/2) = \mp\sin\theta \quad \tan(\theta \pm \pi/2) = -\frac{1}{\tan\theta} \tag{5.8}$$

因みに、三角関数の逆数は次のように定義されている。

$$\frac{1}{\sin\theta} = \csc\theta \qquad \frac{1}{\cos\theta} = \sec\theta \qquad \frac{1}{\tan\theta} = \cot\theta \tag{5.9}$$

### 5.2.4 三角関数の平行移動2

三角関数を $x$ 軸方向に $\pm\pi$ だけ平行移動させるとき、sin 関数は $-\sin$ 関数に、cos 関数は $-\cos$ 関数に入れ替わる。tan 関数は $\pi$ の周期性を持つため、同じである。

$$\sin(\theta \pm \pi) = -\sin\theta \qquad \cos(\theta \pm \pi) = -\cos\theta \qquad \tan(\theta \pm \pi) = \tan\theta \tag{5.10}$$

## 5.3 正弦定理と余弦定理

### 5.3.1 正弦定理

図 5.4 で、△ABC に外接する円の半径を $R$、△ABC の各頂点の角度をそれぞれ ∠A, ∠B, ∠C、その対辺の長さを $a, b, c$ とするとき、次の正弦定理が成り立つ。

$$\frac{a}{\sin A} = \frac{b}{\sin B} = \frac{c}{\sin C} = 2R \tag{5.11}$$

[証明]
外接円上に、$\overline{BD}$ を直径とする点 D とする。∠BAC と ∠BDC は弦 BC の上に立つ円周角である。したがって、

$$\angle \text{BAC} = \angle \text{BDC} = \angle \text{A}$$

また、直径：$\overline{BD}$ の上に立つ円周角 ∠BCD は直角なので、△DBC は 直角三角形である。

$$\frac{a}{2R} = \sin A \quad \Longrightarrow \quad \frac{a}{\sin A} = 2R$$

同様にして、次式も成り立つ。

$$\frac{b}{\sin B} = \frac{c}{\sin C} = 2R$$

[証明終わり]

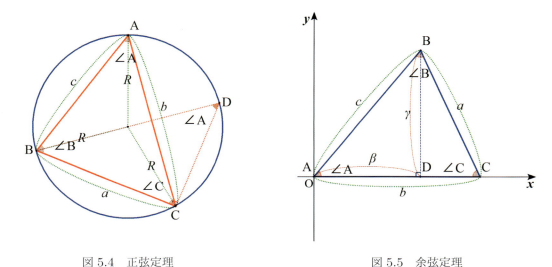

図 5.4　正弦定理　　　　　　　　図 5.5　余弦定理

## 5.3.2　余弦定理

図 5.5 で △ABC の各頂点の角度をそれぞれ、∠A, ∠B, ∠C、その対辺の長さを $a, b, c$ とするとき、次の余弦定理が成り立つ。

$$\begin{aligned} a^2 &= b^2 + c^2 - 2bc\cos A \\ b^2 &= c^2 + a^2 - 2ca\cos B \\ c^2 &= a^2 + b^2 - 2ab\cos C \end{aligned} \tag{5.12}$$

[証明]
三平方の定理より、

$$\begin{aligned} a^2 &= (b-\beta)^2 + \gamma^2 = \beta^2 + \gamma^2 + b^2 - 2b\beta \\ &= c^2 + b^2 - 2b\beta \end{aligned}$$

さらに、$\beta = c\cos A$ を代入すると次式が得られる。

$$a^2 = b^2 + c^2 - 2bc\cos A$$

他の 2 式も同様に成り立つ。[証明終わり]

## 5.4 加法定理

角度の和或いは差の三角関数として、次のような加法定理が成り立つ。

$$\sin(\alpha \pm \beta) = \sin\alpha\cos\beta \pm \cos\alpha\sin\beta \tag{5.13}$$
$$\cos(\alpha \pm \beta) = \cos\alpha\cos\beta \mp \sin\alpha\sin\beta \tag{5.14}$$
$$\tan(\alpha \pm \beta) = \frac{\tan\alpha \pm \tan\beta}{1 \mp \tan\alpha\tan\beta} \tag{5.15}$$

加法定理は三角関数において大変重要な定理である。証明方法はいろいろあるが、ここでは、図 5.6 を参照して正弦定理から証明する。

[証明]

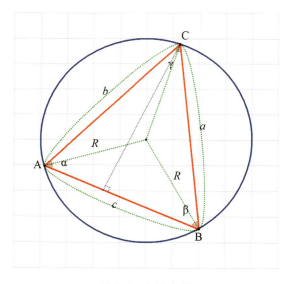

図 5.6　加法定理

図 5.6 で、半径 $R$ の円に内接する $\triangle$ABC において、正弦定理：

$$\frac{a}{\sin\alpha} = \frac{b}{\sin\beta} = \frac{c}{\sin\gamma} = 2R \tag{5.16}$$

が成り立つ。ここで、∠A=∠$\alpha$, ∠B=∠$\beta$, ∠C=∠$\gamma$ である。一方、$\triangle$ABC において、

$$c = a\cos\beta + b\cos\alpha \tag{5.17}$$

# 第5章 三角関数

(5.16), (5.17) 式から

$$c = 2R\sin\gamma = 2R\sin\alpha\cos\beta + 2R\sin\beta\cos\alpha \tag{5.18}$$

△ABC の内角の和は $\pi$ なので、$\gamma = \pi - (\alpha + \beta)$ を (5.18) 式に代入すると、正弦関数の加法定理が得られる。

$$\sin\gamma = \sin(\pi - (\alpha+\beta)) = \sin(\alpha+\beta) = \sin\alpha\cos\beta + \sin\beta\cos\alpha \tag{5.19}$$

(5.19) 式で、$\beta \Longrightarrow -\beta$ に置き換えると

$$\sin(\alpha - \beta) = \sin\alpha\cos(-\beta) + \sin(-\beta)\cos\alpha = \sin\alpha\cos\beta - \sin\beta\cos\alpha$$

また、$\beta \Longrightarrow \pm\beta + \pi/2$ に置き換えると、余弦関数の加法定理 (5.14) 式が得られる。

## 5.4.1 三角関数の積 → 和

(5.13) と (5.14) 式の和または、差をとると、次の積を和にする公式を簡単に導くことができる。

$$2\sin\alpha\sin\beta = -\{\cos(\alpha+\beta) - \cos(\alpha-\beta)\} \tag{5.20}$$

$$2\cos\alpha\cos\beta = \{\cos(\alpha+\beta) + \cos(\alpha-\beta)\} \tag{5.21}$$

$$2\sin\alpha\cos\beta = \{\sin(\alpha+\beta) + \sin(\alpha-\beta)\} \tag{5.22}$$

## 5.4.2 三角関数の和 → 積

さらに、(5.20)〜(5.22) 式で $\alpha + \beta = x$、$\alpha - \beta = y$ と置き換えると、和を積に変換する公式を導くことができる。

$$\sin x + \sin y = 2\sin\left(\frac{x+y}{2}\right)\cos\left(\frac{x-y}{2}\right) \tag{5.23}$$

$$\sin x - \sin y = 2\cos\left(\frac{x+y}{2}\right)\sin\left(\frac{x-y}{2}\right) \tag{5.24}$$

$$\cos x + \cos y = 2\cos\left(\frac{x+y}{2}\right)\cos\left(\frac{x-y}{2}\right) \tag{5.25}$$

$$\cos x - \cos y = -2\sin\left(\frac{x+y}{2}\right)\sin\left(\frac{x-y}{2}\right) \tag{5.26}$$

### 5.4.3　倍角の公式

(5.13), (5.14) 式で、$\alpha = \beta$ と置き換えると、次の倍角の公式が得られる。

$$\sin 2\alpha = 2\sin\alpha\cos\alpha \tag{5.27}$$

$$\cos 2\alpha = \cos^2\alpha - \sin^2\alpha$$
$$= 2\cos^2\alpha - 1 = 1 - 2\sin^2\alpha \tag{5.28}$$

$$\tan 2\alpha = \frac{2\tan\alpha}{1-\tan^2\alpha} \tag{5.29}$$

### 5.4.4　半角の公式

また、(5.28) 式で $\alpha \Longrightarrow \alpha/2$ に置き換えると、半角の公式が得られる。

$$\sin^2\frac{\alpha}{2} = \frac{1-\cos\alpha}{2} \tag{5.30}$$

$$\cos^2\frac{\alpha}{2} = \frac{1+\cos\alpha}{2} \tag{5.31}$$

$$\tan^2\frac{\alpha}{2} = \frac{1-\cos\alpha}{1+\cos\alpha} \tag{5.32}$$

### 5.4.5　問題

(1): $y = \sin(2\theta)$ と $y = \sin(2\theta - \pi/3)$ のグラフを 1 周期分描け。
(2): $y = \sin(\theta/2)$ と $y = \sin(\theta/2 - \pi/3)$ のグラフを半周期分描け。
(3): $\sin 15°$ と $\sin 22.5°$ の値はいくらか。(半角の公式を用いよ)
(4): 単位円 (半径 1 の円) に内接する正 12 角形と正 8 角形の周囲の長さはいくらか。
(5): 半径 $r$ の円に内接する正 $n$ 角形の周囲の長さと面積はいくらか[*4]。

---

[*4] $n$ を限りなく大きくすると、正 $n$ 角形の周囲の長さや面積は、円周の長さや円の面積になる。

## 5.5 三角関数の合成

正弦 (sine) 関数と余弦 (cosine) 関数の合成：$a\sin\theta + b\cos\theta$ は次のようにまとめられる。$a, b$ は振幅と呼ばれている。

$$a\sin\theta \pm b\cos\theta = \sqrt{a^2+b^2}\sin(\theta\pm\alpha) \quad \text{ただし、} \quad \tan\alpha = \frac{b}{a} \tag{5.33}$$

角度が等しく、それぞれの振幅が $a, b$ の sine 関数と cosine 関数の合成は、振幅が $\sqrt{a^2+b^2}$ で、元の sine 関数を $x$ 軸に沿って $\mp\alpha$ だけ平行移動した関数になる。

[証明]

$$a\sin\theta \pm b\cos\theta = \sqrt{a^2+b^2}\left\{\frac{a}{\sqrt{a^2+b^2}}\sin\theta \pm \frac{b}{\sqrt{a^2+b^2}}\cos\theta\right\} \tag{5.34}$$

さらに、底辺と高さがそれぞれ $a, b$ の直角三角形（図 5.7 参照）の仰角 $\alpha$ を定義する。

$$\frac{a}{\sqrt{a^2+b^2}} = \cos\alpha \qquad \frac{b}{\sqrt{a^2+b^2}} = \sin\alpha \qquad \frac{b}{a} = \tan\alpha \tag{5.35}$$

(5.35) 式を (5.34) 式に代入して、加法定理を用いると次式が得られる。

$$a\sin\theta \pm b\cos\theta = \sqrt{a^2+b^2}\{\cos\alpha\sin\theta \pm \sin\alpha\cos\theta\} \tag{5.36}$$
$$= \sqrt{a^2+b^2}\sin(\theta\pm\alpha) \tag{5.37}$$

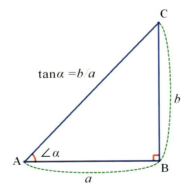

図 5.7 三角関数の合成

### 5.5.1 合成関数の例

図 5.8 には、角度が等しい三角関数の合成:

$$y = \sin\theta + 0.5\cos\theta = \frac{\sqrt{5}}{2}\sin(\theta + \alpha) \quad \text{ここで、} \quad \tan\alpha = \frac{1}{2}$$

が描かれている。一方、図 5.9 には、角度が異なる三角関数の合成:

$$y = \cos\theta + 0.5\sin 5\theta$$

が描かれている。このグラフから明らかなように、角度が等しい場合の合成は、振幅は異なるが単純な三角関数と同じ関数形をしているが、一方、角度の異なる三角関数の合成の場合、より複雑な形状をした関数となる。しかし、周期性は保たれていることがわかる。三角関数の合成は重要で、後で解説するように振動や波の合成に用いられる。

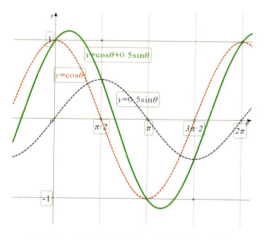

図 5.8　角度が等しい三角関数の合成

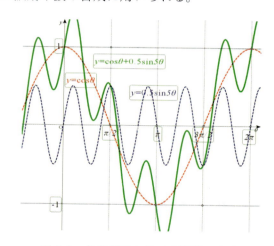

図 5.9　角度が異なる三角関数の合成

## 5.6　逆三角関数

第 3 章 (§ 3.9) で定義した逆関数 ($y$ と $x$ を入れ替えた関数で $y = x$ に対して対称な関数) と同様に、三角関数の逆関数を定義することができる[*5]。

---

[*5] (5.9) 式で定義した三角関数の逆数の関数とは異なることに注意！

$$y = \sin x \text{ の逆関数}: \quad x = \sin y \quad \text{または、} y = \arcsin x \text{ と表記} \tag{5.38}$$
$$y = \cos x \text{ の逆関数}: \quad x = \cos y \quad \text{または、} y = \arccos x \text{ と表記} \tag{5.39}$$
$$y = \tan x \text{ の逆関数}: \quad x = \tan y \quad \text{または、} y = \arctan x \text{ と表記} \tag{5.40}$$

$y = \arcsin x$ を簡単に $y = \sin^{-1} x$ と表す場合がある。この肩の $-1$ は逆数ではなく、逆関数を意味する。同様に、$y = \arccos x$ を $y = \cos^{-1} x$、$y = \arctan x$ を $y = \tan^{-1} x$ と表す。図 5.10 では三角関数とその逆関数を対応させて描かれている。

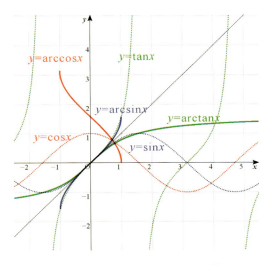

図 5.10　三角関数と逆三角関数

## 5.7 振動（三角関数の応用1）

### 5.7.1 振動

ばねや振り子の振動、さらにもっと複雑な地震波や電波などは三角関数と深くかかわっている。ここでは単振動と呼ばれる簡単な振り子の振動を紹介する。図 5.11 に描かれている振り子の時刻 $t$ での振れ角 $\theta(t)$ は、振幅が小さいとき、

$$\theta(t) = \theta_0 \cos\left(\frac{2\pi}{T} t\right) = \theta_0 \cos(2\pi f t) \tag{5.41}$$

となることが力学で知られている。ここで、$\theta_0$ は最初（$t=0$）の振れ角である。$T$ は振り子の周期で、振り子の長さを $l$ m、重力加速度を $g$ と置くとき[*6]、

$$T = 2\pi\sqrt{\frac{l}{g}} \text{ (秒)} \qquad \frac{1}{T} \equiv f \text{ (Hz)} \tag{5.42}$$

で与えられる。ここで、$f$ は周波数[*7]で、周期 $T$ の逆数で定義されている。周波数 $f$ Hz は、1秒間に $f$ 回振動することを意味している。図 5.12 には、時刻 $t$ のときの振れ角 $\theta(t)$ が図示されている。

- $t=0$ のとき、$\theta(0) = \theta_0$（最初の位置）
- $t=T/4$ のとき、$\theta(T/4) = 0$（最下点）
- $t=T/2$ のとき、$\theta(T/2) = -\theta_0$（反対側の位置）
- $t=3T/4$ のとき、$\theta(3T/4) = 0$（最下点）
- $t=T$ のとき、$\theta(T) = \theta_0$（最初の位置に戻る）

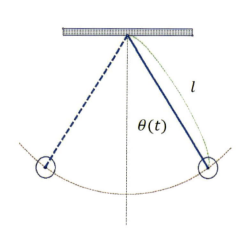

図 5.11 振り子

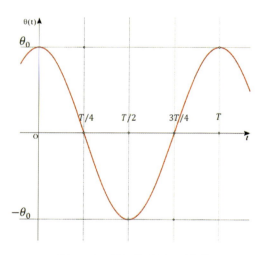

図 5.12 振れ角 $\theta(t)$ の波形

---

[*6] 地球上での平均重力加速度は約 $g \approx 9.8$ m/s$^2$ である。

[*7] 周波数の単位は時間（秒：s）の逆数 s$^{-1}$ で、これを Hz（ヘルツ）という。例えば、ある AM ラジオの電波の周波数が 666kHz であるということは、この電波は1秒間に 666,000 回振動していることになる。音階では、平均律の4オクターブのラの音は 440Hz に設定されている。1オクターブ上がるごとに周波数は倍になり、1オクターブ下がるごとに周波数は半分になる。

## 5.7.2 音の合成

周波数が異なる2つの音源から合成された音はどのように聞こえるだろうか。それぞれの音源の周波数を $f_1, f_2$ とし、振幅（音源の強さ）は同じとする。また、2つの音源の変位（時刻 $t$ での音の強さ）：$x_1(t), x_2(t)$ が正弦関数で与えられているとする。

$$x_1(t) = A\sin(2\pi f_1 t) \qquad x_2(t) = A\sin(2\pi f_2 t) \tag{5.43}$$

$A$ は振幅である。この2つ音源の合成音 $x(t)$ は、和 → 積の公式 (5.23) を用いると、

$$x(t) = x_1(t) + x_2(t) = A\sin(2\pi f_1 t) + A\sin(2\pi f_2 t)$$

$$= 2A\cos\left(2\pi \frac{f_1 - f_2}{2} t\right) \sin\left(2\pi \frac{f_1 + f_2}{2} t\right) \tag{5.44}$$

合成音 $x(t)$ は周波数の低い余弦関数（周波数：$|f_1 - f_2|/2$）と周波数の高い正弦関数（周波数：$(f_1 + f_2)/2$）の積の形になっている。このことは、周波数の低い余弦関数は時間によって変化する振幅と見ることができる。この振幅は時間間隔：$1/|f_1 - f_2|$ で大きく（あるいは、小さく）なる。$f_1$ と $f_2$ の差が小さいとき、"うなり" として聞こえる。このように、周波数の近い音を合成させることによって、"うなり"[*8]を発生させることができる。

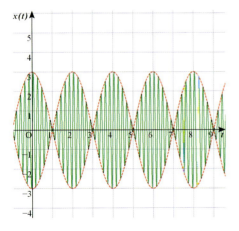

図 5.13 周波数が近い合成音

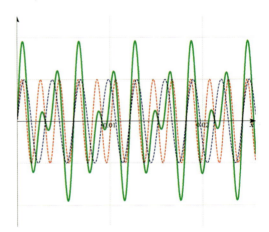

図 5.14 周波数が離れた合成音

図 5.13 では、周波数がそれぞれ $f_1 = 5$ Hz と $f_2 = 4.5$ Hz で、振幅が同じ $A = 1.5$ の正弦関数の合成音が図示されている。緑は合成音であり、赤の点線はうなりの音である。

---

[*8] 楽器の演奏でビートを効かすことはうなりを生じさせることである。

うなりの時間間隔は2秒であることが分かる。一方、図5.14では周波数が261.6Hz（ドの音：青の点線）と392.0Hz（ソの音：赤の点線）の、離れた周波数の合成音（緑色）が図示されている。離れた周波数の音の合成ではうなりは見られない。

## 5.8　波（三角関数の応用２）

### 5.8.1　進行波

海の波を観察すると、波形を保ちながらある速さで進んでいく様子が見られる。いま、$x$軸方向に進む波の時刻$t=0$ときの波形（変位）：$F(x,t=0)$が正弦関数

$$F(x,t=0) = A\sin\left(\frac{2\pi}{\lambda}x\right) \tag{5.45}$$

で表されたとしよう（図5.15の青色の実線）。ここで、$A$は波の振幅、$\lambda$は波長[*9]である。

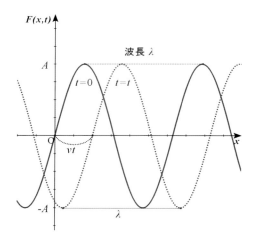

図 5.15　進行波

この波が、速さ$v$で右方向（$x$軸の正方向）に進んでいるとき、時刻$t$の変位$F(x,t)$は、$F(x,t=0)$を$x$軸の正方向に$vt$だけ平行移動させた波形（図5.15の青色の点線）となる。したがって、時刻$t=t$の変位（進行波という）$F(x,t)$は次のように与えられることが分かる。

$$F(x,t) = A\sin\left(\frac{2\pi}{\lambda}(x-vt)\right) = A\sin\left(\frac{2\pi}{\lambda}x - \frac{2\pi v}{\lambda}t\right) \tag{5.46}$$

---

[*9] 波長とは空間的な周期である。波長の整数倍だけ平行移動させても同じ変位である。また、$\lambda$はギリシャ文字でラムダと読む。

# 第 5 章 三角関数

ここで、$v/\lambda$ は、波が 1 秒間に進む距離 $v$ の中にある、波長 $\lambda$ の数である。即ち、周波数：$f$ そのものである。したがって、波長 $\lambda$、周波数 $f$ の $x$ 軸正方向に進む進行波は

$$F(x,t) = A \sin\left(\frac{2\pi}{\lambda}x - 2\pi f t\right) \tag{5.47}$$

と表すことができる[*10]。

$$\frac{v}{\lambda} = f \tag{5.48}$$

一方、$x$ 軸負方向に進む進行波は

$$F(x,t) = A \sin\left(\frac{2\pi}{\lambda}x + 2\pi f t\right) \tag{5.49}$$

となる。このように、波の進む方向が定まっている波（この場合は $x$ 方向）を平面波[*11]という。

## 5.8.2 定常波

いま、図 5.16 で図示されているように、$x$ 軸の負の領域から正の方向に向かって進む進行波（入射波）が $x = 0$ にある境界面のカベに衝突して反射する波（反射波）との合成波、即ち、進行波と反射波との干渉について考えよう。

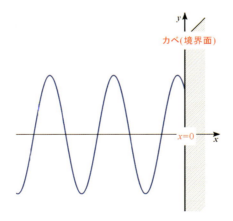

図 5.16 波の反射

---

[*10] 角振動数:$\omega = 2\pi f$ と波数:$k = 2\pi/\lambda$ を用いて $F(x,t) = A\sin(kx - \omega t)$ とも表す。

[*11] 平面波以外に、水面にできる波紋などのように中心から放射状に進む波がある。

入射波の変位 (波形) $u_1(x,t)$ として、次のような $x$ の正方向に進む正弦波とする。

$$u_1(x,t) = A\sin\left(\frac{2\pi}{\lambda}x - 2\pi ft\right) \tag{5.50}$$

一方、境界面で反射して $x$ の負方向に進む反射波の変位 $u_2(x,t)$ を

$$u_2(x,t) = B\sin\left(\frac{2\pi}{\lambda}x + 2\pi ft + \delta\right) \tag{5.51}$$

とおく。ここで、$B$ は反射波の振幅、$\delta$ は反射することによるずれで位相と呼ばれる。$B, \delta$ は境界面での反射の条件から決められる。入射波と反射波の合成波:$u(x,t)$ は、

$$\begin{aligned} u(x,t) &= u_1(x,t) + u_2(x,t) \\ &= A\sin\left(\frac{2\pi}{\lambda}x - 2\pi ft\right) + B\sin\left(\frac{2\pi}{\lambda}x + 2\pi ft + \delta\right) \end{aligned} \tag{5.52}$$

となる。さて、入射波が境界面で反射する条件として、二つの条件がある。

**(固定端)**： 境界面で常に合成波の変位がゼロとなる場合。例えば、バイオリンなどの弦楽器では、弦の両端が固定されているため、変位はゼロである。

**(自由端)**： 境界面のところで合成波の弾性力がない場合。例えば、トランペットなど吹奏楽器では、一方の口が開放されているため、自由に振動できる。

## 固定端

固定端では、境界面 $x = 0$ のところで合成波の変位は常にゼロとならなければならないので、$u(x=0,t) = 0$ から、

$$B = A, \qquad \delta = 0$$

したがって、(5.52) 式の合成波は次のようになる。

$$\begin{aligned} u(x,t) &= u_1(x,t) + u_2(x,t) \\ &= A\sin\left(\frac{2\pi}{\lambda}x - 2\pi ft\right) + A\sin\left(\frac{2\pi}{\lambda}x + 2\pi ft\right) \\ &= 2A\sin\left(\frac{2\pi}{\lambda}x\right)\cos(2\pi ft) \end{aligned} \tag{5.53}$$

この合成波 (入射波と反射波の干渉) は位置 $x$ の関数 $\sin(2\pi x/\lambda)$ と時間 $t$ の関数 $\cos(2\pi ft)$ の積の形になっている。そのため、この合成波は進行波ではなくなり、図

5.17 に示されているように、常に振動する場所 (腹) と常に振動していない場所 (節) に分かれる。

$$\text{節の位置}：\sin\left(\frac{2\pi}{\lambda}x\right) = 0 \text{ から、} \quad x = 0, -\frac{\lambda}{2}, -\lambda, -\frac{3\lambda}{2}, \cdots \tag{5.54}$$

$$\text{腹の位置}：\sin\left(\frac{2\pi}{\lambda}x\right) = \pm 1 \text{ から、} \quad x = -\frac{\lambda}{4}, -\frac{3\lambda}{4}, -\frac{5\lambda}{4}, \cdots \tag{5.55}$$

このような波を定常波（定在波）という。

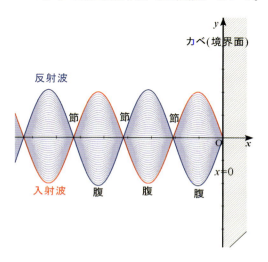
図 5.17　波の反射：固定端

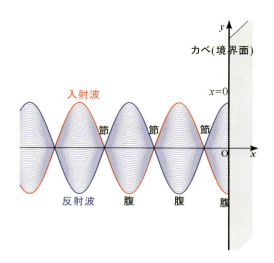
図 5.18　波の反射：自由端

**自由端**

自由端では、境界面 $x = 0$ のところで合成波の弾性力ない (境界面で変位が常にフラットになっている) ため、

$$B = -A, \qquad \delta = 0$$

なり、(5.52) 式の合成波は

$$\begin{aligned} u(x,t) &= u_1(x,t) + u_2(x,t) \\ &= A\sin\left(\frac{2\pi}{\lambda}x - 2\pi ft\right) - A\sin\left(\frac{2\pi}{\lambda}x + 2\pi ft\right) \\ &= 2A\cos\left(\frac{2\pi}{\lambda}x\right)\sin(2\pi ft) \end{aligned} \tag{5.56}$$

この自由端の合成波 (入射波と反射波の干渉) も、図 5.18 に示されているように、固定端の場合と同じく定常波となる。しかし、腹と節の位置はずれている。

$$\text{節の位置}: \cos\left(\frac{2\pi}{\lambda}x\right) = 0 \text{ から、} \quad x = -\frac{\lambda}{4}, -\frac{3\lambda}{4}, -\frac{5\lambda}{4}, \cdots \tag{5.57}$$

$$\text{腹の位置}: \cos\left(\frac{2\pi}{\lambda}x\right) = \pm 1 \text{ から、} \quad x = 0, -\frac{\lambda}{2}, -\lambda, -\frac{3\lambda}{2}, \cdots \tag{5.58}$$

### 5.8.3 波の干渉（回折）

シャボン玉や油膜で見られる虹色は光の干渉現象である。ここでは、光の干渉について考えよう。図 5.19 で図示されているように、左から平面波 ($x$ 軸の正方向に進む進行波) である光が壁に開けた間隔の狭いスリット $a$ と $b$ を通りぬけ、この二つの光の波がスクリーン上の点 P で干渉する場合を考える。

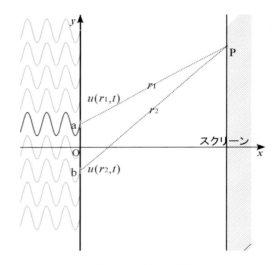

図 5.19　波の干渉

スリット $a, b$ を通りぬけた進行波の点 P でのそれぞれの変位：$u_1(r_1, t), u_2(r_2, t)$ を

$$u(r_1, t) = A\sin(kr_1 - \omega t) \tag{5.59}$$
$$u(r_2, t) = A\sin(kr_2 - \omega t) \tag{5.60}$$

とする。ここで、$r_1, r_2$ はスリット $a, b$ からスクリーン上の点 P までのそれぞれの距離である。$k$ は波数で波長 $\lambda$ を用いて $k = 2\pi/\lambda$ と定義され、$\omega$ は角振動数で周波数 $f$ を用い

て $\omega = 2\pi f$ と定義されている。したがって、点 P で合成された波の変位：$F(r_1, r_2, t)$ は

$$F(r_1, r_2, t) = u(r_1, t) + u(r_2, t) \tag{5.61}$$
$$= 2A\cos\left(\frac{k(r_1 - r_2)}{2}\right) \sin\left(\frac{k(r_1 + r_2)}{2} - \omega t\right) \tag{5.62}$$

右辺の初めの $2A\cos$ の項は点 P での波の振幅を表し、後の sin の項はその点での振動を示している。点 P で振幅が最大となるのは

$$\frac{k(r_1 - r_2)}{2} = n\pi$$

のときである。ここで $n$ は整数。したがって、波数 $k = 2\pi/\lambda$ を代入して次式が得られる。

$$|r_1 - r_2| = n\lambda \tag{5.63}$$

を満たす点 P で振幅が最大となる。光の場合、光路差：$|r_1 - r_2|$ が波長の整数倍のとき、明るい光が現れる。

一方、光路差：$|r_1 - r_2|$ が波長の半整数倍のとき、

$$|r_1 - r_2| = (n + 1/2)\lambda \tag{5.64}$$

点 P では振幅がゼロとなる。すなわち、暗くなる。その結果、スクリーン上に明暗の縞模様、干渉縞ができる。この現象を回折現象という。

## 5.9　第5章 解答

§ 5.4.5 問題解答

(1)： 図 5.20 で青線が $\sin 2\theta$、赤線が $\sin(2\theta - \pi/3)$。

(2)： 図 5.21 で青線が $\sin \theta/2$、赤線が $\sin(\theta/2 - \pi/3)$。

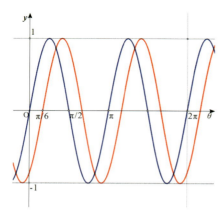

図 5.20　$\sin 2\theta$、$\sin(2\theta - \pi/3)$

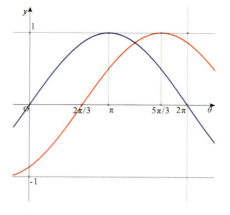

図 5.21　$\sin \theta/2$、$\sin(\theta/2 - \pi/3)$

(3)： (5.30) 式の半角の公式より、$\alpha = 30°$ と置くと、

$$\sin^2 15° = \frac{1 - \cos 30°}{2} = \frac{1 - \sqrt{3}/2}{2}$$

故に、

$$\sin 15° = \frac{\sqrt{2 - \sqrt{3}}}{2}$$

また、$\alpha = 45°$ と置くと、

$$\sin^2 22.5° = \frac{1 - \cos 45°}{2} = \frac{1 - \sqrt{2}/2}{2}$$

故に、

$$\sin 22.5° = \frac{\sqrt{2 - \sqrt{2}}}{2}$$

(4)： 正 12 角形の一辺の長さは $2\sin 15°$ なので、周囲の長さは

$$12 \times 2\sin 15° = 12\sqrt{2 - \sqrt{3}}$$

# 第 5 章 三角関数

同様に、正 8 角形の一辺の長さは $2\sin 22.5°$ なので、周囲の長さは
$$8 \times 2\sin 22.5° = 8\sqrt{2-\sqrt{2}}$$

(5)：半径 $r$ に内接する正 $n$ 角形の一辺の長さは $2r\sin(\pi/n)$ なので、周囲の長さ $L_n$ は
$$L_n = 2nr\sin\left(\frac{\pi}{n}\right) = 2\pi r\frac{\sin(\pi/n)}{\pi/n}$$

$n$ を限りなく大きくすると、正 $n$ 角形は円周に一致するので、
$$\lim_{n\to\infty}\frac{\sin(\pi/n)}{\pi/n} = 1$$

が成り立つ。

正 $n$ 角形の一辺の長さを底とする二等辺三角形の面積は
$$\frac{1}{2} \times 2r\sin(\pi/n) \times r\cos(\pi/n) = \frac{1}{2}r^2\sin(2\pi/n)$$

したがって、半径 $r$ の正 $n$ 角形の面積 $S_n$ は
$$S_n = n \times \frac{1}{2}r^2\sin(2\pi/n) = \pi r^2\frac{\sin(2\pi/n)}{2\pi/n}$$

$n$ を限りなく大きくすると、円の面積に等しくなる。

# 第 6 章

# 指数関数と対数関数

この章では、対数[*1]について解説する。対数を用いることによって、掛け算や割り算は簡単な足し算や引き算に置き換えられ、計算が容易になる。さらに、ネイピア数[*2]と呼ばれている $e = 2.71828\cdots$ についても紹介する。ネイピア数は数学や科学にとって、非常に重要な定数（超越数）である。

## 6.1 累乗と指数の公式

第 1 章の§ 1.7 で学習した累乗と指数について、ここで復習を兼ねて再度解説する。いま、$n, m$ が実数とし、$a$ は正の実数とする。

1. 累乗と指数：

$$\underbrace{a \times a \times a \times \cdots \times a}_{n} = a^n \tag{6.1}$$

右辺の $a$ の肩についている $n$ を指数という。この値は $a$ を $n$ 個かけたことを意味している。したがって、

$$a = a^1 \tag{6.2}$$

2. 累乗の積は、指数の和となる。

$$\underbrace{a \times a \times \cdots \times a}_{n} \times \underbrace{a \times a \times \cdots \times a}_{m} = a^n \times a^m = a^{n+m} \tag{6.3}$$

---

[*1] 対数はジョン・ネイピア (1550-1617) によって発明された。
[*2] レオンハルト・オイラーによって導入された。

# 第6章 指数関数と対数関数

3. 累乗の割り算は、指数の差となる。

$$\frac{1}{\underbrace{a \times a \times \cdots \times c}_{n}} = a^{-n} \qquad \frac{a^n}{a^m} = \frac{\overbrace{a \times a \times \cdots \times a}^{n}}{\underbrace{a \times a \times \cdots \times a}_{m}} = a^{n-m} \tag{6.4}$$

したがって、

$$a^0 = 1 \tag{6.5}$$

4. 累乗の累乗は、指数の積となる。

$$(a^n)^m = (a^m)^n = a^{nm} \tag{6.6}$$

例えば、

$$a = a^1 = a^{\frac{1}{2}} \times a^{\frac{1}{2}} = (\sqrt{a})^2$$
$$a^{\frac{2}{3}} \times a^{\frac{1}{4}} = a^{\frac{2}{3}+\frac{1}{4}} = a^{\frac{11}{12}}$$

## 6.2 指数関数と対数関数

図 6.1 には、$y = 3^x$ と $y = 3^{-x} = (1/3)^x$ の指数関数が図示されている。$y = 3^x$ は $x$ が増加するにつれて急激に増加し、一方 $y = 3^{-x}$ の関数は $x$ が増加するにつれて急激に減少することがわかる。$y = 3^x$ と $y = 3^{-x}$ は $y$ 軸に対して対象である。

さて、図 6.2 に示されているように、$y = 3^x$ の逆関数[*3]：$x = 3^y$ を考える。この $x = 3^y$ の関数を $y = \log_3 x$ と定義する。したがって、$y = 3^x$ と $y = \log_3 x$ は互いに逆関数である。

$$x = 3^y \iff y = \log_3 x$$

$y = \log_3 x$ を底が 3 の対数関数という。一般に、底を $a(>0)$ とする対数関数を

$$y = \log_a x \iff x = a^y \tag{6.7}$$

と書く。

---

[*3] 逆関数とは、$x$ と $y$ を互いに入れ替えた関数で直線 $y = x$ に対して対称な関数である。

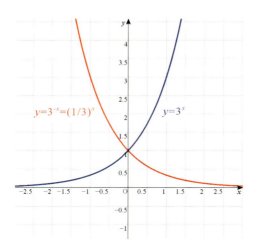

図 6.1　$y$ 軸に対称な指数関数

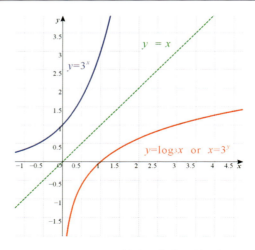

図 6.2　$y = x$ に対称な指数関数と対数関数

## 6.2.1　対数の公式

対数について、次のような公式が成り立つ。

- 対数の定義式から、明らかなように、

$$\log_a 1 = 0 \qquad \log_a a = 1 \qquad \log_a \frac{1}{a} = \log_a a^{-1} = -1$$

ここで、$a > 0$、$p$ は実数。一般に、

$$\log_a a^p = p \log_a a = p \tag{6.8}$$

が成り立つ。
- 累乗の対数は積となる。
$$\log_a M^r = r \log_a M \tag{6.9}$$

「証明」
$M = a^p$ と置いて、両辺に代入する。

左辺 $= \log_a (a^p)^r = \log_a a^{pr} = pr$ 　　　右辺 $= p \log_a M = r \log_a a^p = pr$

- 対数では、積が和に、比が差になる。

$$\log_a (MN) = \log_a M + \log_a N \tag{6.10}$$

$$\log_a \frac{M}{N} = \log_a M - \log_a N \tag{6.11}$$

ここで、$M$、$N$ は正の実数である。

「(6.10) 式の証明」

$M = a^p$、$N = a^q$ と置くと、

$$\text{左辺} = \log_a(MN) = \log_a(a^p a^q) = \log_a a^{p+q} = p + q$$

$$\text{右辺} = \log_a M + \log_a N = \log_a a^p + \log_a a^q = p + q$$

「(6.11) 式の証明」

$$\text{左辺} = \log_a \frac{M}{N} = \log_a \frac{a^p}{a^q} = \log_a a^{p-q} = p - q$$

$$\text{右辺} = \log_a M - \log_a N = \log_a a^p - \log_a a^q = p - q$$

- 対数の底は、ほかの底に変換することができる。

$$\log_a M = \frac{\log_b M}{\log_b a} \tag{6.12}$$

ここで、$b$ は任意の正の実数である。

「証明」

$M = b^p$、$a = b^q$ と置いて、$M$ を $a$ で表すと、

$$M = b^p = (a^{1/q})^p = a^{p/q}$$

$$\text{左辺} = \log_a M = \log_a a^{p/q} = \frac{p}{q} \qquad \text{右辺} = \frac{\log_b b^p}{\log_b b^q} = \frac{p}{q}$$

## 6.3 常用対数

特に底が 10 の対数、例えば、$\log_{10} 2$ や $\log_{10} 5$ などを常用対数という。さて、対数というものをなぜ考えたのだろうか。それは電卓もコンピューターもない時代に膨大な数値計算 (特に天文学などの計算) の方法として考えられた。しかし、コンピューターが発達した現代においても、対数、指数の考え方は重要である。昔の数学の教科書や参考書には、複雑な数値計算を行うための常用対数表が掲載されていた。今日では (科学計算用) 電卓[*4]で簡単に結果が求められる。ここでは常用対数表の一部分を列記する。これだけで十分な計算ができる。

---

[*4] 電卓では "log" のボタンが常用対数を表す。また、"ln" のボタンは自然対数 (§ 6.4 参照) を表す。

$$\log_{10} 1 = 0 \quad , \quad \log_{10} 2 = 0.3010\cdots \quad , \quad \log_{10} 3 = 0.4771\cdots$$
$$\log_{10} 5 = 0.6990\cdots \quad , \quad \log_{10} 7 = 0.8451\cdots \quad , \quad \log_{10} 10 = 1$$

例として、$2^{100}$ は何桁の数か？を求めることにしよう。$2^{100} = 10^x$ と置いて桁数 $x$ を求める。両辺の常用対数をとると、

$$\log_{10} 2^{100} = 100 \log_{10} 2 = 100 \times 0.301 = 30.1 = \log_{10} 10^x = x \log_{10} 10 = x$$

したがって、$x = 30.1$。
$$2^{100} = 10^{30.1} = 10^{0.1} \times 10^{30}$$

$10^{0.1}$ は 10 より小さい一桁の数なので、$2^{100}$ は 30 桁の非常に大きな数となる。

### 6.3.1 問題

上記の常用対数の値を参考にして、次の問いに答えよ。

(1): $\log_{10} 4$、$\log_{10} 6$、$\log_{10} 8$、$\log_{10} 300$ を計算せよ。

(2): $6^{50}$ は何桁の数か。

(3): $5^{-20}$ は小数以下何桁目に 0 以外の数値が現れるか。

(4): 年利 0.5% の定期預金に預けた金額が 2 倍になるのは何年後か。ただし、$\log_{10} 1.005 = 0.0022$ である。

(5): 人間の感覚は刺激量の対数に比例していると言われている。これをウェーバー・フェルナーの法則[5]という。例えば、人間が通常聞く音の大きさはデシベルで定義されている。
$$L = 20 \log_{10} \frac{P}{P_0}$$

ここで、$L$ は音圧が $P$ パスカル (Pa) のときの音の大きさでその単位をデシベル (dB) で表す。$P_0$ は人間が聞くことが出来る最小の音圧 (約 $P_0 \sim 20\mu$Pa) である。地下鉄や電車の車内の音は約 80dB、飛行機のエンジン近くでは約 120dB と言われている。電車内と飛行機のエンジン音の音圧の比 $P/P_0$ はいくらか。

---

[5] ドイツの生理・心理学者であるウェーバー (1795-1878) とその弟子のフェルナー (1801-1887) によって、発見された。

## 6.3.2 対数グラフ

図 6.3 は縦軸が対数目盛になっている。例えば、対数目盛上では、1 の値の高さが $\log_{10} 1 = 0$、2 の値の高さが $\log_{10} 2 = 0.3010$、3 の値の高さが $\log_{10} 3 = 0.4771$、$\cdots$、など、$y$ の値の高さが $Y = \log_{10} y$ となるように設定されている。縦軸（或いは横軸）のみが対数目盛のグラフを片対数グラフ、縦軸、横軸とも対数目盛のグラフを両対数グラフという。対数グラフのメリットは、普通のグラフ（方眼紙）上では曲線となる関数を、対数グラフ上では直線の式に変換できることである。

**片対数グラフ**

例えば、指数関数：$y = 3^x$ について、両辺の対数を取ると、

$$Y \equiv \log_{10} y = \log_{10} 3^x = x \log_{10} 3$$

$\log_{10} y (= Y$ と置く$)$ と $x$ が比例しその比例定数が $\log_{10} 3$ となる。したがって、片対数グラフで縦軸に $Y$、横軸に $x$ をとると、$Y$ と $x$ は比例し、この直線の勾配は $\log_{10} 3$ となることが分かる。（図 6.4 参照）

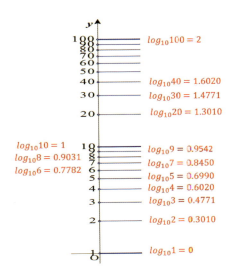

図 6.3　対数目盛

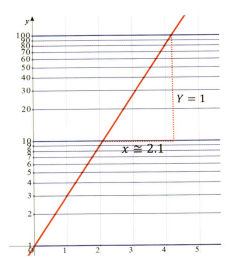

図 6.4　指数関数：$y = 3^x$ の片対数グラフ

**両対数グラフ**

例えば、冪関数 $y = x^a$（ただし、$x > 0$）について、両辺の対数を取ると、

$$\log_{10} y = \log_{10} x^a = a \log_{10} x$$

となり、$\log_{10} y$（$= Y$ と置く）と $\log_{10} x$（$= X$ と置く）が比例し、両対数グラフ上で $Y = aX$ の直線となり、その勾配が $a$ となることがわかる。

様々なデータ解析として、ある二つの量の相関を調べる場合、対数グラフを用いることによって、相関関係を導くことができる。例えば、片対数グラフ上で直線となるとき、二つの相関は指数関数となり、一方、両対数グラフ上で直線となるときは、二つの相関は冪関数となる。

## 6.4 ネイピア数 $e$ と自然対数

数学や自然科学では、円周率 $\pi$ と同じくらいに大変重要な基本定数がある。その定数は"ネイピア数"と呼ばれ、$e$ で表す。その値は

$$e = 2.71828\cdots$$

で $\pi$ と同様に無理数である。特に、このネイピア数 $e$ と、円周率 $\pi$ は超越数とも呼ばれている。ネイピア数は、微分、積分と深く関係している基本定数で、詳しい説明は第 9 章（§ 9.12）で解説する。ネイピア数を底とする対数を自然対数という。

$$y = \log_e x \equiv \ln x \Longleftrightarrow x = e^y \tag{6.13}$$

$y = \log_e x$ と $y = e^x$ は逆関数の関係にある（図 6.5 参照）。$e^x$ のことを $\exp(x)$ とも書き、"exponential x" と呼ぶ。

第6章　指数関数と対数関数

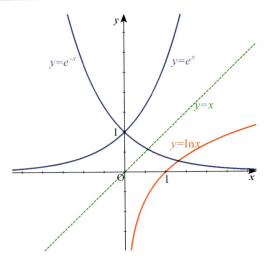

図 6.5　自然対数関数

## 6.5　オイラーの公式

ネイピア数 $e$ と三角関数の間には、大変興味深い、かつ重要な関係式が成り立つことがレオンハルト・オイラー (18 世紀の数学者) によって発見された。この関係式をオイラーの公式[*6]という。

$$e^{i\theta} = \cos\theta + i\sin\theta \tag{6.14}$$

ここで、$\theta$ は実数であり、$i \equiv \sqrt{-1}$ は虚数単位である。例えば、$e^{i\pi} = -1$ が成り立つ。オイラーの公式から三角関数は $e^{i\theta}, e^{-i\theta}$ を用いて、次式のように表される。

$$\cos\theta = \frac{e^{i\theta} + e^{-i\theta}}{2} \qquad \sin\theta = \frac{e^{i\theta} - e^{-i\theta}}{2i} \tag{6.15}$$

### 6.5.1　双曲線関数

(6.15) 式のオイラーの公式と定義式がよく似た関数として、双曲線関数： $\sinh x, \cosh x, \tanh x$ がある。

$$\cosh x = \frac{e^x + e^{-x}}{2} \qquad \sinh x = \frac{e^x - e^{-x}}{2} \qquad \tanh x = \frac{\sinh x}{\cosh x} = \frac{e^x - e^{-x}}{e^x + e^{-x}} \tag{6.16}$$

---

[*6] 詳しい説明第 10 章 (§ 10.11) を参照。

ここで、sinh を Hyperbolicsine, cosh を Hyperboliccosine, tanh を Hyperbolictangent と呼ぶ。図 6.6 では、双曲線関数が図示されている。

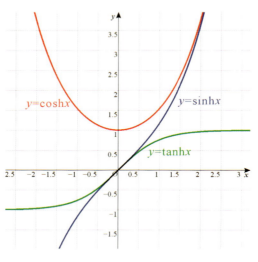

図 6.6 双曲線関数

(6.16) 式から、次式が成り立つことが容易に分かる。

$$e^{\pm x} = \cosh x \pm \sinh x \qquad \cosh^2 x - \sinh^2 x = 1 \qquad (6.17)$$

さらに、双曲線関数の加法定理：

$$\sinh(x \pm y) = \sinh x \cosh y \pm \cosh x \sinh y \qquad (6.18)$$
$$\cosh(x \pm y) = \cosh x \cosh y \pm \sinh x \sinh y \qquad (6.19)$$
$$\tan(x \pm y) = \frac{\tanh x \pm \tanh y}{1 \pm \tanh x \tanh y} \qquad (6.20)$$

が成り立つ。これらの公式は三角関数の加法定理（§ 5.4 参照）とよく似た性質をもつ。

## 6.5.2 問題

(1)： 三角関数の加法定理をオイラーの公式 (6.14) 式を用いて証明せよ。
ヒント： $e^{i\alpha} \times e^{i\beta} = e^{i(\alpha+\beta)}$

(2)： 双曲線関数の加法定理 (6.18), (6.19) 式を証明せよ。

## 6.6　第6章 解答

§ 6.3.1 問題解答

(1)：
- $\log_{10} 4 = 2\log_{10} 2 = 2 \times 0.3010 = 0.6020$
- $\log_{10} 6 = \log_{10} 2 + \log_{10} 3 = 0.3010 + 0.4771 = 0.7781$
- $\log_{10} 8 = 3\log_{10} 2 = 3 \times 0.3010 = 0.9030$
- $\log_{10} 300 = \log_{10} 3 + \log_{10} 100 = 0.4771 + 2 = 2.4771$

(2)：$10^x = 6^{50}$ と置く。両辺の常用対数をとると、$x = 50\log_{10} 6 = 38.905 = 38 + 0.905$ となる。したがって、$6^{50}$ の桁数は 38 桁である。

(3)：$10^x = 5^{-20}$ と置く。両辺の常用対数をとると、$x = -20\log_{10} 5 = -13.98 = -14 + 0.02$ となる。したがって、$5^{-20}$ は小数以下 14 桁目で 0 以外の数値が現れる。

(4)：元金を $a$ 円、$x$ 年後に 2 倍になったとする。$a(1 + 0.005)^x = 2a$ より、

$$x \log_{10} 1.005 = \log_{10} 2 \quad 故に、x = \frac{\log_{10} 2}{\log_{10} 1.005} = 136.8 \text{ 年}$$

(5)：80dB の場合、$80 = 20\log_{10}(P/P_0)$ より、$P/P_0 = 10^4$。120dB の場合、$120 = 20\log_{10}(P/P_0)$ より、$P/P_0 = 10^6$。

§ 6.5.2 問題解答

(1)：$e^{i\alpha}e^{i\beta} = e^{i(\alpha+\beta)}$ から、オイラーの公式を用いると、

$$(\cos\alpha + i\sin\alpha)(\cos\beta + i\sin\beta) = \cos(\alpha+\beta) + i\sin(\alpha+\beta)$$

したがって、両辺の実数項において、

$$\cos\alpha\cos\beta - \sin\alpha\sin\beta = \cos(\alpha+\beta)$$

両辺の虚数項において、

$$\sin\alpha\cos\beta + \cos\alpha\sin\beta = \sin(\alpha+\beta)$$

(2)：(6.16) 式の定義式を (6.18) 式の両辺に代入すると、(6.18) 式の等式が示される。(6.19) 式についても同様である。

# 第7章

# ベクトル

## 7.1 ベクトルの定義

　ベクトルとは方向と大きさを持つ量である。例えば、力や速度などは方向と大きさを持つのでベクトル（量）である。一方、時間や重さなどは大きさだけを示す量なのでスカラー（量）と呼ばれる。
図 7.1 に示されている点 P から点 Q へのベクトルを $\overrightarrow{PQ}$ で表す。方向は矢印の向きで、大きさは長さ $|\overrightarrow{PQ}|$ で示す。今後、ベクトルを $\vec{A}$ と表記する。$\overrightarrow{PQ}$ と $\overrightarrow{QP}$ や、$\vec{A}$ と $-\vec{A}$ は方向が逆で大きさが等しいベクトルを示している。その間には

$$\overrightarrow{PQ} = -\overrightarrow{QP} \quad \text{あるいは、} \quad \overrightarrow{PQ} + \overrightarrow{QP} = 0 \tag{7.1}$$

が成り立つ。また、$c\vec{A}$ は、$\vec{A}$ と同じ方向で、大きさを $c$ 倍したベクトルである。

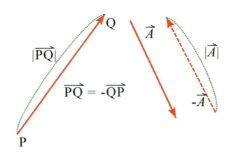

図 7.1　ベクトルの定義

第7章 ベクトル

### 7.1.1 単位ベクトル

大きさが 1 のベクトルを単位ベクトルという。したがって、ベクトルをその大きさで割ったベクトルは単位ベクトルである。例えば、

$$\frac{\overrightarrow{PQ}}{|\overrightarrow{PQ}|} \qquad \frac{\vec{A}}{|\vec{A}|} \tag{7.2}$$

は単位ベクトルである[*1]。

## 7.2 ベクトルの合成と釣り合い

### 7.2.1 ベクトルの合成

二つのベクトルの合成（加法や減法）は、これらのベクトルを辺として作られる平行四辺形の二つの対角線の方向と大きさで示される。例えば、ベクトル $\vec{A}, \vec{B}$ の加法と減法は図 7.2 で定義される。

$$\vec{A} + \vec{B} = \vec{C} \qquad \vec{A} + (-\vec{B}) = \vec{A} - \vec{B} = \vec{D} \tag{7.3}$$

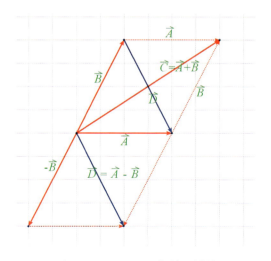

図 7.2　ベクトルの加法と減法

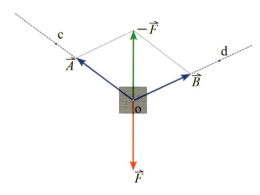

図 7.3　ベクトルの釣り合い

---

[*1] ベクトルの逆数、例えば、$1/\vec{A}$ は定義されていないので注意！

## 7.2.2 ベクトルの釣り合い

一方、図 7.3 に図示されているように、ベクトル $\vec{F}$ の逆方向ベクトル $-\vec{F}$ を $o \to c$ の方向と $o \to d$ の方向に分解する場合、$-\vec{F}$ が $o \to c$ と $o \to d$ の方向を辺とする平行四辺形の対角線の方向と大きさになるようにする。即ち、

$$-\vec{F} = \vec{A} + \vec{B} \quad \text{したがって、} \quad \vec{F} + \vec{A} + \vec{B} = 0 \tag{7.4}$$

このように、ベクトル $\vec{F}, \vec{A}, \vec{B}$ の和（合成）がゼロ（ゼロベクトル）となるとき、この三つのベクトルは釣り合っているという。

## 7.2.3 三角形の重心とベクトル

図 7.4 で図示されているように、三角形の各頂点 A, B, C からそれぞれの対辺の中点 D, E, F に引いた三本の直線 AD, BE, CF は、一点 G で交わる。この点 G を重心という（第 4 章§ 4.6.4 参照）。

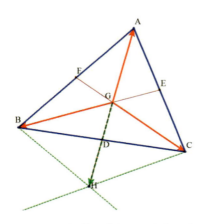

図 7.4　三角形の重心とベクトル 1

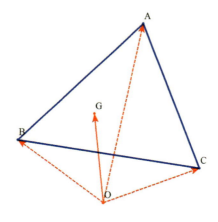

図 7.5　三角形の重心とベクトル 2

## 7.2.4 問題

(1)：図 7.4 において、重心 G から各頂点 A, B, C へのベクトルの和がゼロとなることを示せ。

$$\vec{GA} + \vec{GB} + \vec{GC} = 0 \tag{7.5}$$

# 第 7 章 ベクトル

したがって、重心から各頂点へのベクトル：$\vec{GA}, \vec{GB}, \vec{GC}$ は釣り合っている。
(2)：図 7.4 において、次式を示せ。

$$\vec{AB} + \vec{AC} = 3\vec{AG} \tag{7.6}$$

(3)：図 7.5 で図示されているように、任意の点 O から三角形の各頂点 A, B, C へのベクトル $\vec{OA}, \vec{OB}, \vec{OC}$ の和が、点 O から重心 G へのベクトル $\vec{OG}$ の 3 倍となることを示せ。

$$\vec{OA} + \vec{OB} + \vec{OC} = 3\vec{OG} \tag{7.7}$$

一方、三角形の各頂点 A, B, C にそれぞれ質点 $m_A, m_B, m_C$ がある場合、力学的な重心 G は次式で定義される。

$$\frac{m_A\vec{OA} + m_B\vec{OB} + m_C\vec{OC}}{m_A + m_B + m_C} = \vec{OG} \tag{7.8}$$

## 7.3 力学とベクトル

ベクトルは物理、特に力学では非常に重要な量ある。ここでは速度や加速度、力について簡単に説明する。

### 7.3.1 位置（ベクトル）

一般に場所（位置）を指定するとき、北東の方向に 5 km と、方向と大きさ（距離）で定義する。即ち、位置はベクトル量である。

### 7.3.2 速度（ベクトル）

図 7.6 で示されているように、時間によって刻々変わる物体の位置の軌跡を軌道と呼ぶ。時刻 $t$ のときの位置を $\vec{R(t)}$、時刻 $(t+t_0)$ のときの位置を $\vec{R(t+t_0)}$ と置くとき、時刻 $t$ と $(t+t_0)$ 間の位置の変化率、すなわち平均速度 $\vec{V(t, t+t_0)}$ は

$$\vec{V(t, t+t_0)} = \frac{\vec{R(t+t_0)} - \vec{R(t)}}{t_0} \tag{7.9}$$

と定義される。平均速度 $\vec{V(t, t+t_0)}$ において、時間間隔 $t_0$ を限りなく小さくとるとき、平均速度は瞬間速度（単に速度という）になり、軌道に沿った方向、即ち運動方向を向くことが分かる。

### 7.3.3 加速度（ベクトル）

物体の速度の時間変化の割合を加速度という。時刻 $t$ のときの速度を $\overrightarrow{V(t)}$、時刻 $(t+t_0)$ の速度を $\overrightarrow{V(t+t_0)}$ と置くとき、時刻 $t$ と $(t+t_0)$ 間の平均加速度 $\overrightarrow{A(t,t+t_0)}$ は

$$\overrightarrow{A(t,t+t_0)} = \frac{\overrightarrow{V(t+t_0)} - \overrightarrow{V(t)}}{t_0} \tag{7.10}$$

と定義される。例えば、図 7.7 で示されているように、水平面内で同じ速さ (速さとは速度ベクトルの大きさ) で円運動する物体に働く瞬間加速度 (単に加速度という) は常に中心方向を向いている。したがって、等速円運動では速度と加速度の方向は常に直交している。

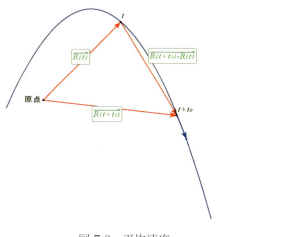
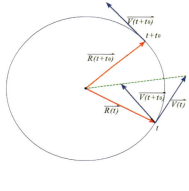

図 7.6　平均速度　　　　　図 7.7　等速円運動と加速度

### 7.3.4 力と力の釣り合い

力とは元々物を押したり、引いたり、持ち上げたりするときの手の感じ方から生まれた言葉であると思われる。これを数量的に科学的にした学問が力学である。力の学問は昔から力の釣り合い (静力学) として発達してきた。その後、運動する物体に働く力がニュートンによって築かれた。

いま、図 7.8 で示されているように、物体を左右から押す場合を考えよう。物体に働く力

第7章　ベクトル

$\vec{F}$ は、物体を左から押す力 $\vec{F_1}$ と右から押す力 $\vec{F_2}$ の合力である。

$$\vec{F} = \vec{F_1} + \vec{F_2} \tag{7.11}$$

この物体に働く力（合力）がゼロのとき、物体は静止して動かない[*2]。即ち、力の釣り合いが成り立つ。

$$\vec{F} = \vec{F_1} + \vec{F_2} = 0 \quad \text{故に、} \quad \vec{F_1} = -\vec{F_2} \tag{7.12}$$

もっと一般的に、物体に様々な力が働く場合 (図 7.9) においても、静止しているときには、力の釣り合いが成り立つ。

$$\vec{F} = \vec{F_1} + \vec{F_2} + \vec{F_3} + \vec{F_4} + \vec{F_5} = 0 \tag{7.13}$$

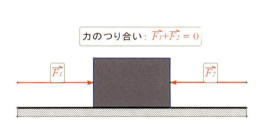

図 7.8　力のつり合い 1

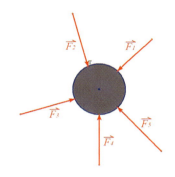

図 7.9　力のつり合い 2

### 7.3.5　抗力と摩擦力

図 7.10 のように台の上に物体が静止して置かれている場合を考える。この物体が台を押す下向きの力（重力）$\vec{F_1}$ と台が物体を押し戻す力 (抗力)$\vec{F_2}$ がつり合って物体は静止している。このとき、重力と抗力は"作用と反作用"(ニュートンの運動の第 3 法則) の関係にある。また、図 7.11 のように台の上に置かれた物体を手で引っ張る場合、引っ張る力が小さいときには物体と台の匪に生じる (静止) 摩擦力のため物体は動かないで静止している。即ち、物体を引っ張る力 $\vec{F_1}$ と摩擦力 $\vec{F_2}$ は釣り合ってる。このときも、引っ張る力と摩擦力は作用と反作用の関係にある。

---

[*2] 後で述べるように、厳密には等速直線運動の場合も成り立つ。

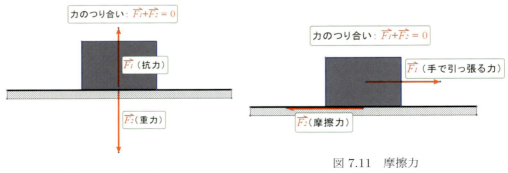

図 7.10 重力と抗力　　図 7.11 摩擦力

### 7.3.6 力と加速度

物体に力が働かない場合 (物体に働く力が釣り合っている場合)、物体は静止していると説明した。しかし、静止の状態と等速度で運動している状態は同等 (等価) である[*3]。このことから、物体に力が働かないとき、物体は静止しているか、等速度で運動している (ニュートンの運動の第 1 法則)。

さて、静止しているか或いは等速度で運動している物体に力が働き、力の釣り合いが破れるとき、物体は動き始め加速度をもつ。この加速度 $\vec{A}$ は物体に働く力 $\vec{F}$ に比例する (ニュートンの運動の第 2 法則)。

$$\vec{A} = \frac{1}{m}\vec{F} \quad \text{または、} \vec{F} = m\vec{A} \tag{7.14}$$

この $m$ を (慣性) 質量という。力は質量 (単位は [kg]) と加速度 (単位は [m/s$^2$]) の積なので、力の単位は [kg·m/s$^2$] あるいは [N] と表される。[N] はニュートンという。

### 7.3.7 問題

(1): 図 7.12 で示されているように、流れの速さ（流速）が $V$[m/s] の河を速さ $v$[m/s] のボートで対岸に最短距離、即ち、流れの方向に対して常に直角に進むように渡りたい。ボートをどの方向に向ければよいか。ただし、$v > V$ とする。

(2): 図 7.13 で示されているように、勾配 ($\angle \theta$) の滑らかな板の上に物体が乗せられ手で支えられ静止している。物体に働く重力を $\vec{F}$ として、斜面が物体を押す

---

[*3] 一定の速さで走っている電車の中での状況を考えると理解できるだろう。

力 (抗力)$\vec{F_1}$ と手で支える力 $\vec{F_2}$ の大きさを求めよ。

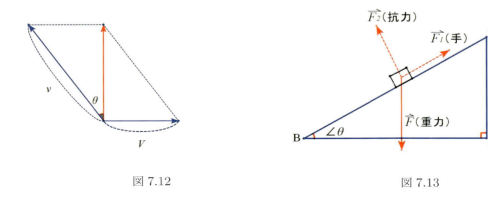

図 7.12　　　　　　　　　　　　　　図 7.13

## 7.4　ベクトルの内積（スカラー積）

　ベクトルの掛け算には、内積と外積の 2 種類がある。はじめに、内積について説明する。図 7.14 で示されているように、ベクトル $\vec{a}$ と $\vec{b}$ の内積は次のように定義される。

$$\vec{a} \cdot \vec{b} = |\vec{a}||\vec{b}|\cos\theta \tag{7.15}$$

一般に内積は記号 "·" で表す。ここで、$|\vec{a}|$, $|\vec{b}|$ はそれぞれベクトル $\vec{a}$, $\vec{b}$ の大きさで、$\theta$ はその二つのベクトルのなす角である。内積の定義式からわかるように、その値は大きさのみ (スカラー量という) となる。
内積には次のような性質がある。

- 二つのベクトル $\vec{a}$ と $\vec{b}$ を入れ替えても内積の値は等しい。
$$\vec{a} \cdot \vec{b} = \vec{b} \cdot \vec{a} \tag{7.16}$$

- 二つのベクトル $\vec{a}$ と $\vec{b}$ が平行 ($\theta = 0$) であるとき、
$$\vec{a} \parallel \vec{b} \text{ とき、} \qquad \vec{a} \cdot \vec{b} = |\vec{a}||\vec{b}| \tag{7.17}$$

　したがって、
$$\vec{a} \cdot \vec{a} = |\vec{a}|^2 \tag{7.18}$$

- 二つのベクトル $\vec{a}$ と $\vec{b}$ が反平行 ($\theta = \pi$) であるとき、
$$\vec{a} \cdot \vec{b} = -|\vec{a}||\vec{b}| \tag{7.19}$$

- 二つのベクトル $\vec{a}$ と $\vec{b}$ が直交 ($\theta = \pi/2$) するとき、内積はゼロである。

$$\vec{a} \perp \vec{b} \text{ とき、} \qquad \vec{a} \cdot \vec{b} = 0 \tag{7.20}$$

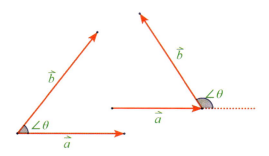

図 7.14　ベクトルの内積

### 7.4.1　仕事

いま、図 7.15 で示されているように、手で物体を力 $\vec{F}$ で引っ張たところ物体は変位 $\overrightarrow{\Delta x}$ だけ動いた[*4]。このとき、手がした仕事の量：$W$ は力 $\vec{F}$ と変位 $\overrightarrow{\Delta x}$ の内積で定義される。

$$W = \vec{F} \cdot \overrightarrow{\Delta x} = |\vec{F}||\overrightarrow{\Delta x}| \cos\theta \tag{7.21}$$

仕事はエネルギーそのものである。仕事（エネルギー）は力と変位の内積で与えられるので、その単位は $[\text{kg}\cdot\text{m}^2/\text{s}^2] = [\text{N}\cdot\text{m}] = [\text{J}]$ と表される。[J] をジュール（Joule）という。

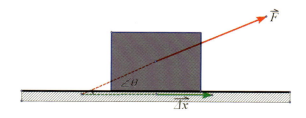

図 7.15　仕事

---

[*4] $\Delta x$ は $\Delta$ と $x$ の積ではなく、一つの文字として定義されている。一般に、$\Delta x$ は微小な量として用いられる。因みに、$\Delta$ は大文字のギリシャ文字でデルタ (delta) と呼ぶ。

例えば、1kg の重さの物体に働く重力 ($\vec{-F}$) の大きさは 9.8N で下向きなので、これを 2m の高さまで持ち上げる場合、持ち上げる力 (重力と逆方向の力 $\vec{F}$) がする仕事、即ち手がする仕事 $W$ は $W$ =9.8N × 2m=19.6J となる。

## 7.4.2 問題

(1)： 平行でない二つのベクトル $\vec{A}, \vec{B}$ がある。$(\vec{A} + \vec{B})$ と $(\vec{A} - \vec{B})$ が直交するための条件はなにか。

(2)： 図 7.16 で示されているように、ベクトル $\vec{a}, \vec{b}, \vec{c}$ から作られる三角形において、余弦定理：

$$|\vec{c}|^2 = |\vec{a}|^2 + |\vec{b}|^2 - 2|\vec{a}||\vec{b}|\cos\theta \tag{7.22}$$

が成り立つ (§ 5.3.2 参照)。ベクトルの内積の定義から余弦定理を示せ。このことから、内積の定義は余弦定理と矛盾しないように定義されていることが分かる。

(3)： 図 7.17 で示されているように、傾き角 $\theta$ の滑らかな斜面の上に物体が乗せられている。この物体を B 点から A 点まで斜面に沿って引き上げるときの仕事を $W_1$ とする。一方、同じ物体を C 点から垂直に A 点まで引き上げる仕事を $W_2$ とする。$W_1 = W_2$ となることを示せ。

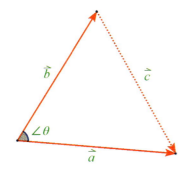

図 7.16 余弦定理とベクトル

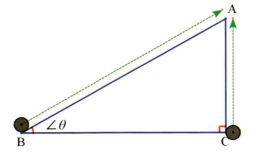

図 7.17 斜面上の仕事

## 7.5 ベクトルの外積（ベクトル積）

ベクトルのもう一つの積は外積と呼ばれるもので、方向と大きさを持っている。ベクトル $\vec{a}$ と $\vec{b}$ の外積は次のように定義される。（図 7.18 参照）

$$\vec{a} \times \vec{b} = \vec{c} = \begin{cases} \text{方向は、右ねじの方向} \\ \text{大きさは、} |\vec{c}| = |\vec{a}||\vec{b}|\sin\theta \end{cases} \tag{7.23}$$

ここで、"×"の記号は外積を表している（内積の"・"の記号と区別する）。外積：$\vec{a} \times \vec{b} = \vec{c}$ の方向は、$\vec{a}$ から $\vec{b}$ の方向に右ねじを回したときねじが進む方向で定義し、その大きさは $\vec{a}$ と $\vec{b}$ で作られる平行四辺形の面積で定義する。したがって、$\vec{c}$ の方向は、$\vec{a}$ と $\vec{b}$ を含む平面に垂直である。外積には次のような性質がある。

- 二つのベクトル $\vec{a}$ と $\vec{b}$ を入れ替えて外積すると、方向は互いに逆方向となる。

$$\vec{b} \times \vec{a} = -\vec{a} \times \vec{b} \tag{7.24}$$

- 二つのベクトル $\vec{a}$ と $\vec{b}$ が平行或いは反平行であるとき、外積はゼロベクトルである。

$$\vec{a} \parallel \vec{b} \quad \text{とき、} \quad \vec{a} \times \vec{b} = 0 \tag{7.25}$$

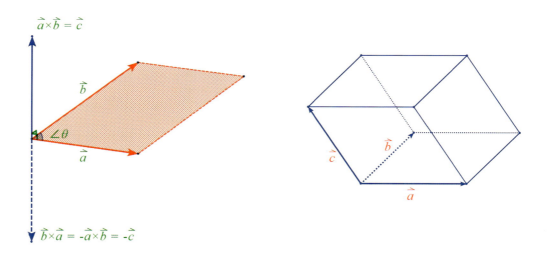

図 7.18　ベクトル外積の定義　　　　　図 7.19　平行六面体

## 7.5.1 問題

(1)：図 7.19 で図示されているように、三つのベクトル：$\vec{a}, \vec{b}, \vec{c}$ から作られる平行六面体の体積 $V$ は次式で与えられることを示せ。

$$V = |\vec{c} \cdot (\vec{a} \times \vec{b})| = |\vec{b} \cdot (\vec{c} \times \vec{a})| = |\vec{a} \cdot (\vec{b} \times \vec{c})| \tag{7.26}$$

(2)：前問において、体積 $V = 0$ のとき、三つのベクトル：$\vec{a}, \vec{b}, \vec{c}$ はどのようになっているか。

## 7.5.2 ベクトル外積と物理

力学や電磁気では、ベクトル外積は大変有効である。その代表例を挙げよう。

- 太陽の周りを回っている質量 $m$ の惑星の運動について、太陽を原点とする惑星の時刻 $t$ のときの位置を $\vec{R(t)}$、速度を $\vec{V(t)}$ と置くとき、$\vec{R(t)}$ と $m\vec{V(t)}$ の外積 $\vec{L}$ を角運動量という。

$$\vec{L} \equiv \vec{R(t)} \times m\vec{V(t)}$$

角運動量 $\vec{L}$ が、時間に依らない一定量となることが、万有引力の法則から証明される（§ 10.13.5 の問 (3) 参照）。このことから、惑星の運動は平面運動であり、惑星が太陽の周りを運動するときの面積速度：$|\vec{R(t)} \times \vec{V(t)}|/2$ が一定であることが分かる。

- もう一つの例としては電磁気学である。磁場 $\vec{B}$ 中にある、長さ $l$ の導線に電流 $\vec{I}$ を流したとき、導線に働く力 $\vec{F}$ は

$$\vec{F} = l\vec{I} \times \vec{B}$$

で与えられる[*5]。これはモーターの原理である。

---

[*5] この法則をフレミングの左手の法則という。

## 7.6 ベクトルの座標表現

### 7.6.1 単位ベクトル

図 7.20 で示されているように、$x, y, z$ 軸方向の単位ベクトル (大きさが 1 のベクトル) をそれぞれ、$\vec{i}, \vec{j}, \vec{k}$ と定義する。

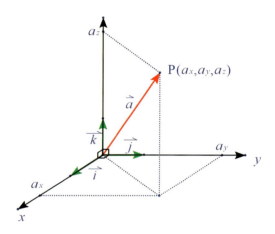

図 7.20　ベクトルの座標表現

単位ベクトルの間の内積および外積は次のようになることが分かる。

- 内積：
$$\vec{i} \cdot \vec{i} = \vec{j} \cdot \vec{j} = \vec{k} \cdot \vec{k} = 1 \tag{7.27}$$
$$\vec{i} \cdot \vec{j} = \vec{j} \cdot \vec{k} = \vec{k} \cdot \vec{i} = 0 \tag{7.28}$$

- 外積：
$$\vec{i} \times \vec{i} = \vec{j} \times \vec{j} = \vec{k} \times \vec{k} = 0 \tag{7.29}$$
$$\vec{i} \times \vec{j} = -\vec{j} \times \vec{i} = \vec{k} \tag{7.30}$$
$$\vec{j} \times \vec{k} = -\vec{k} \times \vec{j} = \vec{i} \tag{7.31}$$
$$\vec{k} \times \vec{i} = -\vec{i} \times \vec{k} = \vec{j} \tag{7.32}$$

## 7.6.2 ベクトルの座標表現

図 7.21 で示されているように、三次元空間での点 P の座標を $(a_x, a_y, a_z)$ とすると、原点から点 P へのベクトル $\vec{a}$ は単位ベクトル $\vec{i}, \vec{j}, \vec{k}$ を用いて

$$\vec{a} = a_x \vec{i} + a_y \vec{j} + a_z \vec{k} \tag{7.33}$$

と表現できる。その大きさは

$$|\vec{a}| = \sqrt{\vec{a} \cdot \vec{a}} = \sqrt{a_x^2 + a_y^2 + a_z^2} \tag{7.34}$$

となる。

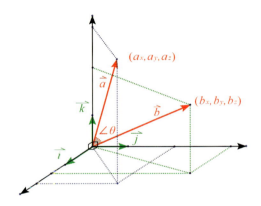

図 7.21　三次元座標上のベクトル

さらに、ベクトルの加法、減法、内積、外積は単位ベクトル $\vec{i}, \vec{j}, \vec{k}$ を用いると次のようになる。

- 加法、減法：
$$\begin{aligned}\vec{a} \pm \vec{b} &= (a_x \vec{i} + a_y \vec{j} + a_z \vec{k}) \pm (b_x \vec{i} + b_y \vec{j} + b_z \vec{k}) \\ &= (a_x \pm b_x) \vec{i} + (a_y \pm b_y) \vec{j} + (a_z \pm b_z) \vec{k}\end{aligned} \tag{7.35}$$

- 内積：
$$\begin{aligned}\vec{a} \cdot \vec{b} &= (a_x \vec{i} + a_y \vec{j} + a_z \vec{k}) \cdot (b_x \vec{i} + b_y \vec{j} + b_z \vec{k}) \\ &= a_x b_x + a_y b_y + a_z b_z\end{aligned} \tag{7.36}$$

- 外積:
$$\vec{a} \times \vec{b} = (a_x \vec{i} + a_y \vec{j} + a_z \vec{k}) \times (b_x \vec{i} + b_y \vec{j} + b_z \vec{k})$$
$$= (a_y b_z - a_z b_y)\vec{i} + (a_z b_x - a_x b_z)\vec{j} + (a_x b_y - a_y b_x)\vec{k} \tag{7.37}$$

### 7.6.3 問題

(1): ベクトル: $\vec{a}, \vec{b}, \vec{c}$ が
$$\vec{a} = 2\vec{i} + \vec{j} + 3\vec{k} \quad \vec{b} = \vec{i} + 2\vec{j} - 4\vec{k} \quad \vec{c} = 2\vec{i} - 2\vec{j} - \vec{k}$$
のとき、

  (a): $\vec{a}$ と $\vec{b}$ の内積を求めよ。また、この二つのベクトルのなす角を $\theta$ とするとき、$\cos\theta$ はいくらか。

  (b): $\vec{a}$ と $\vec{b}$ の外積を求めよ。また、この二つのベクトルで作られる平行四辺形の面積と $\sin\theta$ はいくらか。

  (c): $\vec{a}, \vec{b}, \vec{c}$ で作られる平行六面体の体積はいくらか。

(2): 図 7.22 では、2 次元座標上の単位ベクトル $\vec{a} = \cos\alpha\vec{i} - \sin\alpha\vec{j}$ と $\vec{b} = \cos\beta\vec{i} + \sin\beta\vec{j}$ が図示されている。内積及び外積の定義から次の加法定理を示せ。

$$\cos(\alpha + \beta) = \cos\alpha\cos\beta - \sin\alpha\sin\beta$$
$$\sin(\alpha + \beta) = \sin\alpha\cos\beta + \cos\alpha\sin\beta$$

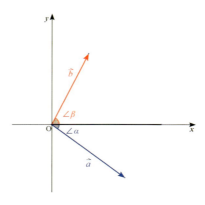

図 7.22　ベクトルと加法定理

# 第7章 ベクトル

## 7.7 ベクトル方程式：三次元空間内の平面、直線

### 7.7.1 平面の式

図 7.23 で示されている三次元空間内に点 A を定めるとき、原点 O から点 A へのベクトル $\overrightarrow{OA} \equiv \vec{a} = a_x \vec{i} + a_y \vec{j} + a_z \vec{k}$ に垂直な平面の式はどのように表されるだろうか。この平面上の任意の点を P$= (x, y, z)$ とするとき、ベクトル $\overrightarrow{OP} \equiv \vec{X} = x\vec{i} + y\vec{j} + z\vec{k}$ は次式を満たすことが分かる。

$$\vec{a} \cdot (\vec{X} - \vec{a}) = 0 \tag{7.38}$$

各成分で表すと、

$$a_x x + a_y y + a_z z = a_x^2 + a_y^2 + a_z^2 = |\vec{a}|^2 \tag{7.39}$$

となる。この式がベクトル $\vec{a}$ に垂直な平面の式である。

一般に、平面の式は次式で与えられる。

$$Ax + By + Cz = D \tag{7.40}$$

また、次の二つの平面の式は互いに平行な平面となる。

$$Ax + By + Cz = D \qquad Ax + By + Cz = D' \qquad (D \neq D')$$

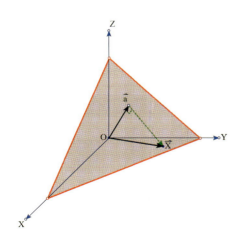

図 7.23　平面

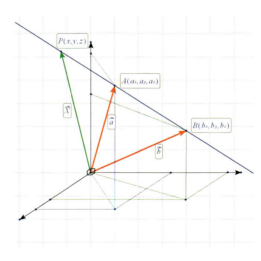

図 7.24　直線

### 7.7.2 直線の式

二つの平行でない平面は一本の交線をもつ。このことから、直線の式は二つの独立な平面の式で与えられる。ここでは、ベクトル方程式から直線の式を導く。

いま、図 7.24 の三次元空間内の点 A$= (a_x, a_y, a_z)$、点 B$= (b_x, b_y, b_z)$ を通る直線の式を考える。原点 O から点 A、点 B へのベクトルをそれぞれ $\overrightarrow{OA} \equiv \overrightarrow{a} = a_x \overrightarrow{i} + a_y \overrightarrow{j} + a_z \overrightarrow{k}$、$\overrightarrow{OB} \equiv \overrightarrow{b} = b_x \overrightarrow{i} + b_y \overrightarrow{j} + b_z \overrightarrow{k}$ と置くとき、O から直線上の任意の点 P へのベクトル $\overrightarrow{OP} \equiv \overrightarrow{X} = x \overrightarrow{i} + y \overrightarrow{j} + z \overrightarrow{k}$ は

$$\overrightarrow{X} = \overrightarrow{b} + t(\overrightarrow{a} - \overrightarrow{b}) \tag{7.41}$$

と表すことができる。ここで、$t$ は任意の定数で媒介変数と呼ばれている。このベクトル方程式を各成分で表すと、次のような二つの等式を持つ式が得られる。

$$\frac{x - b_x}{a_x - b_x} = \frac{y - b_y}{a_y - b_y} = \frac{z - b_z}{a_z - b_z} \ (= t) \tag{7.42}$$

この式が点 A$= (a_x, a_y, a_z)$、点 B$= (b_x, b_y, b_z)$ を通る直線の式を与える。等号が二つあるということは、二つの平面の式：

$$\text{平面 1}: \ \frac{x - b_x}{a_x - b_x} = \frac{y - b_y}{a_y - b_y} \qquad \text{平面 2}: \ \frac{x - b_x}{a_x - b_x} = \frac{z - b_z}{a_z - b_z} \tag{7.43}$$

の交線が直線の式を与えることを示している。

一般に、点 $(A, B, C)$ を通り、$x, y, z$ 軸方向の $t$ に対する傾きがそれぞれ、$l, m, n$ の場合の直線の式は次式で与えられる。

$$\frac{x - A}{l} = \frac{y - B}{m} = \frac{z - C}{n} \ (= t) \tag{7.44}$$

また、次の二つの直線の式は互いに平行な直線である。

$$\frac{x - A}{l} = \frac{y - B}{m} = \frac{z - C}{n} \qquad \frac{x - A'}{l} = \frac{y - B'}{m} = \frac{z - C'}{n}$$

**直線運動**

空間内の質点の運動において、時刻 $t$ のときの位置：$(x(t), y(t), z(t))$ が

$$x \equiv x(t) = v_x t + x_0 \quad y \equiv y(t) = v_y t + y_0 \quad z \equiv z(t) = v_z t + z_0 \tag{7.45}$$

で与えられているとき、質点は

$$\frac{x-x_0}{v_x} = \frac{y-y_0}{v_y} = \frac{z-z_0}{v_z} \ (=t) \tag{7.46}$$

の直線上を、初期位置 $(x_0, y_0, z_0)$ から速さ $(v_x, v_y, v_z)$ で運動する。

### 7.7.3 問題

(1)： $x+y=0$, $x=2$ および $x+y=z$ はそれぞれどのような平面か。

(2)： $2x-3y+5z=4$ の平面に垂直な単位ベクトルを求めよ。

(3)： 直線：$z=2x-3y=-3x+y$ を $(x,y)$ 平面に投影したときの式を求めよ。また、$(x,z)$ 平面に投影したときの式を求めよ。

(4)： 二つの直線：$x=y=z$ と $x=2y=-3z$ を含む平面の式を求めよ。

(5)： ベクトル $\vec{a} = \vec{i} + 2\vec{j} + \vec{k}$, $\vec{b} = -2\vec{i} + 3\vec{j} - \vec{k}$ とするとき、

    (a)： ベクトル $\vec{a}, \vec{b}$ を含む平面の式を求めよ。

    (b)： ベクトル $\vec{a}$ $\vec{b}$ にそれぞれ垂直な二つの平面の式を求めよ。
また、この二つの平面の交線を求めよ。

(6)： 点 $A(a_x, a_y, a_z)$ を中心とする半径 $R$ の球面の式を求めよ。

(7)： $z=x^2+y^2$ および、$x^2+y^2+2z^2=1$ はどのような曲面か。

## 7.8 第7章 解答

### § 7.2.4 問題解答

(1)：図 7.4 において、ベクトル $\overrightarrow{GB}$ と $\overrightarrow{GC}$ の合成ベクトルは
$$\overrightarrow{GB} + \overrightarrow{GC} = \overrightarrow{GH} \cdots (1)$$

四辺形 GBHC は平行四辺形なので、その対角線は互いに他を二等分する。したがって、$\overrightarrow{GD} = \overrightarrow{DH} = \overrightarrow{GA}/2$ なので、$\overrightarrow{GH} = -\overrightarrow{GA} \cdots (2)$
(1), (2) 式から $\overrightarrow{GA} + \overrightarrow{GB} + \overrightarrow{GC} = 0 \cdots (3)$ が成り立つ。

(2)：図 7.4 において、
$$\overrightarrow{GB} = \overrightarrow{GA} + \overrightarrow{AB} \ldots (4) \qquad \overrightarrow{GC} = \overrightarrow{GA} + \overrightarrow{AC} \ldots (5)$$

(4)、(5) 式を (3) 式に代入すると、$\overrightarrow{AB} + \overrightarrow{AC} = 3\overrightarrow{AG}$ が成り立つ。したがって、ベクトル $\overrightarrow{AB}$ と $\overrightarrow{AC}$ から作られる平行四辺形の対角線の 3 分の 1 のところが重心である。

(3)：図 7.5 において、重心を G と置くと、$\overrightarrow{GA} + \overrightarrow{GB} + \overrightarrow{GC} = 0$ から
$$(\overrightarrow{OA} - \overrightarrow{OG}) + (\overrightarrow{OB} - \overrightarrow{OG}) + (\overrightarrow{OC} - \overrightarrow{OG}) = 0$$

したがって、原点 O から重心 G へのベクトル: $\overrightarrow{OG}$ は次式で与えられる。
$$\overrightarrow{OA} + \overrightarrow{OB} + \overrightarrow{OC} = 3\overrightarrow{OG}$$

### § 7.3.7 問題解答

(1)：ボートの進む方向 $\vec{v}$ と流れの方向 $\vec{V}$ のベクトルの合成：$\vec{v} + \vec{V}$ が流れの方向に直角になるためには、$\sin\theta = V/v$ となる方向にボートを向ければよい。

(2)：釣り合いの条件から、$\vec{F} = \vec{F_1} + \vec{F_2}$ が成り立つ。したがって、抗力の大きさ：$|\vec{F_1}| = |\vec{F}|\cos\theta$。手で引き上げる力の大きさ：$|\vec{F_2}| = |\vec{F}|\sin\theta$。

### § 7.4.2 問題解答

(1)：$(\vec{A} + \vec{B})$ と $(\vec{A} - \vec{B})$ が直交するので、
$$(\vec{A} + \vec{B}) \cdot (\vec{A} + \vec{B}) = |\vec{A}|^2 - |\vec{B}|^2 = 0$$

したがって、$|\vec{A}| = |\vec{B}|$ のとき、直交する。

第7章　ベクトル

(2)：$\vec{a} - \vec{b} = \vec{c}$ から、

$$(\vec{a} - \vec{b}) \cdot (\vec{a} - \vec{b}) = |\vec{a}|^2 + |\vec{b}|^2 - 2|\vec{a}||\vec{b}|\cos\theta = |\vec{c}|^2$$

(3)：前問の§ 7.3.7 の問 (2) から、手で引き上げる力の大きさ：$|\vec{F_2}| = |\vec{F}|\sin\theta$、$|\vec{BA}|\sin\theta = |\vec{CA}|$ となる。したがって、

$$W_1 = |\vec{F_2}||\vec{BA}| = |\vec{F}|\sin\theta \frac{|\vec{CA}|}{\sin\theta} = |\vec{F}||\vec{CA}| = W_2$$

§ 7.5.1 問題解答

(1)：底辺の二つのベクトルを $\vec{a}$, $\vec{b}$ とし、底面に垂直な方向と $\vec{c}$ のなす角度を $\theta$ と置くと、

$$|\vec{c} \cdot (\vec{a} \times \vec{b})| = |\vec{c}||\vec{a} \times \vec{b}|\cos\theta = 高さ \times 底面積 = 平行六面体の体積：V$$

(2)：平行六面体の体積：$V$ がゼロということは、ベクトル $\vec{a}$, $\vec{b}$, $\vec{c}$ は同じ平面上になければならない。

§ 7.6.3 問題解答

(1)：$|\vec{a}| = \sqrt{14}$, $|\vec{b}| = \sqrt{21}$ より、

(a)：$\vec{a} \cdot \vec{b} = -8$。したがって、

$$\cos\theta = \frac{\vec{a} \cdot \vec{b}}{|\vec{a}||\vec{b}|} = \frac{-8}{\sqrt{14}\sqrt{21}} = 0.467$$

(b)：$\vec{a} \times \vec{b} = 2\vec{i} - 5\vec{j} + 5\vec{k}$。また、$|\vec{a} \times \vec{b}| = \sqrt{54}$。したがって、

$$\sin\theta = \frac{\vec{a} \times \vec{b}}{|\vec{a}||\vec{b}|} = \frac{\sqrt{54}}{\sqrt{14}\sqrt{21}} = \frac{3}{7}$$

(c)：$|\vec{c} \cdot (\vec{a} \times \vec{b})| = (2\vec{i} - \vec{j} - \vec{k}) \cdot (2\vec{i} - 5\vec{j} + 5\vec{k}) = 9$

(2)：$|\vec{a}| = |\vec{b}| = 1$ から、

$$\vec{a} \cdot \vec{b} = \cos(\alpha + \beta) = (\cos\alpha\cos\beta - \sin\alpha\sin\beta)$$
$$|\vec{a} \times \vec{b}| = \sin(\alpha + \beta) = |\vec{i} \times \vec{j}\cos\alpha\sin\beta - \vec{j} \times \vec{i}\sin\alpha\cos\beta|$$
$$= |\vec{k}\cos\alpha\sin\beta + \vec{k}\sin\alpha\cos\beta| = (\cos\alpha\sin\beta + \sin\alpha\cos\beta)$$

## § 7.7.3 問題解答

(1)：
- $x+y=0$ $(x,y)$ 平面で直線 $y=-x$ と、$z$ 軸を含む平面。
- $x=2$ 点 $(2,0,0)$ を通り、$(y,z)$ 平面に平行な平面。
- $x=2$ $(x,y)$ 平面で直線 $y=-x$ と、$(x,z)$ 平面で直線を含む平面。

(2)：(7.39) 式と $2x-3y+5z=4$ において、

$$\frac{a_x}{|a|^2}x + \frac{a_y}{|a|^2}y + \frac{a_z}{|a|^2}z = 1 \quad \text{と、} \frac{2}{4}x - \frac{3}{4}y + \frac{5}{4}z = 1$$

対応させると次式が得られる。

$$\frac{a_x}{|a|^2} = \frac{2}{4} \quad \frac{a_y}{|a|^2} = \frac{-3}{4} \quad \frac{a_z}{|a|^2} = \frac{5}{4}$$

ここで、$a_x^2 + a_y^2 + a_z^2 = |a|^2$ である。これらの関係式から、$|a| = \sqrt{8/19}$ となる。したがって垂直な単位ベクトルは、次のようになる。

$$\frac{a_x}{|a|}\vec{i} + \frac{a_y}{|a|}\vec{j} + \frac{a_z}{|a|}\vec{k} = \sqrt{\frac{8}{19}}\left(\frac{2}{4}\vec{i} + \frac{-3}{4}\vec{j} + \frac{5}{4}\vec{k}\right)$$

(3)：
- $(x,y)$ 平面への投影は $2x-3y=-3x+y$ で $y=5x/4$ の直線。
- $y=2x/3-z/3=3x+z$ と変換すると、$(x,z)$ 平面への投影は $2x/3-z/3=3x+z$ で $z=7x/4$ の直線。

(4)：これらの直線の式は原点を通るので、平面の式は $ax+by+cz=0$ となることが分かる。$x=y=z$ を代入すると、$(a+b+c)x=0$。したがって、$a+b+c=0$ が成り立つ。同様に、$x=2y=-3z$ を代入すると、$a+b/2-c/3=0$。この二つの式から、$b=-8a/5$, $c=3a/5$ が得られる。したがって、平面の式は $x-8y/5+3z/5=0$。

(5)：

(a)：原点 O から平面上の点 $P(x,y,z)$ へのベクトルは $\vec{a}$ と $\vec{b}$ の重ね合わせで表されるので、$\overrightarrow{OP}=x\vec{i}+y\vec{j}+z\vec{k}=\alpha\vec{a}+\beta\vec{b}$ から、

$$x = \alpha - 2\beta \qquad y = 2\alpha + 3\beta \qquad z = \alpha - \beta$$

したがって、平面の式は、$y=7z-5x$ となる。

(b)：$\vec{a}$ に垂直な平面の式は、$\vec{a} \cdot (\vec{X} - \vec{a}) = 0$ より、$x + 2y + z = 6 \cdots (1)$。
$\vec{b}$ に垂直な平面の式は、$\vec{b} \cdot (\vec{X} - \vec{b}) = 0$ より、$-2x + 3y - z = 14 \cdots (2)$。
平面の式 (1), (2) 式の交線は、$z = -x - 2y + 6 = -2x + 3y - 14$ の直線。

(6)：$|\vec{X} - \vec{A}|^2 = R^2$ から、$(x - a_x)^2 + (y - a_y)^2 + (z - a_z)^2 = R^2$ が球面の式である。

(7)：$z = x^2 + y^2$ の曲面：$(x, y)$ 平面では円で、$(x, z)$ 平面、$(y, z)$ 平面では放物線となる壺形。
$x^2 + y^2 + 2z^2 = 1$ の曲面：$(x, y)$ 平面では円で、$(x, z)$ 平面、$(y, z)$ 平面では楕円となるフットボール形。

# 第8章

# 行列と行列式

## 8.1 行列の定義

　一般に、文字あるいは数値を縦横に並べて括弧で閉じたものを行列といい、横の並びを行、縦の並びを列という。行列内の文字あるいは数値を要素あるいは成分と呼ぶ。

$$\begin{pmatrix} a & b & c \end{pmatrix} \quad \begin{pmatrix} 3 \\ -1 \\ 5 \end{pmatrix} \quad \begin{pmatrix} 6 & 8 & -5 \\ -2 & 3 & 4 \end{pmatrix} \quad \begin{pmatrix} x & y & z \\ a & b & c \\ d & e & f \end{pmatrix}$$

一般に、$m$ 行と $n$ 列からなる行列を $m \times n$ 行列といい、第 $i$ 行目、第 $j$ 列目の要素を $(i, j)$ 要素と呼ぶ。特に、行と列が等しい $m \times m$ 行列を正方行列という。例えば、上式は左から $1 \times 3$ 行列、$3 \times 1$ 行列、$2 \times 3$ 行列、$3 \times 3$ の正方行列である。

いま、ある $m \times n$ 行列を $\boldsymbol{A}$ と定義する。

$$\boldsymbol{A} = \begin{pmatrix} A_{1,1} & A_{1,2} & \cdots & A_{1,j} & \cdots & A_{1,n} \\ A_{2,1} & A_{2,2} & \cdots & A_{2,j} & \cdots & A_{2,n} \\ \vdots & \vdots & \vdots & \vdots & & \vdots \\ A_{i,1} & A_{i,2} & \cdots & A_{i,j} & \cdots & A_{i,n} \\ \vdots & \vdots & \vdots & \vdots & & \vdots \\ A_{m,1} & A_{m,2} & \cdots & A_{m,j} & \cdots & A_{m,n} \end{pmatrix} \tag{8.1}$$

ここで、$A_{i,j}$ は行列 $\boldsymbol{A}$ の第 $i$ 行目、第 $j$ 列目の $(i, j)$ 要素を表している。行列：$\boldsymbol{A}$ と $\boldsymbol{B}$ が等しい：$\boldsymbol{A} = \boldsymbol{B}$ のときは、行列の型だけでなく、二つの行列の各々の要素も等しい：$A_{i,j} = B_{i,j}$ ことを意味する。

# 第 8 章　行列と行列式

## 8.1.1　対角行列と単位行列

正方行列で、対角要素（行列 $A$ では $A_{j,j}$）がゼロでなく、それ以外の要素がゼロとなる行列を対角行列という。対角行列の中で対角要素すべて 1 の行列を単位行列いい、$E$ と書く。

$$E = \begin{pmatrix} 1 & 0 & \cdots & 0 & \cdots & 0 \\ 0 & 1 & \cdots & 0 & \cdots & 0 \\ \vdots & \vdots & \vdots & \vdots & & \vdots \\ 0 & 0 & \cdots & 1 & \cdots & 0 \\ \vdots & \vdots & \vdots & \vdots & & \vdots \\ 0 & 0 & \cdots & 0 & \cdots & 1 \end{pmatrix} \tag{8.2}$$

## 8.1.2　転置行列

行列 $A$ の行と列を入れ替えた行列を、転置行列といい、$A^t$ と表す。行列 $A$ が (8.1) 式で定義された $m \times n$ 行列のとき、その転置行列：$A^t$ は $n \times m$ 行列となる。

$$A^t = \begin{pmatrix} A_{1,1} & A_{2,1} & \cdots & A_{i,1} & \cdots & A_{m,1} \\ A_{1,2} & A_{2,2} & \cdots & A_{i,2} & \cdots & A_{m,2} \\ \vdots & \vdots & \vdots & \vdots & & \vdots \\ A_{1,j} & A_{2,j} & \cdots & A_{i,j} & \cdots & A_{m,j} \\ \vdots & \vdots & \vdots & \vdots & & \vdots \\ A_{1,n} & A_{2,n} & \cdots & A_{i,n} & \cdots & A_{m,n} \end{pmatrix} \tag{8.3}$$

例えば、

$$\begin{pmatrix} a & b & c \end{pmatrix} \text{ の転置行列は } \begin{pmatrix} a \\ b \\ c \end{pmatrix}$$

$$\begin{pmatrix} 6 & 8 & -5 \\ -2 & 3 & 4 \end{pmatrix} \text{ の転置行列は } \begin{pmatrix} 6 & -2 \\ 8 & 3 \\ -5 & 4 \end{pmatrix}$$

## 8.2　行列の足し算と引き算

行列の足し算と引き算は同じ型の行列の間でのみ可能である。例えば、

$$\begin{pmatrix} a \\ b \\ c \end{pmatrix} \pm \begin{pmatrix} d \\ e \\ f \end{pmatrix} = \begin{pmatrix} a \pm d \\ b \pm e \\ c \pm f \end{pmatrix}$$

$$\begin{pmatrix} a & b \\ c & d \end{pmatrix} \pm \begin{pmatrix} e & f \\ g & h \end{pmatrix} = \begin{pmatrix} a \pm e & b \pm f \\ c \pm g & d \pm h \end{pmatrix}$$

$$\begin{pmatrix} a_{1,1} & a_{1,2} & a_{1,3} \\ a_{2,1} & a_{2,2} & a_{2,3} \\ a_{3,1} & a_{3,2} & a_{3,3} \end{pmatrix} \pm \begin{pmatrix} b_{1,1} & b_{1,2} & b_{1,3} \\ b_{2,1} & b_{2,2} & b_{2,3} \\ b_{3,1} & b_{3,2} & b_{3,3} \end{pmatrix} = \begin{pmatrix} a_{1,1} \pm b_{1,1} & a_{1,2} \pm b_{1,2} & a_{1,3} \pm b_{1,3} \\ a_{2,1} \pm b_{2,1} & a_{2,2} \pm b_{2,2} & a_{2,3} \pm b_{2,3} \\ a_{3,1} \pm b_{3,1} & a_{3,2} \pm b_{3,2} & a_{3,3} \pm b_{3,3} \end{pmatrix}$$

行列 $\boldsymbol{A}$ と $\boldsymbol{B}$ がどちらも $m \times n$ 行列のある場合、行列の足し算と引き算が定義され、

$$\boldsymbol{A} \pm \boldsymbol{B} = \boldsymbol{C} \text{ のとき、各成分の間に、} \quad A_{i,j} \pm B_{i,j} = C_{i,j} \tag{8.4}$$

が成り立つ。

また、行列を $t$ 倍すると、要素も $t$ 倍になる。

$$t \begin{pmatrix} a & b & c \\ d & e & f \\ g & h & i \end{pmatrix} = \begin{pmatrix} ta & tb & tc \\ td & te & tf \\ tg & th & ti \end{pmatrix} \tag{8.5}$$

となる。

## 8.3 行列の掛け算

$m \times n$ 行列 $\boldsymbol{A}$ と $p \times q$ 行列 $\boldsymbol{B}$ の積 $\boldsymbol{AB}$ は、行列 $\boldsymbol{A}$ の列の数と行列 $\boldsymbol{B}$ の行の数が等しい：$n = p$ 場合でのみ定義されている。したがって、$2 \times 2$ 行列と $3 \times 3$ 行列の積は定義できない。$m \times n$ 行列 $\boldsymbol{A}$ と $n \times q$ 行列 $\boldsymbol{B}$ の積の行列 $\boldsymbol{AB} = \boldsymbol{C}$ は $m \times q$ 行列となり、その要素 $C_{i,j}$ は行列 $\boldsymbol{A}$ の $i$ 行の要素：$(A_{i,1}, A_{i,2}, A_{i,3}, \cdots, A_{i,n})$ と行列 $\boldsymbol{B}$ の $j$ 列の要素：$(B_{1,j}, B_{2,j}, B_{3,j}, \cdots, B_{n,j})$ の積で与えられる[*1]。

$$C_{i,j} = A_{i,1}B_{1,j} + A_{i,2}B_{2,j} + A_{i,3}B_{3,j} + \cdots + A_{i,n}B_{n,j} \equiv \sum_{k=1}^{n} A_{i,k}B_{k,j}$$

$$\boldsymbol{AB} = \boldsymbol{C} \text{ のとき、} \quad \sum_{k=1}^{n} A_{i,k}B_{k,j} = C_{i,j} \tag{8.6}$$

**例1** $1 \times 3$ 行列と $3 \times 1$ 行列の積は $1 \times 1$ 行列、すなわち、スカラー量（値のみ）となる。

$$\begin{pmatrix} a & b & c \end{pmatrix} \begin{pmatrix} x \\ y \\ z \end{pmatrix} = ax + by + cz$$

$\vec{A} = (a, b, c)$、$\vec{X} = (x, y, z)$ とすると、上式は内積：$\vec{A} \cdot \vec{B}$ である。

---

[*1] $\sum_{k=1}^{n}$ は和の記号を表す。

第8章　行列と行列式

例2　　$3 \times 1$ 行列と $1 \times 3$ 行列との積は $3 \times 3$ 行列となる。

$$\begin{pmatrix} a \\ b \\ c \end{pmatrix} \begin{pmatrix} x & y & z \end{pmatrix} = \begin{pmatrix} ax & ay & az \\ bx & by & bz \\ cx & cy & cz \end{pmatrix}$$

例3　　$2 \times 2$ 行列：$\boldsymbol{A}$（要素を $a_{i,j}$）と $\boldsymbol{B}$（要素を $b_{i,j}$）の積を $\boldsymbol{C}$（要素を $c_{i,j}$）とするとき、

$$\begin{pmatrix} a_{1,1} & a_{1,2} \\ a_{2,1} & a_{2,2} \end{pmatrix} \begin{pmatrix} b_{1,1} & b_{1,2} \\ b_{2,1} & b_{2,2} \end{pmatrix} = \begin{pmatrix} c_{1,1} & c_{1,2} \\ c_{2,1} & c_{2,2} \end{pmatrix}$$

$$c_{1,1} = a_{1,1}b_{1,1} + a_{1,2}b_{2,1} = \sum_{k=1}^{2} a_{1,k}b_{k,1} \quad c_{1,2} = a_{1,1}b_{1,2} + a_{1,2}b_{2,2} = \sum_{k=1}^{2} a_{1,k}b_{k,2}$$

$$c_{2,1} = a_{2,1}b_{1,1} + a_{2,2}b_{2,1} = \sum_{k=1}^{2} a_{2,k}b_{k,1} \quad c_{2,2} = a_{2,1}b_{1,2} + a_{2,2}b_{2,2} = \sum_{k=1}^{2} a_{2,k}b_{k,2}$$

例4　　$3 \times 3$ 行列：$\boldsymbol{A}$（要素を $a_{i,j}$）と $\boldsymbol{B}$（要素を $b_{i,j}$）の積 $\boldsymbol{C}$ は

$$\begin{pmatrix} a_{1,1} & a_{1,2} & a_{1,3} \\ a_{2,1} & a_{2,2} & a_{2,3} \\ a_{3,1} & a_{3,2} & a_{3,3} \end{pmatrix} \begin{pmatrix} b_{1,1} & b_{1,2} & b_{1,3} \\ b_{2,1} & b_{2,2} & b_{2,3} \\ b_{3,1} & b_{3,2} & b_{3,3} \end{pmatrix} = \begin{pmatrix} c_{1,1} & c_{1,2} & c_{1,3} \\ c_{2,1} & c_{2,2} & c_{2,3} \\ c_{3,1} & c_{3,2} & c_{3,3} \end{pmatrix}$$

$$c_{1,1} = \sum_{k=1}^{3} a_{1,k}b_{k,1} \quad c_{1,2} = \sum_{k=1}^{3} a_{1,k}b_{k,2} \quad c_{1,3} = \sum_{k=1}^{3} a_{1,k}b_{k,3}$$

$$c_{2,1} = \sum_{k=1}^{3} a_{2,k}b_{k,1} \quad c_{2,2} = \sum_{k=1}^{3} a_{2,k}b_{k,2} \quad c_{2,3} = \sum_{k=1}^{3} a_{2,k}b_{k,3}$$

$$c_{3,1} = \sum_{k=1}^{3} a_{3,k}b_{k,1} \quad c_{3,2} = \sum_{k=1}^{3} a_{3,k}b_{k,2} \quad c_{3,3} = \sum_{k=1}^{3} a_{3,k}b_{k,3}$$

### 8.3.1　行列の掛け算の法則

　行列の乗法（掛け算）では、数値の掛け算のような交換の法則は一般に成り立たない。$\boldsymbol{AB} \neq \boldsymbol{BA}$ である。もし、$\boldsymbol{AB} = \boldsymbol{BA}$ のとき、可換（交換可能）であるという。行列の掛け算において、一般に成り立つ法則は

結合法則：
$$\boldsymbol{A}(\boldsymbol{BC}) = (\boldsymbol{AB})\boldsymbol{C} \tag{8.7}$$

分配法則１：
$$A(B \pm C) = AB \pm AC \tag{8.8}$$

分配法則２：
$$(A \pm B)C = AC \pm BC \tag{8.9}$$

### 8.3.2　問題

行列：$A$、$B$、$C$ が

$$A = \begin{pmatrix} 2 & 4 & 5 \\ -3 & 6 & 1 \\ 2 & -8 & 5 \end{pmatrix} \quad B = \begin{pmatrix} -2 & 6 & 1 \\ 3 & -7 & 3 \\ 4 & -9 & 1 \end{pmatrix} \quad C = \begin{pmatrix} 8 \\ -3 \\ -5 \end{pmatrix} \quad \text{のとき、}$$

(1)：　行列の和と差：$A \pm B$ を計算せよ。
(2)：　行列の積：$AC$ と $BC$ を計算せよ。
(3)：　行列の積：$C^t C$ と $CC^t$ を計算せよ。
(4)：　行列の積：$AB$ と $BA$ を計算せよ。
(5)：　$AD = E$ を満足する行列 $D$ を求めよ。ただし $E$ は単位行列である。

## 8.4　逆行列と行列式

いま、行列：$A$ と $B$ において、$AB = E$（$E$ は単位行列）が成り立つとき、$A$ と $B$ が互いに逆行列の関係にあるといい、

$$AB = E \implies B = A^{-1} \quad \text{または、} \quad A = B^{-1} \tag{8.10}$$

と表す[*2]。行列の積：$AB$ の逆行列は、各々の逆行列の逆順での積となる。

$$(AB)^{-1} = B^{-1}A^{-1} \tag{8.11}$$

なぜなら、
$$(AB)(AB)^{-1} = ABB^{-1}A^{-1} = AA^{-1} = E$$

---

[*2] 行列の指数：$-1$ は逆数の意味ではない。

# 第8章 行列と行列式

## 8.4.1 2行2列の逆行列

いま、2行2列の行列 $\boldsymbol{A}$ が

$$\boldsymbol{A} = \begin{pmatrix} a_{1,1} & a_{1,2} \\ a_{2,1} & a_{2,2} \end{pmatrix} \tag{8.12}$$

のとき、$\boldsymbol{A}$ の逆行列:$\boldsymbol{A^{-1}}$ は次式で与えられる。

$$\boldsymbol{A^{-1}} = \frac{1}{|\boldsymbol{A}|} \begin{pmatrix} a_{2,2} & -a_{1,2} \\ -a_{2,1} & a_{1,1} \end{pmatrix} \tag{8.13}$$

ここで、$|\boldsymbol{A}|$ を行列式という。その値は

$$|\boldsymbol{A}| = a_{1,1}a_{2,2} - a_{1,2}a_{2,1} \equiv \det \begin{vmatrix} a_{1,1} & a_{1,2} \\ a_{2,1} & a_{2,2} \end{vmatrix} \tag{8.14}$$

で与えられる。ここで、$\det |\cdots|$ は行列式を意味する。したがって、(8.13) 式から明らかなように、行列式 $|\boldsymbol{A}| = 0$ のとき、その逆行列 $\boldsymbol{A^{-1}}$ は存在しない。

## 8.4.2 問題

(1): (8.13) 式を確かめよ。

(2): 平面内の二つのベクトル:$\vec{A} = a_x \vec{i} + a_y \vec{j}, \vec{B} = b_x \vec{i} + b_y \vec{j}$ から作られる平行四辺形の面積:$|\vec{A} \times \vec{B}|$ は次の行列式で与えられることを示せ。

$$|\vec{A} \times \vec{B}| = \det \begin{vmatrix} a_x & a_y \\ b_x & b_y \end{vmatrix} \tag{8.15}$$

## 8.4.3 3行3列の逆行列

次に、3次行列の逆行列を求めよう。いま、3行3列の行列 $\boldsymbol{A}$ が

$$\boldsymbol{A} = \begin{pmatrix} a_{1,1} & a_{1,2} & a_{1,3} \\ a_{2,1} & a_{2,2} & a_{2,3} \\ a_{3,1} & a_{3,2} & a_{3,3} \end{pmatrix} \tag{8.16}$$

で与えられているとき、その逆行列:$\boldsymbol{A^{-1}}$ を

$$\boldsymbol{A^{-1}} \equiv \boldsymbol{B} = \begin{pmatrix} b_{1,1} & b_{1,2} & b_{1,3} \\ b_{2,1} & b_{2,2} & b_{2,3} \\ b_{3,1} & b_{3,2} & b_{3,3} \end{pmatrix} \tag{8.17}$$

と置くとき、逆行列 $\boldsymbol{B}$ の要素：$b_{i,j}$ は次式で与えられる。

$$b_{i,j} = \frac{(-1)^{i+j}|\boldsymbol{A}_{j,i}|}{|\boldsymbol{A}|} \tag{8.18}$$

ここで、$|\boldsymbol{A}_{j,i}|$ は、行列 $\boldsymbol{A}$ において $j$ 行と $i$ 列を取り除いた 2 行 2 列の行列の行列式である。$(-1)^{i+j}|\boldsymbol{A}_{j,i}|$ を行列 $\boldsymbol{A}$ の余因数という。例えば、

$$|\boldsymbol{A_{2,1}}| = \det \begin{vmatrix} a_{1,2} & a_{1,3} \\ a_{3,2} & a_{3,3} \end{vmatrix} = a_{1,2}a_{3,3} - a_{1,3}a_{3,2}$$

$$|\boldsymbol{A_{3,2}}| = \det \begin{vmatrix} a_{1,1} & a_{1,3} \\ a_{2,1} & a_{2,3} \end{vmatrix} = a_{1,1}a_{2,3} - a_{1,3}a_{2,1}$$

$|\boldsymbol{A}|$ は 3 次の行列式で次式で与えられる。

$$|\boldsymbol{A}| = a_{1,1}a_{2,2}a_{3,3} + a_{1,2}a_{2,3}a_{3,1} + a_{2,1}a_{3,2}a_{1,3} \tag{8.19}$$
$$- a_{1,3}a_{2,2}a_{3,1} - a_{1,2}a_{2,1}a_{3,3} - a_{2,3}a_{3,2}a_{1,1}$$

$$= \det \begin{vmatrix} a_{1,1} & a_{1,2} & a_{1,3} \\ a_{2,1} & a_{2,2} & a_{2,3} \\ a_{3,1} & a_{3,2} & a_{3,3} \end{vmatrix} \tag{8.20}$$

### 8.4.4　問題

(1)：　次の行列：$\boldsymbol{A}$, $\boldsymbol{B}$ の行列式及び、逆行列を求めよ。

$$\boldsymbol{A} = \begin{pmatrix} 3 & -6 & 7 \\ 2 & 5 & 4 \\ 2 & -1 & 2 \end{pmatrix} \quad \boldsymbol{B} = \begin{pmatrix} 2 & -1 & 5 \\ 3 & 2 & 3 \\ 5 & 7 & 3 \end{pmatrix}$$

(2)：　空間内の三つのベクトル：$\vec{A} = a_x\vec{i} + a_y\vec{j} + a_z\vec{k}$, $\vec{B} = b_x\vec{i} + b_y\vec{j} + b_z\vec{k}$ 及び $\vec{C} = c_x\vec{i} + c_y\vec{j} + c_z\vec{k}$ から作られる平行六面体の体積：$|\vec{C} \cdot (\vec{A} \times \vec{B})|$ は次の行列式で与えられることを示せ。

$$|\vec{C} \cdot (\vec{A} \times \vec{B})| = \det \begin{vmatrix} a_x & a_y & a_z \\ b_x & b_y & b_z \\ c_x & c_y & c_z \end{vmatrix} \tag{8.21}$$

(8.21) 式の行列式の値がゼロのとき、三つのベクトル：$\vec{A}$, $\vec{B}$, $\vec{C}$ はどのような関係になっているか。

## 8.5 連立方程式

行列を用いると連立方程式を簡単に解くことができる。次の連立方程式を行列の立場から解いてみよう。

$$ax + by + cz = p \tag{8.22}$$
$$dx + ey + fz = q$$
$$hx + iy + kz = r$$

上式を行列表示にすると、

$$\begin{pmatrix} ax+by+cz \\ dx+ey+fz \\ hx+iy+kz \end{pmatrix} = \begin{pmatrix} a & b & c \\ d & e & f \\ h & i & k \end{pmatrix} \begin{pmatrix} x \\ y \\ z \end{pmatrix} = \begin{pmatrix} p \\ q \\ r \end{pmatrix} \tag{8.23}$$

ここで、

$$\boldsymbol{A} = \begin{pmatrix} a & b & c \\ d & e & f \\ h & i & k \end{pmatrix} \quad \boldsymbol{X} = \begin{pmatrix} x \\ y \\ z \end{pmatrix} \quad \boldsymbol{P} = \begin{pmatrix} p \\ q \\ r \end{pmatrix} \tag{8.24}$$

と定義すると、

$$\boldsymbol{AX} = \boldsymbol{P} \tag{8.25}$$

と纏められる。この式の両辺に左から $\boldsymbol{A}$ の逆行列 $\boldsymbol{A}^{-1}$ をかける[*3]。

$$\boldsymbol{A}^{-1}\boldsymbol{AX} = \boldsymbol{A}^{-1}\boldsymbol{P} \tag{8.26}$$

ここで、$\boldsymbol{A}^{-1}\boldsymbol{A} = \boldsymbol{E}$ は単位行列となるので、

$$\boldsymbol{A}^{-1}\boldsymbol{AX} = \boldsymbol{EX} = \boldsymbol{X} = \boldsymbol{A}^{-1}\boldsymbol{P} \tag{8.27}$$

したがって、未知数：$\boldsymbol{X}$ は $\boldsymbol{A}$ の逆行列 $\boldsymbol{A}^{-1}$ を用いて次式で与えられる。

$$\boldsymbol{X} = \boldsymbol{A}^{-1}\boldsymbol{P} \tag{8.28}$$

---

[*3] 注：行列の掛け算は掛ける順序によって値が違うことに注意すること。

### 8.5.1 問題

(1): 次の連立方程式を解け。

$$2x - 1y = 4 \qquad (8.29)$$
$$5x + 7y = 3$$

(2): 次の連立方程式を解け。

$$3x - 6y + 7z = 4 \qquad (8.30)$$
$$2x + 5y + 4z = 3$$
$$2x - 1y + 2z = -5$$

(3): 空間内の三点、$A(1,1,1), B(2,1,2), C(-1,-2,3)$ を通る平面の式を求めよ。（ヒント：平面の式を $ax + by + cz = 1$ と置いて、係数 $a, b, c$ を求めよ）

## 8.6 ガリレオ変換とローレンツ変換

図 8.1 で示されているように、A 君は地上に、B 君は $x$ 軸正方向に速さ $v[\text{m/s}]$ で走っている電車の中にいるとしよう。A 君、B 君それぞれが座標を持っていて、A 君の座標を $(x, t)$ 座標、B 君の座標を $(x', t')$ 座標とする[*4]。ここで、$t, t'$ はそれぞれ A 君、B 君の時計の時刻であり、ガリレオ変換では、$t = t'$ である。一方、特殊相対性理論におけるローレンツ変換では動いている座標の時刻は遅れるので、$t > t'$ である。

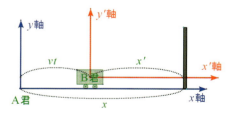

図 8.1 座標変換

---

[*4] $x$ 軸方向のみの運動を扱うため、$y$ 軸方向の座標は変わらないので省略する。

## 8.6.1 ガリレオ変換

ガリレオ変換では、$(x, t)$ 座標と $(x', t')$ 座標の間に次の関係が成り立つ。

$$x' = x - vt \qquad t' = t \tag{8.31}$$

上式を行列表示すると、

$$\begin{pmatrix} x' \\ t' \end{pmatrix} = \begin{pmatrix} 1 & -v \\ 0 & 1 \end{pmatrix} \begin{pmatrix} x \\ t \end{pmatrix} \tag{8.32}$$

となる。この式は、地上の座標から見た電車内の座標を示している。

$$\boldsymbol{G} = \begin{pmatrix} 1 & -v \\ 0 & 1 \end{pmatrix} \quad \boldsymbol{X} = \begin{pmatrix} x \\ t \end{pmatrix} \quad \boldsymbol{X'} = \begin{pmatrix} x' \\ t' \end{pmatrix} \tag{8.33}$$

とすると、

$$\boldsymbol{X'} = \boldsymbol{GX} \tag{8.34}$$

と纏められる。$\boldsymbol{G}$ はガリレオ変換行列である。

## 8.6.2 ローレンツ変換

ローレンツ変換では、$(x, t)$ 座標と $(x', t')$ 座標の間に次の関係が成り立つ

$$x' = \frac{x - vt}{\sqrt{1 - \beta^2}} \qquad t' = \frac{t - vx/c^2}{\sqrt{1 - \beta^2}} \tag{8.35}$$

ここで、$c$ は光速、$\beta = v/c$ である。上式を行列表示すると、

$$\begin{pmatrix} x' \\ t' \end{pmatrix} = \frac{1}{\sqrt{1 - \beta^2}} \begin{pmatrix} 1 & -v \\ -v/c^2 & 1 \end{pmatrix} \begin{pmatrix} x \\ t \end{pmatrix} \tag{8.36}$$

となる。さらに、

$$\boldsymbol{L} = \frac{1}{\sqrt{1 - \beta^2}} \begin{pmatrix} 1 & -v \\ -v/c^2 & 1 \end{pmatrix} \quad \boldsymbol{X} = \begin{pmatrix} x \\ t \end{pmatrix} \quad \boldsymbol{X'} = \begin{pmatrix} x' \\ t' \end{pmatrix} \tag{8.37}$$

と置くとき、

$$\boldsymbol{X'} = \boldsymbol{LX} \tag{8.38}$$

と纏められる。$\boldsymbol{L}$ はローレンツ変換行列である。$v/c$ が十分小さく無視できるとき、ローレンツ変換行列 $\boldsymbol{L}$ はガリレオ変換行列 $\boldsymbol{G}$ と一致する。

### 8.6.3 問題

(1): ガリレオ変換において、

(a): 電車の座標 $X'$ から見た地上の座標 $X$ を示せ。この変換行列を $G'$ とするとき、$G'$ と $G$ は互いに逆行列であることを示せ。

(b): 速さ $v$[m/s] で走っている電車から弾丸を速さ $v'$[m/s] で発射させるとき、地上の座標から見て弾丸の座標（$X''$ とする）は、行列表示でどのようになるか。

(2): ローレンツ変換において、

(a): 電車の座標 $X'$ から見た地上の座標 $X$ を示せ。この変換行列を $L'$ とするとき、$L'$ と $L$ は互いに逆行列であることを示せ。

(b): 速さ $v$[m/s] で走っている電車から弾丸を電車と同じ速さ $v$[m/s] で発射させるとき、地上から見た弾丸の速さ $V$[m/s] が次式となることを示せ。

$$V = \frac{2v}{1+\beta^2}$$

このことから、$V < 2v$ となることが分かる。例えば、$v = 2c/3$ とき $V = 12c/13$ となって、光速 $c$ を超えられない。

## 8.7 ベクトルの回転

図 8.2 に示されているように、$(x,y)$ 座標上に大きさが $r$、$x$ 軸となす角が $\theta$ のベクトル：$\vec{r} = (x,y)$ を定義する。

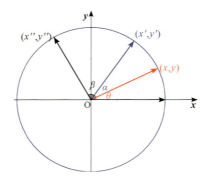

図 8.2 ベクトルの回転

# 第8章　行列と行列式

$$\vec{r} = x\vec{i} + y\vec{j} = r(\cos\theta\,\vec{i} + \sin\theta\,\vec{j}) \tag{8.39}$$

このベクトルをさらに $z$ 軸（紙面の手前方向）のまわりに反時計方向に回転角 $\alpha$ 回転させたベクトル $\vec{r'} = (x', y')$ と $\vec{r}$ との関係を調べる。

$$\begin{aligned}\vec{r'} &= x'\vec{i} + y'\vec{j} = r(\cos(\theta+\alpha)\vec{i} + \sin(\theta+\alpha)\vec{j}) \\ &= r(\cos\theta\cos\alpha - \sin\theta\sin\alpha)\vec{i} + r(\sin\theta\cos\alpha - \cos\theta\sin\alpha)\vec{j} \\ &= (x\cos\alpha - y\sin\alpha)\vec{i} + (x\sin\alpha + y\cos\alpha)\vec{j}\end{aligned} \tag{8.40}$$

したがって、$(x, y)$ と $(x', y')$ の関係式（或いは変換式）は

$$x' = x\cos\alpha - y\sin\alpha \quad y' = x\sin\alpha + y\cos\alpha \tag{8.41}$$

となる。この変換式を行列表示すると次のように書くことができる。

$$\begin{pmatrix} x' \\ y' \end{pmatrix} = \begin{pmatrix} \cos\alpha & -\sin\alpha \\ \sin\alpha & \cos\alpha \end{pmatrix} \begin{pmatrix} x \\ y \end{pmatrix} \tag{8.42}$$

さらに、

$$\boldsymbol{A}(\alpha) = \begin{pmatrix} \cos\alpha & -\sin\alpha \\ \sin\alpha & \cos\alpha \end{pmatrix} \quad \boldsymbol{X} = \begin{pmatrix} x \\ y \end{pmatrix} \quad \boldsymbol{X'} = \begin{pmatrix} x' \\ y' \end{pmatrix} \tag{8.43}$$

と定義すると、

$$\boldsymbol{X'} = \boldsymbol{A}(\alpha)\boldsymbol{X} \quad \text{または、} \quad \boldsymbol{X} = \boldsymbol{A}(-\alpha)\boldsymbol{X'} \tag{8.44}$$

ここで、$\boldsymbol{A}(\alpha)$ はベクトル $\boldsymbol{X}$ を $z$ 軸のまわりに反時計方向に回転角 $\alpha$ 回転させる変換行列である。また、$\boldsymbol{A}(-\alpha)$ はベクトル $\boldsymbol{X'}$ を $z$ 軸のまわりに時計方向に回転角 $\alpha$ 回転させる変換行列である。ベクトル $\vec{r}$ を $z$ 軸のまわりに回転角 $\alpha$ 回転させたベクトル $\vec{r'} = (x', y')$ を、さらに回転角 $\beta$ 回転させたベクトル $\vec{r''} = (x'', y'')$ は、ベクトル $\vec{r}$ を $z$ 軸のまわりに回転角 $(\alpha + \beta)$ 回転させたベクトルとなる。したがって、次式が成り立つ。

$$\boldsymbol{X''} = \boldsymbol{A}(\beta)\boldsymbol{X'} = \boldsymbol{A}(\beta)\boldsymbol{A}(\alpha)\boldsymbol{X} = \boldsymbol{A}(\beta + \alpha)\boldsymbol{X} \tag{8.45}$$

変換行列の間に、次の関係式が成り立つことが分かる。

$$\boldsymbol{A}(\beta)\boldsymbol{A}(\alpha) = \boldsymbol{A}(\beta + \alpha) \tag{8.46}$$

特に、$\beta = -\alpha$ とき、

$$\boldsymbol{A}(-\alpha)\boldsymbol{A}(\alpha) = \boldsymbol{E} \tag{8.47}$$

となる。

## 8.7.1 座標の回転

固定した座標系 $(x, y)$ の $x, y$ 軸方向の単位ベクトルをそれぞれ $\vec{i}, \vec{j}$ と置き、固定した座標系 $(x, y)$ に対して $z$ 軸のまわりに反時計方向に角 $\alpha$ 回転させた座標系 $(x', y')$ の $x', y'$ 軸方向の単位ベクトルをそれぞれ $\vec{i}', \vec{j}'$ と定義するとき、

$$\vec{i}' = \cos\alpha\, \vec{i} + \sin\alpha\, \vec{j} \quad \vec{j}' = -\sin\alpha\, \vec{i} + \cos\alpha\, \vec{j} \tag{8.48}$$

したがって、

$$\begin{pmatrix} \vec{i}' \\ \vec{j}' \end{pmatrix} = \begin{pmatrix} \cos\alpha & \sin\alpha \\ -\sin\alpha & \cos\alpha \end{pmatrix} \begin{pmatrix} \vec{i} \\ \vec{j} \end{pmatrix} \tag{8.49}$$

が成り立つ。

## 8.7.2 問題

(1): ベクトル $\vec{r} = (5, 3)$ を $z$ 軸のまわりに反時計方向に 45° 回転させたベクトルを求めよ。90°、180°、360° の回転ではどうなるか。

(2): (8.46) の関係式から次式の加法定理が成り立つことを示せ。

$$\sin(\alpha + \beta) = \sin(\alpha)\cos(\beta) + \sin(\beta)\cos(\alpha)$$
$$\cos(\alpha + \beta) = \cos(\alpha)\cos(\beta) - \sin(\alpha)\sin(\beta)$$

(3): 二次曲線 $y = x^2$ を $z$ 軸のまわりに反時計方向に $\theta$ 回転させたときの曲線の式を求めよ。

(4): 楕円の式 : $ax^2 + by^2 = 1$ は行列表示で次のようになる。

$$ax^2 + by^2 = \begin{pmatrix} x & y \end{pmatrix} \begin{pmatrix} a & 0 \\ 0 & b \end{pmatrix} \begin{pmatrix} x \\ y \end{pmatrix} = 1$$

この楕円の曲線を $z$ 軸のまわりに反時計方向に $\theta$ 回転させたときの曲線の式を求めよ。

(5): 次のような行列の関係式(固有値問題)が成り立つとする。

$$\boldsymbol{HX} = \lambda \boldsymbol{X} \quad \text{ここで、} \quad \boldsymbol{H} = \begin{pmatrix} 0 & 1 \\ 1 & 0 \end{pmatrix} \quad \boldsymbol{X} = \begin{pmatrix} x \\ y \end{pmatrix}$$

定数 $\lambda$ を求めよ。$x^2 + y^2 = 1$ とき、$\boldsymbol{X}$ を求めよ。この $\lambda$ を $\boldsymbol{H}$ の固有値、$\boldsymbol{X}$ を $\boldsymbol{H}$ の固有ベクトルという。

# 第8章 行列と行列式

## 8.8 第8章 解答

### § 8.3.2 問題解答

(1) :
$$A + B = \begin{pmatrix} 0 & 10 & 6 \\ 0 & -1 & 4 \\ 6 & -17 & 6 \end{pmatrix} \quad A - B = \begin{pmatrix} 4 & 2 & 4 \\ -6 & 13 & -2 \\ -2 & 1 & 4 \end{pmatrix}$$

(2) :
$$A \cdot C = \begin{pmatrix} -21 \\ -47 \\ 15 \end{pmatrix} \quad B \cdot C = \begin{pmatrix} -39 \\ 30 \\ 54 \end{pmatrix}$$

(3) :
$$C^t \cdot C = 98 \quad C \cdot C^t = \begin{pmatrix} 64 & -24 & -40 \\ -24 & 9 & 15 \\ -40 & 15 & 25 \end{pmatrix}$$

(4) :
$$A \cdot B = \begin{pmatrix} 28 & 61 & 19 \\ 23 & -69 & 16 \\ -8 & 23 & -17 \end{pmatrix} \quad B \cdot A = \begin{pmatrix} -20 & 20 & 1 \\ 33 & -54 & 23 \\ 37 & -46 & 16 \end{pmatrix}$$

(5) :
$$D = \frac{1}{204} \begin{pmatrix} 38 & -60 & -26 \\ 17 & 0 & -17 \\ 12 & 24 & 24 \end{pmatrix} = \begin{pmatrix} 0.186 & -0.294 & -0.127 \\ 0.083 & 0 & -0.083 \\ 0.059 & 0.118 & 0.118 \end{pmatrix}$$

### § 8.4.2 問題解答

(1) :
$$A \cdot A^{-1} = \frac{1}{|A|} \begin{pmatrix} a_{1,1}a_{2,2} - a_{1,2}a_{2,1} & 0 \\ 0 & -a_{2,1}a_{1,2} + a_{1,1}a_{2,2} \end{pmatrix} = \begin{pmatrix} 1 & 0 \\ 0 & 1 \end{pmatrix}$$

(2) :
$$|\vec{A} \times \vec{B}| = |(a_x b_y - a_y b_x)\vec{k}| = |a_x b_y - a_y b_x|$$

## § 8.4.4 問題解答

(1) : $|\boldsymbol{A}| = -66, \quad |\boldsymbol{B}| = 19$ 。

$$\boldsymbol{A}^{-1} = \frac{1}{-66}\begin{pmatrix} 14 & 5 & 59 \\ 4 & -8 & 2 \\ -12 & -9 & 27 \end{pmatrix} \quad \boldsymbol{B}^{-1} = \frac{1}{19}\begin{pmatrix} -15 & 38 & -13 \\ 6 & -19 & 9 \\ 11 & -19 & 7 \end{pmatrix}$$

(2) :
$$\overrightarrow{A} \times \overrightarrow{B} = (a_y b_z - a_z b_y)\overrightarrow{i} + (a_z b_x - a_x b_z)\overrightarrow{j} + (a_x b_y - a_y b_x)\overrightarrow{k}$$

したがって、
$$|\overrightarrow{C} \cdot (\overrightarrow{A} \times \overrightarrow{B})| = c_x(a_y b_z - a_z b_y) + c_y(a_z b_x - a_x b_z) + c_z(a_x b_y - a_y b_x)$$

この値は、(8.21) 式の右辺の行列式の値と同じ。

## § 8.5.1 問題解答

(1) : 行列表示で
$$\begin{pmatrix} x \\ y \end{pmatrix} = \begin{pmatrix} 2 & -1 \\ 5 & 7 \end{pmatrix}^{-1} \begin{pmatrix} 4 \\ 3 \end{pmatrix} = \begin{pmatrix} 1.632 \\ -0.737 \end{pmatrix}$$

(2) : 行列表示で
$$\begin{pmatrix} x \\ y \\ z \end{pmatrix} = \begin{pmatrix} 3 & -6 & 7 \\ 2 & 5 & 4 \\ 2 & -1 & 2 \end{pmatrix}^{-1} \begin{pmatrix} 4 \\ 3 \\ -5 \end{pmatrix} = \begin{pmatrix} -5.545 \\ 0.273 \\ 3.182 \end{pmatrix}$$

(3) : 平面の式 : $ax + by + cz = 1$ において、$A(1,1,1) \Rightarrow a + b + c = 1$, $B(2,1,2) \Rightarrow 2a + b + 2c = 1$, $C(-1,-2,3) \Rightarrow -a + -2b + 3 = 1$ の連立方程式から $a, b, c$ を求める。

$$\begin{pmatrix} a \\ b \\ c \end{pmatrix} = \begin{pmatrix} 1 & 1 & 1 \\ 2 & 1 & 2 \\ -1 & -2 & 3 \end{pmatrix}^{-1} \begin{pmatrix} 1 \\ 1 \\ 1 \end{pmatrix} = \begin{pmatrix} -0.75 \\ 1 \\ 0.75 \end{pmatrix}$$

したがって、平面の式は $-0.75x + y + 0.75z = 1$、または、$-3x + 4y + 3z = 4$。

## 第 8 章 行列と行列式

§ 8.6.3 問題解答

(1): ガリレオ変換:

(a): 電車から見て地面は、$x$ 軸負の方向に速さ $v$ で走っていることになるので、$x = x' + vt'$, $t = t'$。行列表示で、

$$\begin{pmatrix} x \\ t \end{pmatrix} = \begin{pmatrix} 1 & v \\ 0 & 1 \end{pmatrix} \begin{pmatrix} x' \\ t' \end{pmatrix} \quad \text{即ち、} \boldsymbol{X} = \boldsymbol{G'X'}$$

$$\boldsymbol{GG'} = \begin{pmatrix} 1 & -v \\ 0 & 1 \end{pmatrix} \cdot \begin{pmatrix} 1 & v \\ 0 & 1 \end{pmatrix} = \begin{pmatrix} 1 & 0 \\ 0 & 1 \end{pmatrix}$$

(b):

$$\begin{pmatrix} x'' \\ t'' \end{pmatrix} = \begin{pmatrix} 1 & -v' \\ 0 & 1 \end{pmatrix} \begin{pmatrix} x' \\ t' \end{pmatrix} = \begin{pmatrix} 1 & -v' \\ 0 & 1 \end{pmatrix} \begin{pmatrix} 1 & -v \\ 0 & 1 \end{pmatrix} \begin{pmatrix} x \\ t \end{pmatrix}$$

(2): ローレンツ変換:

(a): 電車 $(x', t')$ から見て地面 $(x, t)$ は、$x$ 軸負の方向に速さ $v$ で走っていることになるので、

$$\boldsymbol{X} = \begin{pmatrix} x \\ t \end{pmatrix} = \frac{1}{\sqrt{1-\beta^2}} \begin{pmatrix} 1 & v \\ v/c^2 & 1 \end{pmatrix} \begin{pmatrix} x' \\ t' \end{pmatrix} = \boldsymbol{L'X'}$$

したがって、

$$\boldsymbol{L'L} = \frac{1}{1-\beta^2} \begin{pmatrix} 1 & v \\ v/c^2 & 1 \end{pmatrix} \begin{pmatrix} 1 & -v \\ -v/c^2 & 1 \end{pmatrix} = \begin{pmatrix} 1 & 0 \\ 0 & 1 \end{pmatrix}$$

(b): 弾丸の座標を $(x'', t'')$ とすると

$$\boldsymbol{X''} = \boldsymbol{LX'} = \boldsymbol{LLX}$$

速さ $V = 2v/(1+\beta^2)$ のローレンツ変換行列:

$$\boldsymbol{L''} = \frac{1}{\sqrt{1-\gamma^2}} \begin{pmatrix} 1 & -V \\ -V/c^2 & 1 \end{pmatrix}$$

が $\boldsymbol{LL}$ となることを示す。ここで、$\gamma = V/c = 2\beta/(1+\beta^2)$ である。

$$\boldsymbol{LL} = \frac{1}{1-\beta^2} \begin{pmatrix} 1+\beta^2 & -2v \\ -2v/c^2 & 1+\beta^2 \end{pmatrix} = \frac{1}{\sqrt{1-\gamma^2}} \begin{pmatrix} 1 & -V \\ -V/c^2 & 1 \end{pmatrix}$$

§ 8.7.2 問題解答

(1)：(8.42) 式から、

$$\alpha = 45°: \begin{pmatrix} x' \\ y' \end{pmatrix} = \begin{pmatrix} 1/\sqrt{2} & -1/\sqrt{2} \\ 1/\sqrt{2} & 1/\sqrt{2} \end{pmatrix} \begin{pmatrix} 5 \\ 3 \end{pmatrix} = \begin{pmatrix} 2/\sqrt{2} \\ 8/\sqrt{2} \end{pmatrix}$$

$$\alpha = 90°: \begin{pmatrix} x' \\ y' \end{pmatrix} = \begin{pmatrix} 0 & 1 \\ 1 & 0 \end{pmatrix} \begin{pmatrix} 5 \\ 3 \end{pmatrix} = \begin{pmatrix} -3 \\ 5 \end{pmatrix}$$

$$\alpha = 180°: \begin{pmatrix} x' \\ y' \end{pmatrix} = \begin{pmatrix} -1 & 0 \\ 0 & -1 \end{pmatrix} \begin{pmatrix} 5 \\ 3 \end{pmatrix} = \begin{pmatrix} -5 \\ -3 \end{pmatrix}$$

$$\alpha = 360°: \begin{pmatrix} x' \\ y' \end{pmatrix} = \begin{pmatrix} 1 & 0 \\ 0 & 1 \end{pmatrix} \begin{pmatrix} 5 \\ 3 \end{pmatrix} = \begin{pmatrix} 5 \\ 3 \end{pmatrix}$$

(2)：(8.43) 式と (8.46) 式より、

$$\begin{pmatrix} \cos(\alpha+\beta) & -\sin(\alpha+\beta) \\ \sin(\alpha+\beta) & \cos(\alpha+\beta) \end{pmatrix} = \begin{pmatrix} \cos\alpha & -\sin\alpha \\ \sin\alpha & \cos\alpha \end{pmatrix} \begin{pmatrix} \cos\beta & -\sin\beta \\ \sin\beta & \cos\beta \end{pmatrix}$$

右辺の回転行列の積を計算すると、加法定理が得られる。

(3)：$y = x^2$ 上の座標は $(x, x^2)$ なので、

$$\begin{pmatrix} x' \\ y' \end{pmatrix} = \begin{pmatrix} \cos\theta & -\sin\theta \\ \sin\theta & \cos\theta \end{pmatrix} \begin{pmatrix} x \\ x^2 \end{pmatrix}$$

したがって、

$$x' = x\cos\theta - x^2\sin\theta \quad y' = x\sin\theta - x^2\cos\theta$$

上式から、$x$ を消去して $x', y'$ の関係式を導き、$x', y'$ を $x, y$ に置き換えればよい。例えば、

$$\theta = \frac{\pi}{2} \text{のとき、} \quad x = -y^2$$

$$\theta = \frac{\pi}{4} \text{のとき、} \quad y = \frac{x+y}{2} + \frac{(x+y)^2}{2\sqrt{2}}$$

(4)：式 (8.42) 式の逆変換より、$(x, y)$ を $(x', y')$ に変換すれば、

$$\begin{pmatrix} x' & y' \end{pmatrix} \begin{pmatrix} \cos\theta & \sin\theta \\ -\sin\theta & \cos\theta \end{pmatrix} \begin{pmatrix} a & 0 \\ 0 & b \end{pmatrix} \begin{pmatrix} \cos\theta & \sin\theta \\ -\sin\theta & \cos\theta \end{pmatrix} \begin{pmatrix} x' \\ y' \end{pmatrix} = 1$$

$$\begin{pmatrix} x' & y' \end{pmatrix} \begin{pmatrix} a\cos^2\theta + b\sin^2\theta & (a-b)\sin\theta\cos\theta \\ (a-b)\sin\theta\cos\theta & a\cos^2\theta + b\sin^2\theta \end{pmatrix} \begin{pmatrix} x' \\ y' \end{pmatrix} = 1$$

したがって、

$$(a\cos^2\theta + b\sin^2\theta)x^2 + (a\cos^2\theta + b\sin^2\theta)y^2 + 2(a-b)\sin\theta\cos\theta = 1$$

例えば、

$$\theta = \frac{\pi}{2} \text{のとき、} \qquad bx^2 + ay^2 = 1$$
$$\theta = \frac{\pi}{4} \text{のとき、} \quad \frac{1}{2}(a+b)(x^2+y^2) + (a-b)xy = 1$$

(5):
$$\boldsymbol{HX} = \lambda \boldsymbol{X} \qquad \begin{pmatrix} 0 & 1 \\ 1 & 0 \end{pmatrix} \begin{pmatrix} x \\ y \end{pmatrix} = \lambda \begin{pmatrix} x \\ y \end{pmatrix}$$

したがって、$y = \lambda x,\ x = \lambda y$ の二つの式から、固有値：$\lambda = \pm 1$ が得られる。$x^2 + y^2 = 1$ の (規格化) 条件より、

$$\lambda = 1 \text{ のとき、固有ベクトル}: \boldsymbol{X} = \frac{1}{\sqrt{2}} \begin{pmatrix} 1 \\ 1 \end{pmatrix}$$
$$\lambda = -1 \text{ のとき、固有ベクトル}: \boldsymbol{X} = \frac{1}{\sqrt{2}} \begin{pmatrix} 1 \\ -1 \end{pmatrix}$$

# 第 9 章

# 数列

## 9.1 数列とは？

数列とは数値を並べた列をいう。例えば、

自然数列： 1, 2, 3, 4, 5, 6, 7, 8, ⋯
偶数列： 2, 4, 6, 8, 10, 12, 14, 16, ⋯
奇数列： 1, 3, 5, 7, 9, 11, 13, 15, ⋯
素数列： 2, 3, 5, 7, 11, 13, 17, 19, ⋯

など、様々な数列[*1]がある。この章では、数列の性質について解説する。
数列を一般に、次のように表すことにしよう。

$$a_1, \quad a_2, \quad a_3, \quad \cdots, \quad a_n, \quad \cdots \equiv \{a_n\} \tag{9.1}$$

例えば、奇数列の場合、

$$a_1 = 1, \quad a_2 = 3, \quad a_3 = 5, \quad \cdots, \quad a_n = 2n-1$$

となる。最初の項: $a_1$ を初項、$n$ 番目の項: $a_n$ を第 $n$ 項（または一般項）という。これらの数列をまとめて $\{a_n\}$ と書く。

### 9.1.1 問題

(1)： 整数列の初項が $a_1 = -2$ とき、一般項 $a_n$ を求めよ。

---

[*1] 素数列については、一般項も解明されておらず、現在も研究されている。

# 第 9 章 数列

(2)： 初項が $a_1 = 2$、第 2 項が $a_2 = 6$、第 3 項が $a_3 = 18$ のとき、一般項 $a_n$ を求めよ。

(3)： 次のような数列： 1, 1, 2, 3, 5, 8, 13, 21, $\cdots$ において、$a_1 = 1$, $a_2 = 1$, $a_3 = 2$, $\cdots$ と置くとき、$a_n, a_{n+1}, a_{n+2}$ の間にどんな関係式が成り立つか。（この数列をフィボナッチ数列という）

## 9.2 数列の和

初項の $a_1$ から第 $n$ 項の $a_n$ までの和を表す数学記号として、$\sum$ が定義されている。$\sum$ をシグマと呼ぶ。

$$a_1 + a_2 + a_3 + \cdots + a_n = \sum_{k=1}^{n} a_k \tag{9.2}$$

$\sum$ の下付きの $k = 1$ と上付きの $n$ は、$a_k$ について $k = 1$ の $a_1$ から $k = n$ の $a_n$ までの和を意味している。

例えば、

例 1： $a_k = k^2$

$$\sum_{k=1}^{n} a_k = \sum_{k=1}^{n} k^2 = 1^2 + 2^2 + 3^2 + \cdots + n^2$$

例 2 (調和数列の和)： $a_k = 1/k$

$$\sum_{k=1}^{n} a_k = \sum_{k=1}^{n} \frac{1}{k} = 1 + \frac{1}{2} + \frac{1}{3} + \frac{1}{4} + \cdots + \frac{1}{n}$$

例 3 (等比数列の和)： $a_k = r^k$

$$\sum_{k=0}^{\infty} a_k = \sum_{k=0}^{\infty} r^k = 1 + r + r^2 + r^3 + r^4 + \cdots$$

特に、数列の無限の項までの和は収束して解が求められる場合もあれば、発散して解が求められない場合もある。

### 9.2.1 数列の和の公式

数列の和については、次の公式が成り立つ。

$$\sum_{k=1}^{n} ca_k = ca_1 + ca_2 + ca_3 + \cdots + ca_n = c\sum_{k=1}^{n} a_k \tag{9.3}$$

$$\sum_{k=1}^{n} c = nc \qquad \sum_{k=0}^{n} c = (n+1)c \qquad \sum_{k=1}^{n}(ca_k + d) = nd + c\sum_{k=1}^{n} a_k \tag{9.4}$$

$$\sum_{k=1}^{n}(a_k + b_k) = (a_1 + b_1) + (a_2 + b_2) + \cdots + (a_n + b_n) = \sum_{k=1}^{n} a_k + \sum_{k=1}^{n} b_k \tag{9.5}$$

### 9.2.2 自然数列の和

最も簡単な数列の和である自然数列の和について考えよう。初項は $a_1 = 1$、一般項は $a_n = n$、即ち、1 から $n$ までの和 $S_n$ を求める。

$$S_n = \sum_{k=1}^{n} a_k = \sum_{k=1}^{n} k = 1 + 2 + 3 + \cdots + n \tag{9.6}$$

この和を求めるため、元の自然数列と逆に並べた自然数列との和を考える。

$$S_n = 1 + 2 + 3 + \cdots + (n-2) + (n-1) + n$$
$$S_n = n + (n-1) + (n-2) + \cdots + 3 + 2 + 1$$

2 式を加えると、

$$2S_n = (n+1) \times n$$

したがって、

$$S_n = \sum_{k=1}^{n} k = \frac{n(n+1)}{2} \tag{9.7}$$

となる。

### 9.2.3 問題

(1): 100 から 200 までの自然数の和はいくらか。
(2): 奇数列の初項を $a_1 = 1$ と置くとき、第 $n$ 項までの和を求めよ。
(3): 偶数列の初項を $a_1 = 2$ と置くとき、第 $n$ 項までの和を求めよ。

第9章　数列　　　　　　　　　　　　　　　　　　　　　　　　　　　　　　173

**余談**

奇数和を用いると、三平方の定理 $a^2 + b^2 = c^2$ を満たす自然数：$a$、$b$、$c$ を簡単に見つけることが出来る。（§ 9.13 Appendix-A 参照）

## 9.3 等差数列

等差数列とは隣り合う項の差が一定値である数列である。自然数列、奇数列、偶数列も等差数列である。初項が $c$、隣り合う項の差（公差）が $d$ の等差数列は、$a_1 = c$, $a_2 = c+d$, $a_3 = c + 2d$, $a_4 = c + 3d$, $\cdots$ なので、一般項は

$$a_n = c + (n-1)d \tag{9.8}$$

となる。例えば、$c = 1, d = 2$ とき奇数列となり、一般項は $a_n = 2n - 1$ である。また、$c = 2, d = 2$ とき偶数列となり、一般項は $a_n = 2n$ である。

### 9.3.1 等差数列の和

等差数列の和 $S_n$ を求めよう。数列の和の公式（§ 9.2.1）を参照すれば等差数列の和は簡単に求められる。

$$S_n = \sum_{k=1}^{n} a_k = \sum_{k=1}^{n} \{c + (k-1)d\} = (c-d)n + \frac{n(n+1)}{2}d$$

一般に、初項が $a_1 = c$、第 $n$ 項が $a_n = c + (n-1)d$ の等差数列の和 $S_n$ は次式のように表せることが分かる。

$$S_n = \left(\frac{a_1 + a_n}{2}\right)n \tag{9.9}$$

### 9.3.2 問題

(1)：等差数列の一般項 $a_n$ 及び第 $n$ 項までの和 $S_n$ を求めよ。

(a)：$-2, 2, 6, 10, \cdots$　　(b)：$12, 9, 6, 3, \cdots$　　(c)：$\frac{3}{2}, 3, \frac{9}{2}, 6, \cdots$

(2)：100 俵の米俵を最下段（第 1 段目）の俵の数を最小にして積み上げたい。最下段に並べる俵はいくつにすればよいか。また、最上段に並ぶ俵はいくつか。

## 9.4 等比数列

等比数列とは隣り合う項の比が一定値である数列をいう。初項が $c$、隣り合う項の比（公比）が $r$ の等比数列は、$a_1 = c, a_2 = cr, a_3 = cr^2, a_4 = cr^3, \cdots$ なので、一般項は

$$a_n = cr^{n-1} \tag{9.10}$$

となる。例えば、$a_1 = 2, a_2 = 6, a_3 = 18, a_4 = 54, \cdots$ の等比数列の初項は 2 で公比は 3 である。そして一般項は $a_n = 2 \times 3^{n-1}$ となる。

### 9.4.1 等比数列の和

初項が $c$、公比が $r$ の等比数列の和 $S_n$ を求めよう。

$$S_n = \sum_{k=1}^{n} a_k = \sum_{k=1}^{n} cr^{k-1} \tag{9.11}$$
$$= c + cr + cr^2 + cr^3 + \cdots + cr^{n-1} \tag{9.12}$$

この和を求めるため、元の等比数列に公比 $r$ を掛けた数列和 $rS_n$ を考える。

$$S_n = c + cr + cr^2 + cr^3 + \cdots + cr^{n-1} \tag{9.13}$$
$$rS_n = cr + cr^2 + cr^3 + cr^4 + \cdots + cr^n \tag{9.14}$$

$S_n$ と $rS_n$ との差をとると、

$$(1-r)S_n = c - cr^n$$

したがって、初項が $c$、公比が $r$ の等比数列の和 $S_n$ は

$$S_n = \sum_{k=1}^{n} cr^{k-1} = \frac{c(1-r^n)}{1-r} \quad (r \neq 1) \tag{9.15}$$

となることが分かる。$r = 1$ とき、明らかに $S_n = nc$ となる。

### 9.4.2 問題

(1)：等比数列の一般項 $a_n$ 及び第 $n$ 項までの和 $S_n$ を求めよ。

(a)：$5, -10, 20, -40, \cdots$ (b)：$\dfrac{1}{2}, \dfrac{1}{4}, \dfrac{1}{8}, \dfrac{1}{16}, \cdots$ (c)：$e^{-x}, e^{-2x}, e^{-3x}, e^{-4x}, \cdots$

(2)：次の数列の一般項 $a_n$ 及び第 $n$ 項までの和 $S_n$ を求めよ。

$$1, \quad 2r, \quad 3r^2, \quad 4r^3, \quad 5r^4, \quad \cdots$$

(3)：次の因数分解を展開せよ。

$$(1-x)(1+x+x^2+x^3+\cdots+x^9)$$

(4)：ある土地の価格について調べたところ、単純に考えれば土地の価格は面積に比例していると思われるが、しかし、ある大都市の土地の価格が指数関数的に高くなることがデータの解析から明らかになった。$50\text{m}^2$ の土地の価格を $M$ 円とすると、$100\text{m}^2$ の土地の価格は $2M$ 円、$150\text{m}^2$ の土地の価格は $4M$ 円、$200\text{m}^2$ の土地の価格は $8M$ 円と等比数列的に高くなることが分かっている。いま、面積が $x[\text{m}^2]$ のときの価格 $y$ 円はいくらか。

## 9.5　$a_n = n^p$ の形の数列の和

一般に、$a_n = n^p$ ($p$:自然数) の形の数列和を求めることは可能であるが、ここでは $a_n = n^2$ の形の数列和 $S_n$ を考えよう。

$$S_n = \sum_{k=1}^{n} a_k = \sum_{k=1}^{n} k^2 = 1^2 + 2^2 + 3^2 + \cdots + n^2 \tag{9.16}$$

この和を求めるために少し技巧的な方法を用いる。それは次の関係式 (恒等式) を使う。

$$k^3 - (k-1)^3 \equiv 3k^2 - 3k + 1 \tag{9.17}$$

この等式を $k=n$ から $k=1$ まで並べて列記すると、

$$
\begin{array}{rclrcl}
n^3 & - & (n-1)^3 & = & 3n^2 & - & 3n & + & 1 \\
(n-1)^3 & - & (n-2)^3 & = & 3(n-1)^2 & - & 3(n-1) & + & 1 \\
(n-2)^3 & - & (n-3)^3 & = & 3(n-2)^2 & - & 3(n-2) & + & 1 \\
\vdots & - & \vdots & = & \vdots & - & \vdots & + & \vdots \\
2^3 & - & 1^3 & = & 3\cdot 2^2 & - & 3\cdot 2 & + & 1 \\
1^3 & - & 0^3 & = & 3\cdot 1^2 & - & 3\cdot 1 & + & 1
\end{array}
$$

これを全て加えると、次式が得られる。

$$n^3 = 3\sum_{k=1}^{n} k^2 - 3\sum_{k=1}^{n} k + n$$

したがって、
$$\sum_{k=1}^{n} k^2 = \frac{1}{3}\left\{n^3 + 3\sum_{k=1}^{n} k - n\right\}$$
が得られる。(9.8) 式より、
$$\sum_{k=1}^{n} k = \frac{1}{2}n(n+1)$$
なので、最終的に $a_n = n^2$ の形の数列和：
$$S_n = \sum_{k=1}^{n} k^2 = \frac{1}{6}n(n+1)(2n+1) \tag{9.18}$$
が得られる。

### 9.5.1 問題

次の数列における第 $n$ 項までの和を求めよ。

(1)： $1, \quad 3^2, \quad 5^2, \quad 7^2, \quad 9^2, \quad \cdots,$
(2)： $2\times 3, \quad 5\times 7, \quad 8\times 11, \quad 11\times 15, \quad \cdots,$
(3)： $1, \quad 2^3, \quad 3^3, \quad 4^3, \quad 5^3, \quad \cdots,$
（ヒント： $k^4 - (k-1)^4 \equiv 4k^3 - 6k^2 + 4k - 1$）

## 9.6　$a_n = \dfrac{1}{n(n+1)}$ の形の数列の和

この形の数列和を求めるために、$a_n$ を次のように変形する。
$$a_n = \frac{1}{n(n+1)} = \frac{1}{n} - \frac{1}{n+1} \tag{9.19}$$
この変形式を用いると、数列和：$S_n$ は次のように求められる。
$$\begin{aligned}
S_n &= \sum_{k=1}^{n} \frac{1}{k(k+1)} \\
&= \sum_{k=1}^{n} \left\{\frac{1}{k} - \frac{1}{k+1}\right\} \\
&= \left(1 - \frac{1}{2}\right) + \left(\frac{1}{2} - \frac{1}{3}\right) + \cdots + \left(\frac{1}{n} - \frac{1}{n+1}\right)
\end{aligned}$$

# 第 9 章 数列

$$= 1 - \frac{1}{n+1}$$
$$= \frac{n}{n+1}$$

したがって、$a_n = \frac{1}{n(n+1)}$ の形の数列の和：

$$S_n = \sum_{k=1}^n a_k = \sum_{k=1}^n \frac{1}{k(k+1)} = \frac{n}{n+1} \tag{9.20}$$

が得られる。

## 9.6.1 問題

次の数列の和を求めよ。

(1)：

(a)： $\displaystyle\sum_{k=1}^n \frac{1}{k(k+2)}$ \qquad (b)： $\displaystyle\sum_{k=1}^n \frac{1}{(2k-1)(2k+1)}$

(2)：

(a)： $\displaystyle\sum_{k=1}^n \frac{1}{k(k+1)(k+2)}$ \qquad (b)： $\displaystyle\sum_{k=1}^n \frac{1}{\sqrt{k+1}+\sqrt{k}}$

## 9.7 階差数列

数列の一般項において、漸化式：

$$a_{n+1} - a_n = b_n \tag{9.21}$$

の形を持つ数列を階差数列という。ここで、数列：$\{b_n\}$ は与えられているものとして数列：$\{a_n\}$ を求めよう。この一般項を第 $n$ 項、第 $(n-1)$ 項、第 $(n-2)$ 項、第 $(n-3)$ 項と順番に列記すると、

$$\begin{array}{rcl}
a_n - a_{n-1} &=& b_{n-1} \\
a_{n-1} - a_{n-2} &=& b_{n-2} \\
a_{n-2} - a_{n-3} &=& b_{n-3} \\
\vdots - \vdots &=& \vdots \\
a_3 - a_2 &=& b_2 \\
a_2 - a_1 &=& b_1
\end{array}$$

これらの式を加えると、互いに相殺して、最終的に

$$a_n - a_1 = b_{n-1} + b_{n-2} + b_{n-3} + \cdots + b_2 + b_1 = \sum_{k=1}^{n-1} b_k \qquad (9.22)$$

となる。したがって、漸化式：$a_{n+1} - a_n = b_n$ の階差数列の一般項は次のよう与えられる。

$$a_n = a_1 + \sum_{k=1}^{n-1} b_k \qquad (9.23)$$

### 9.7.1 問題

(1)：漸化式：$a_{n+1} - a_n = n$ の階差数列の一般項 $a_n$ を求めよ。ただし、$a_1 = 0$ とする。

(2)：漸化式：$a_{n+1} = 2a_n + 3$ の階差数列の一般項 $a_n$ を求めよ。ただし、$a_1 = 1$ とする。（ヒント；$a_n = b_n + c$ と置いて、$b_n$ が等比級数になるように定数 $c$ を決める。）

**余談**

階差数列の応用として、有名なフィボナッチ数列がある。（§ 9.14 Appendix-B 参照）

## 9.8 二項定理

2項式：$(x + y)$ のべき乗：$(x + y)^n$ を展開したとき、各項の係数は次のようになる。

$$\begin{array}{lllll}
n = 1 & \Rightarrow & (x + y) & = & x + y \\
n = 2 & \Rightarrow & (x + y)(x + y) & = & x^2 + 2yx + y^2 \\
n = 3 & \Rightarrow & (x + y)(x + y)(x + y) & = & x^3 + 3yx^2 + 3y^2x + y^3 \\
n = 4 & \Rightarrow & (x + y)(x + y)(x + y)(x + y) & = & x^4 + 4yx^3 + 6y^2x^2 + 4y^3x + y^4
\end{array}$$

これらの係数は図 9.1 に示されているようにピラミッド型になっていて、"パスカルの三角形" と呼ばれている。ここでは、$(x + y)^n$ を展開したとき、各項の係数がどのように決められるか。そのために例として、$(x + y)^4$ の展開について考察しよう。いま、4 つの箱（4 つの 2 項式）あり、各箱には赤玉（$x$）と白玉（$y$）が入っているとする。

- $x^4$ の係数 $\Rightarrow$ 4 つの箱すべてから赤玉（$x$）を取り出す組み合わせで一通りしかない。したがって、$x^4$ の係数は 1 である。

- $yx^3$ の係数 $\Rightarrow$ 4つの箱の内、3つの箱から赤玉（$x$）を取り出し、残りの1つの箱から白玉（$y$）を取り出す組み合わせで4通りある。したがって、$yx^3$ の係数は4である。
- $y^2x^2$ の係数 $\Rightarrow$ 4つの箱の内、2つの箱から赤玉（$x$）を取り出し、残りの2つの箱から白玉（$y$）を取り出す組み合わせで6通りある。なぜなら、初めに赤玉（$x$）を取り出すには4通りあり、次に残りの箱から赤玉（$x$）を取り出すには3通りある。この組み合わせは12通りとなるが、初めの赤玉（$x$）と次の赤玉（$x$）は区別をしないので、12通りではなく6通りとなる。したがって、$y^2x^2$ の係数は6である。
- $y^3x$ の係数 $\Rightarrow$ 4つの箱の内、1つの箱から赤玉（$x$）を取り出し、残りの3つの箱から白玉（$y$）を取り出す組み合わせで4通りある。したがって、$yx^3$ の係数と同じく $yx^3$ の係数は4である。
- $y^4$ の係数 $\Rightarrow$ 4つの箱すべてから白玉（$y$）を取り出す組み合わせで1通りしかない。したがって、$x^4$ の係数と同じく $y^4$ の係数も1である。

$$
\begin{array}{c}
1 \\
1 \quad 1 \\
1 \quad 2 \quad 1 \\
1 \quad 3 \quad 3 \quad 1 \\
1 \quad 4 \quad 6 \quad 4 \quad 1 \\
1 \quad 5 \quad 10 \quad 10 \quad 5 \quad 1 \\
1 \quad 6 \quad 15 \quad 20 \quad 15 \quad 6 \quad 1 \\
1 \quad 7 \quad 21 \quad 35 \quad 35 \quad 21 \quad 7 \quad 1 \\
1 \quad 8 \quad 28 \quad 56 \quad 70 \quad 56 \quad 28 \quad 8 \quad 1 \\
1 \quad 9 \quad 36 \quad 84 \quad 126 \quad 126 \quad 84 \quad 36 \quad 9 \quad 1 \\
1 \quad 10 \quad 45 \quad 120 \quad 210 \quad 252 \quad 210 \quad 120 \quad 45 \quad 10 \quad 1
\end{array}
$$

図 9.1　パスカルの三角形

この考え方を発展させて、$(x+y)^n$ の展開式：

$$(x+y)^n = \sum_{k=0}^{n} a_k y^{n-k} x^k$$
$$= a_n x^n + a_{n-1} y x^{n-1} \cdots + a_k y^{n-k} x^k \cdots + a_1 y^{n-1} x + a_0 y^n \quad (9.24)$$

において、$y^{n-k}x^k$ の係数 $a_k$ を求めよう。これは $n$ 個の箱の中から、$k$ 個の赤玉（$x$）を取り出し、残りの $(n-k)$ 個の箱から白玉（$y$）を取り出す組み合わせを求めればよい。先ず最初に赤玉（$x$）を取り出す方法は $n$ 通り、2番目に赤玉（$x$）を取り出す方法は $(n-1)$ 通り、3番目に赤玉（$x$）を取り出す方法は $(n-2)$ 通り、そして最後の $k$ 番目に赤玉（$x$）を取り出す方法は $(n-k+1)$ 通りあるので、この組み合わせは $n(n-1)(n-2)\cdots(n-k-1)$

となる。しかし、取り出す赤玉（$x$）の順序は区別しないので、$k(k-1)(k-2)\cdots 1$（注：この値は赤玉（$x$）の順序を区別して並べる通りの数である）で割らなければならない。したがって、$n$ 個の箱の中から、$k$ 個の赤玉（$x$）を取り出す組み合わせの通りは次のようになる。

$$a_k = \frac{n(n-1)(n-2)\cdots(n-k+1)}{k(k-1)(k-2)\cdots 1} \tag{9.25}$$

階乗の記号 (!) を用いると、$a_k$ はコンパクトな形で表すことができる（§ 9.15 Appendix-C 参照）。

$$a_k = \frac{n!}{(n-k)!k!} \tag{9.26}$$

さらに組み合わせ（Combinations）の記号：${}_nC_k$ を用いて、

$$a_k = \frac{n!}{(n-k)!k!} = {}_nC_k = {}_nC_{n-k} \tag{9.27}$$

と書ける。したがって、$(x+y)^n$ の展開式は最終的に次式で与えられる。

$$(x+y)^n = \sum_{k=0}^{n} {}_nC_k x^k y^{n-k} = \sum_{k=0}^{n} {}_nC_k x^{n-k} y^k \tag{9.28}$$

この展開式を二項定理という。

### 9.8.1 二項分布

確率の問題として次のような場合を考えよう。1 回目の試行で事象 A（例えば、サイコロで 5 の目が出る）が起こる確率を $p$, 事象 A が起こらない確率を $q$ $(= 1 - p)$ とするとき、$n$ 回試行して、$k$ 回事象 A が起こる確率 $f(n, k)$ は

$$f(n, k) = {}_nC_k p^k q^{n-k} \tag{9.29}$$

となる。確率 $f(n, k)$ の $k$ に対する分布を二項分布という。図 9.2 では、$p = 0.3$, の二項分布 $f(10, k)$ が図示されている。確率分布 $f(n, k)$ の $k$ についての和は 1 である。

$$\sum_{k=0}^{n} f(n, k) = \sum_{k=0}^{n} {}_nC_k p^k q^{n-k} = (p+q)^n = 1 \tag{9.30}$$

したがって、全確率が 1 であることは二項定理から明らかである。
例えば、打率が 3 割 ($p = 0.3, q = 0.7$) の打者が 10 回バッターボックスに立って、3 本以上のヒットを打つ確率:$P(10, 3)$ は約 6 割である。

$$P(10, 3) = 1 - \{f(10, 0) + f(10, 1) + f(10, 2)\} \approx 0.61$$

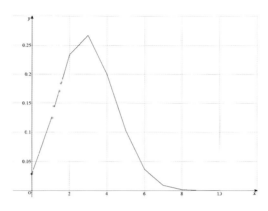

図 9.2　$n=10$、$p=0.3$ の二項分布

## 9.9　数学的帰納法

数学的に (厳密に)、命題や事象を証明する方法は古代ギリシャで確立した。これは論証数学と呼ばれている。例えば、ユークリッド原論（幾何学の元）では、点とは？ 線とは？ 平行とは？ など、基本的な自明の原理から出発して複雑な図形の証明が行われている。その証明方法としては、今までに無意識に使ってきた"三段論法（演繹法）"や"背理法（間接証明法）"がある。

**三段論法**　：ある事象 A が成り立つとき B が成り立つ。さらに、B が成り立つとき C が成り立つことが証明されているとき、事象 A が成り立つなら C が成り立つ。

**背理法**　：ある事象 A が成り立つことを証明する方法として、A が成り立たなければ矛盾が生じることを示す。したがって、事象 A が成り立たなければならないことをいう。

これらの証明方法以外に"数学的帰納法"と呼ばれる証明方法がある。

### 9.9.1　数学的帰納法

数学的帰納法の例として、自然数 $n$ に関する命題 A($n$) が全ての $n$ に対して成り立っている事を証明する方法がある。

1. $n=1$ のとき、A(1) が成り立つ事を示す。

2. 任意の自然数 $k$ に対して $A(k)$ が成り立つならば、自然数 $(k+1)$ に対する命題 $A(k+1)$ が成り立つ事を示す。
3. 上の 1. と 2. の証明から、$A(1)$ が成り立つので $A(2)$ が成り立つ。$A(2)$ が成り立つので $A(3)$ が成り立つ。したがって、順次繰り返すことによって、任意の自然数 $n$ に対して $A(n)$ が成り立つことが示される。

このように証明が順次繰り返されるので、数学的帰納法は"ドミノ倒しの方法"や"将棋倒しの方法"とも呼ばれている。

### 9.9.2 例題

任意の自然数 $n$ までの整数和
$$1+2+3+4+5+\cdots+n = \frac{n(n+1)}{2}$$
を数学的帰納法を用いて証明する。

「証明」

1. $n=1$ のとき、左辺 $=1$, 右辺 $=1$ となるので成り立つ。
2. 任意の自然数 $n=k$ に対して
$$1+2+3+4+5+\cdots+k = \frac{k(k+1)}{2}$$
が成り立つと仮定するとき、自然数 $n=k+1$ に対する式
$$1+2+3+4+5+\cdots+k+(k+1) = \frac{k(k+1)}{2}+(k+1) = \frac{(k+1)(k+2)}{2}$$
となり、自然数 $n=k+1$ についても成り立つ。
3. 上の 1. と 2. の証明から、$n=1$ が成り立つので $n=2$ が成り立つ。$n=2$ が成り立つので $n=3$ が成り立つ。したがって、順次繰り返すことによって、任意の自然数 $n$ に対して成り立つ。

### 9.9.3 問題

次の数列和の等式が自然数 $n$ について成り立つことを数学的帰納法によって証明せよ。

(1):
$$\frac{1}{1\cdot 2}+\frac{1}{2\cdot 3}+\frac{1}{3\cdot 4}+\cdots+\frac{1}{n(n+1)} = \frac{n}{n+1}$$

# 第 9 章 数列

(2):
$$1^2 + 2^2 + 3^2 + 4^2 + \cdots + n^2 = \frac{n(n+1)(2n+1)}{6}$$

## 9.10 数列の極限

次のように、一般項が $a_n = 1/n^2$ となる数列を数列を考えよう。
$$\{a_n\} = 1, \ \frac{1}{4}, \ \frac{1}{9}, \ \frac{1}{16}, \ \cdots, \ \frac{1}{n^2}, \ \cdots$$

この数列 $\{a_n\}$ は $n$ が大きくなるにつれて、ゼロに近づくことがわかる。このようにある特定値に近づくとき、数列 $\{a_n\}$ は"収束する"といい、この特定値を極限値という。上式のように、一般項が $a_n = 1/n^2$ の場合、極限値はゼロである。一般に、数列 $\{a_n\}$ が、$n$ が限りなく大きくなるにつれて、ある極限値 $c$ に限りなく近づくとき、

$$\lim_{n \to \infty} a_n = c \tag{9.31}$$

と書く。ここで、lim は "limit" と呼ぶ。一般項が $a_n = 1/n^2$ とき、

$$\lim_{n \to \infty} a_n = \lim_{n \to \infty} \frac{1}{n^2} = 0$$

一方、
$$\{a_n\} = 1, \ 4, \ 9, \ 16, \ \cdots, \ n^2, \ \cdots$$

即ち、一般項が $a_n = n^2$ となる数列は、$n$ が大きくなるにつれて、ある特定値に近づかないで限りなく大きくなり、無限に近づく。即ち発散することがわかる。この場合、この数列の極限は"発散する"という。

$$\lim_{n \to \infty} a_n = \lim_{n \to \infty} n^2 = \infty \tag{9.32}$$

また、一般項が $a_n = -n^2$ の数列の場合、$n$ が大きくなるにつれて、限りなく小さくなる。即ち負の無限大になる。この数列の極限も"発散する"という。

$$\lim_{n \to \infty} a_n = \lim_{n \to \infty} -n^2 = -\infty \tag{9.33}$$

さらに、次のような一般項が $a_n = (-1)^n$ となる数列を考えよう。
$$\{a_n\} = 1, \ -1, \ 1, \ -1, \ \cdots, \ (-1)^n, \ \cdots$$

この数列は $n$ が大きくなるにつれて、ある特定値に近づくことなく、$-1$ かあるいは $1$ となる。このような数列を"振動する"という。

$$\lim_{n \to \infty} a_n = \lim_{n \to \infty} (-1)^n = 振動する \tag{9.34}$$

### 9.10.1 問題

つぎの数列の極限をもとめよ。

(1):

(a): $\lim_{n\to\infty} \sqrt{n^2-1}$　　(b): $\lim_{n\to\infty} \left(\frac{1}{3}\right)^n$　　(c): $\lim_{n\to\infty} \frac{\sin(n\pi)}{n}$

(2):

(a): $\lim_{n\to\infty} \frac{n}{n+1}$　　(b): $\lim_{n\to\infty} \frac{n^2-3n+1}{3n^2+n+1}$　　(c): $\lim_{n\to\infty} \frac{3^{2n+1}}{9^n-1}$

(3):

(a): $\lim_{n\to\infty} \left(\sqrt{n+2}-\sqrt{n-1}\right)$　　(b): $\lim_{n\to\infty} \left(\sqrt{2n+2}-\sqrt{n-1}\right)$

(4): つぎの数列の極限を $|r|>1$、$r=1$、$|r|<1$ の場合に分けて求めよ。

$$\lim_{n\to\infty}\left(\frac{1-r^n}{1+r^n}\right)$$

(5): フィボナッチ数列 (§ 9.14 Appendix-B 参照) の漸化式: $a_{n+2} = a_{n+1} + a_n$ を用いて、次の極限値を求めよ。この極限値は黄金比[*2]に一致する。

(a): $\lim_{n\to\infty} \frac{a_{n+2}}{a_{n+1}}$　　(b): $\lim_{n\to\infty} \frac{a_n}{a_{n+1}}$

(6): 次の値 $S_\infty$ を求めよ。

(a): $S_\infty = \sum_{k=1}^{\infty} \frac{1}{2^k}$　　(b): $S_\infty = \sum_{k=1}^{\infty} e^{-kx}$　　$(x>0)$

## 9.11　区分求積法（取り尽くし法）

数列の極限の応用として、曲線の面積や体積を求めてみよう。

---

[*2] 長さ $a,b$ の間に、$a/b = (a+b)/a$ の関係式が成り立つとき、比：$= a/b$（または、$= b/a$）を黄金比という。

# 第9章 数列

## 9.11.1 2次曲線の面積

例として、図 9.3 と図 9.4 のように、2 次曲線：$y = x^2$ と 2 つの直線：$y = 0$、$x = 1$ で囲まれた面積 $S$ を求めよう。$0 < x < 1$ を $n$ 等分し、細長い長方形を $n$ 個作り、それらの長方形を足し合わせ、$n$ を限りなく大きくすれば、面積 $S$ が求められるだろう。

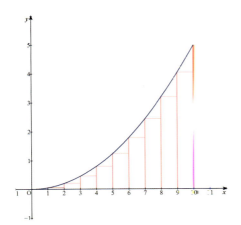

図 9.3  a: 2 次曲線の面積　　　　図 9.4  b: 2 次曲線の面積

図 9.3 の長方形の面積和を $A_n$、図 9.4 の長方形の面積和を $B_n$ とすると、

$$A_n = \frac{1}{n} \cdot 0 + \frac{1}{n} \cdot \left(\frac{1}{n}\right)^2 + \frac{1}{n} \cdot \left(\frac{2}{n}\right)^2 + \cdots + \frac{1}{n} \cdot \left(\frac{k}{n}\right)^2 + \cdots \frac{1}{n} \cdot \left(\frac{n-1}{n}\right)^2$$
$$= \frac{1}{n^3} \sum_{k=0}^{n-1} k^2 = \frac{1}{n^3} \frac{(n-1)n(2n-1)}{6} \tag{9.35}$$

$$B_n = \frac{1}{n} \cdot \left(\frac{1}{n}\right)^2 + \frac{1}{n} \cdot \left(\frac{2}{n}\right)^2 + \cdots + \frac{1}{n} \cdot \left(\frac{k}{n}\right)^2 + \cdots \frac{1}{n} \cdot \left(\frac{n}{n}\right)^2$$
$$= \frac{1}{n^3} \sum_{k=1}^{n} k^2 = \frac{1}{n^3} \frac{n(n+1)(2n-1)}{6} \tag{9.36}$$

2 次曲線の面積 $S$ と $A_n, B_n$ との間には明らかに

$$A_n \leq S \leq B_n \quad \text{したがって、} \quad \lim_{n \to \infty} A_n \leq S \leq \lim_{n \to \infty} B_n$$

が成り立つ。

$$\lim_{n \to \infty} A_n = \lim_{n \to \infty} B_n = \frac{1}{3}$$

から、この 2 次曲線の面積は $S = 1/3$ となることが分かる。この方法を取り尽くし法という。

### 9.11.2 円周と円の面積

図 9.5 で示されているように、半径 $r$ の円に内接する正 $n$ 角形の周囲の長さ：$L_n$ は、$n$ を限りなく大きくすると円周の長さ：$2\pi r$ に限りなく近づく。

$$\lim_{n\to\infty} L_n = \lim_{n\to\infty} 2r\sin\left(\frac{2\pi}{2n}\right)n = \lim_{n\to\infty} 2\pi r \frac{\sin\left(\frac{\pi}{n}\right)}{\frac{\pi}{n}} = 2\pi r$$

したがって、次式の関係式が得られる。この式は第 10 章の三角関数の微分で重要となる。

$$\lim_{n\to\infty} \frac{\sin\left(\frac{\pi}{n}\right)}{\frac{\pi}{n}} = 1 \tag{9.37}$$

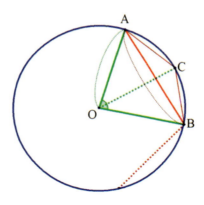

図 9.5 円周と円の面積

### 9.11.3 問題

(1)：半径 $r$ の円の面積が $\pi r^2$ となることを、取り尽くし法と (9.37) 式から示せ。
(2)：図 9.6 に示されているように、高さが $h$、底面が半径 $R$ の円の円錐の体積を求めよ。（ヒント：縦軸方向の高さ $h$ を $n$ 等分して厚さ $h/n$ の円板を $n$ 個作り、これらの円板の体積を足し合わせて、最後に $n$ を限りなく大きくすることによって、円錐の体積を求める。）

(3)：図 9.7 に示されているように、半径が $r$ の半球の体積を求めよ。（ヒント：縦軸方向の半径 $r$ を $n$ 等分して厚さ $r/n$ の円板を $n$ 個作り、これらの円板の体積を足し合わせて、最後に $n$ を限りなく大きくすることによって、半球の体積を求める。）

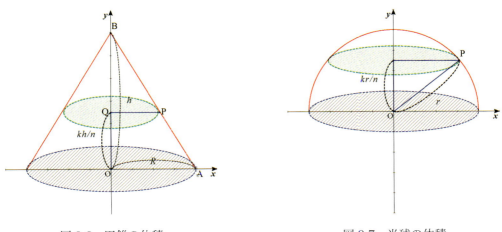

図 9.6　円錐の体積　　　　　　　図 9.7　半球の体積

## 9.12　ネイピア数：$e$

数列：$\{a_n\} = (1+1)^1, \left(1+\dfrac{1}{2}\right)^2, \left(1+\dfrac{1}{3}\right)^3, \cdots, \left(1+\dfrac{1}{n}\right)^n, \cdots$

について、図 9.8 に示すように、横軸にべき乗 $n$ をとり、この数列を図示すると、$n$ が大きくなるにつれて、$a_n$ はある極限値に近づくことが分かる。この極限値は $e \equiv 2.7182818 \cdots$ の無理数（超越数[*3]）になることが分かっている。

$$e \equiv \lim_{n \to \infty} \left(1+\frac{1}{n}\right)^n = 2.7182818 \cdots \tag{9.38}$$

$e$ はオイラーの "ネイピア数" あるいは "exponential" と呼ばれ、数学や科学にとって大変重要な値である。また、ネイピア数 $e$ と三角関数を関係づけたオイラーの公式は有名である。オイラーの公式については、次章の微分で詳しく解説する。

$$\text{オイラーの公式：} \quad e^{i\theta} = \cos\theta + i\sin\theta \tag{9.39}$$

---

[*3] 超越数にはこのほかに、円周率の $\pi$ などがある。

ここで、$i = \sqrt{-1}$ は虚数である。

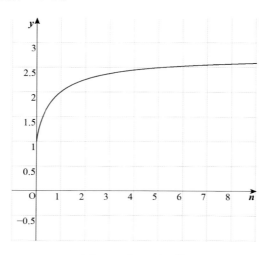

図 9.8　ネイピア数

## 9.13  Appendix-A: 奇数和と自然数の三平方の定理

次の三平方の定理
$$a^2 + b^2 = c^2$$
を満たす自然数：$a, b, c$ をピタゴラス学派の考え方に沿って求めよう。
奇数和において、次式が成り立つ。

$$\sum_{k=1}^{n}(2k-1) = 1 + 3 + 5 + 7 + \cdots + (2n-1) = n^2 \tag{9.40}$$

$$\sum_{k=1}^{n+1}(2k-1) = \sum_{k=1}^{n}(2k-1) + (2n+1) = (n+1)^2 \tag{9.41}$$

したがって、自明の等式：

$$n^2 + (2n+1) = (n+1)^2 \tag{9.42}$$

もし、$(2n+1)$ がある自然数：$m$ の 2 乗ならば、自然数の三平方の定理が成り立つことになる。$(2n+1) = m^2$ （ただし、$m$ は奇数でなければならない）と置き換えると、

$$n = \frac{m^2 - 1}{2}$$

なので、(9.42) 式は次のようになる。

$$\left(\frac{m^2-1}{2}\right)^2 + m^2 = \left(\frac{m^2+1}{2}\right)^2 \tag{9.43}$$

ただし、$m$ は奇数でなければならない。例えば、

$$\begin{aligned}
m=1 のとき、: & \quad 0^2 + 1^2 = 1^2 \\
m=3 のとき、: & \quad 4^2 + 3^2 = 5^2 \\
m=5 のとき、: & \quad 12^2 + 5^2 = 13^2 \\
m=7 のとき、: & \quad 24^2 + 7^2 = 25^2 \\
m=9 のとき、: & \quad 40^2 + 9^2 = 41^2
\end{aligned}$$

これらは、自然数の三平方の定理である。

## 9.14 Appendix-B: フィボナッチ数列

12 世紀にレオナルドによって書かれた"算盤の書"に出てくる有名な数列の問題がある。これは、次のような問題である。
「 生まれたての 1 ツガイのウサギが居て、このウサギが 2 ヶ月後から毎月 1 ツガイのウサギを生むとする。1 年後のツガイの数はどうなるか？」この問題を図示すると、図 9.9 のようになる。

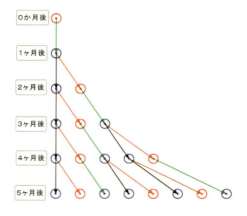

図 9.9 フィボナッチ数列

$$
\begin{array}{lcl}
0 \text{ヶ月後} \Rightarrow & 1\text{ツガイ} \Rightarrow & a_0 = 1 \\
1 \text{ヶ月後} \Rightarrow & 1\text{ツガイ} \Rightarrow & a_1 = 1 \\
2 \text{ヶ月後} \Rightarrow & 2\text{ツガイ} \Rightarrow & a_2 = 2 \\
3 \text{ヶ月後} \Rightarrow & 3\text{ツガイ} \Rightarrow & a_3 = 3 \\
4 \text{ヶ月後} \Rightarrow & 5\text{ツガイ} \Rightarrow & a_4 = 5 \\
5 \text{ヶ月後} \Rightarrow & 8\text{ツガイ} \Rightarrow & a_5 = 8 \\
\cdots \Rightarrow & \cdots\text{ツガイ} \Rightarrow & \cdots
\end{array}
$$

この数列をよく見ると、第 $(n+2)$ 項の値（$(n+2)$ ヶ月後のツガイの数）：$a_{n+2}$ は、先行する第 $(n+1)$ 項の値（$(n+1)$ ヶ月後のツガイの数）：$a_{n+1}$ と第 $n$ 項の値（$n$ ヶ月後のツガイの数）：$a_n$ の和になっていることが分かる。

$$a_0, \quad a_1, \quad a_2, \quad a_3, \quad a_4, \quad a_5, \quad \cdots$$

$$1, \quad 1, \quad 2, \quad 3, \quad 5, \quad 8, \quad \cdots$$

# 第 9 章 数列

この数列をフィボナッチ数列といい、その漸化式は

$$a_{n+2} = a_{n+1} + a_n \tag{9.44}$$

となる。フィボナッチ数列の一般項 $a_n$ を求めよう。(9.44) 式の漸化式が次式の変形された漸化式：

$$(a_{n+2} - \alpha a_{n+1}) = \beta(a_{n+1} - \alpha a_n) \tag{9.45}$$

と一致するように、定数 $\alpha, \beta$ を決める。即ち、$\alpha + \beta = 1, \alpha\beta = -1$ より、

$$\alpha = \frac{1+\sqrt{5}}{2} \qquad \beta = \frac{1-\sqrt{5}}{2} \tag{9.46}$$

または、$\alpha$ と $\beta$ を入れ替えた

$$\alpha = \frac{1-\sqrt{5}}{2} \qquad \beta = \frac{1+\sqrt{5}}{2} \tag{9.47}$$

となることが分かる。さらに、(9.45) 式の変形漸化式で、$b_n = a_{n+1} - \alpha a_n$ と置くと、

$$b_{n+1} = \beta b_n$$

となり、これは公比が $\beta$ の等比級数である。

$$b_n = \beta^n b_0 \tag{9.48}$$

したがって、

$$(a_{n+1} - \alpha a_n) = \beta^n(a_1 - \alpha a_0) = \beta^n(1 - \alpha) = \beta^{n+1} \tag{9.49}$$

が得られる。一方、$\alpha$ と $\beta$ を入れ替えた場合についても成り立つ。

$$(a_{n+1} - \beta a_n) = \alpha^n(a_1 - \alpha a_0) = \alpha^n(1 - \beta) = \alpha^{n+1} \tag{9.50}$$

(9.49) 式と (9.50) 式の差をとり、$\alpha, \beta$ の値として、(9.46) 式、または (9.47) 式を代入すると、フィボナッチ数列の一般項 $a_n$ が得られる。

$$a_n = \frac{\alpha^{n+1} - \beta^{n+1}}{\alpha - \beta} = \frac{1}{\sqrt{5}}\left\{\left(\frac{1+\sqrt{5}}{2}\right)^{n+1} - \left(\frac{1-\sqrt{5}}{2}\right)^{n+1}\right\} \tag{9.51}$$

1 年後のツガイの数は $a_{12} = 233$ ツガイ、さらに 2 年後は $a_{24} = 79,025$ ツガイとなる。

## 9.15 Appendix-C: 順列と組み合わせ

### 9.15.1 階乗（！）

自然数を 1 から $n$ まで順番に掛け合わせた値を $n!$ と表し、"びっくりマーク"！を階乗（Factorial）と呼ぶ。

$$n! = n \times (n-1) \times (n-2) \times (n-3) \times \cdots 2 \times 1 \tag{9.52}$$

ちなみに、"びっくりマーク"！が 2 個付いた 2 重階乗 !! もある。

$$(2n-1)!! = (2n-1) \times (2n-3) \times (2n-5) \times \cdots \times 3 \times 1 \tag{9.53}$$
$$(2n)!! = 2n \times (2n-2) \times (2n-4) \times \cdots \times 4 \times 2 \tag{9.54}$$

ただし、

$$0! = 1! = 1 \tag{9.55}$$

と定義する。

### 9.15.2 順列

例えば、A、B、C、D、E と書かれた 5 枚のカードから 3 枚を取り出して並べると、何通りの単語ができるだろうか。最初に取り出すカードは 5 枚の中から選べるので 5 通りある。2 番目に取り出すカードは残りの 4 枚の中から選ぶので 4 通り、そして最後の 3 番目に取り出すカードは残った 3 枚のカードから選ぶので 3 通りある。したがって、5 枚のカードから 3 枚を取り出して並べると、$5 \times 4 \times 3 = 60$ 通りの単語ができることになる。一般に、$n$ 個の中から $r$ 個を取り出して、順序を区別して並べる方法の数は $n \times (n-1) \times (n-2) \times \cdots \times (n-r+1)$ 通りで、これを $_nP_r$（P：Permutations）と定義する。

$$_nP_r \equiv n(n-1)(n-2)\cdots(n-r+1) = \frac{n!}{(n-r)!} \tag{9.56}$$

### 9.15.3 組み合わせ

前節の順列の例において、A、B、C、D、E の 5 枚のカードから 3 枚を取り出し、取り出す順序を区別しない（例えば、[ABC]、[BAC]、[CAB] などを区別しない）組み合わせの数は、$5 \times 4 \times 3 = 60$ 通りを、さらに 6 通り（[ABC] を並び替える方法の数は $3 \times 2 \times 1 = 6$

# 第 9 章 数列

通り）で割らなければならない。したがって、A、B、C、D、E の 5 枚のカードから 3 枚を取り出し、順序を区別しない組み合わせの数は、$(5 \times 4 \times 3)/(3 \times 2 \times 1) = 10$ 通りとなる。一般に、$n$ 個の中から $r$ 個を取り出して、順序を区別しない組み合わせの数を、${}_nC_r$（C：Combinations）と定義する。

$$
{}_nC_r \equiv \frac{{}_nP_r}{r!} = \frac{n!}{(n-r)!r!} \tag{9.57}
$$

${}_nC_r$ は $C(n,r)$、または $\begin{pmatrix} n \\ r \end{pmatrix}$ とも表される。

組み合わせの ${}_nC_r$ には、次のような関係式が成り立つ。

$$
{}_nC_r = {}_nC_{n-r} \tag{9.58}
$$

$$
{}_nC_r = {}_{n-1}C_{r-1} + {}_{n-1}C_r \tag{9.59}
$$

「(9.59) 式の証明」：

$$
\begin{aligned}
{}_{n-1}C_{r-1} + {}_{n-1}C_r &= \frac{(n-1)!}{(n-r)!(r-1)!} + \frac{(n-1)!}{(n-r-1)!r!} \\
&= (n-1)! \left\{ \frac{r}{(n-r)!r!} + \frac{(n-r)}{(n-r)!r!} \right\} \\
&= (n-1)! \frac{n}{(n-r)!r!} = \frac{n!}{(n-r)!r!} \\
&= {}_nC_r
\end{aligned}
$$

また、二項定理：

$$
(x+y)^n = \sum_{k=0}^{n} {}_nC_k x^k y^{n-k}
$$

で、$x = y = 1$ と置くと、或いは、$x = -1, y = 1$ と置くと、次の関係式が成り立つことが分かる。

$$
\sum_{k=0}^{n} {}_nC_k = 2^n \qquad \sum_{k=0}^{n} {}_nC_k (-1)^k = 0 \tag{9.60}
$$

## 9.16 第9章 解答

§ 9.1.1 問題解答

(1): $a_n = n - 3$　　(2): $a_n = 2 \times 3^{n-1}$　　(3): $a_n + a_{n+1} = a_{n+2}$

§ 9.2.3 問題解答

(1):
$$\sum_{k=1}^{200} k - \sum_{k=1}^{99} k = \frac{200 \times 201}{2} - \frac{99 \times 100}{2} = 15150$$

(2): 第 $n$ 項 : $a_n = 2n - 1$ なので、
$$\sum_{k=1}^{n} a_k = \sum_{k=1}^{n} (2k - 1) = 2 \sum_{k=1}^{n} k - n = n^2$$

(3): 第 $n$ 項 : $a_n = 2n$ なので、
$$\sum_{k=1}^{n} a_k = \sum_{k=1}^{n} 2k = 2 \sum_{k=1}^{n} k = n(n+1)$$

§ 9.3.2 問題解答

(1):

(a): 初項が $-2$, 公差が $4$ なので、$a_n = -2 + 4(n-1) = 4n - 6$、したがって、
$$S_n = \sum_{k=1}^{n} a_k = \sum_{k=1}^{n} (4k - 6) = 4 \sum_{k=1}^{n} k - 6n = 2n(n-2)$$

(b): 初項が $12$, 公差が $-3$ なので、$a_n = 12 - 3(n-1) = 15 - 3n$、したがって、
$$S_n = \sum_{k=1}^{n} a_k = \sum_{k=1}^{n} (15 - 3k) = \frac{3n(9-n)}{2}$$

(c): 初項が $3/2$, 公差が $3/2$ なので、$a_n = 3/2 + 3(n-1)/2 = 3n/2$、したがって、
$$S_n = \sum_{k=1}^{n} a_k = \frac{3}{2} \sum_{k=1}^{n} k = \frac{3}{4} n(n+1)$$

(2): 自然数和 $S_n = n(n+1)/2$ が、100 俵を越える最小の $n$ が最下段の俵の数となる。したがって、最下段の俵の数は $n = 14$, $S_n = 105$。5 俵多いので、5 俵を差っ引くと最上段に並ぶ数は 1 俵となる。

## § 9.4.2 問題解答

(1):

(a): 初項が $a_1 = c = -5$ 公比が $r = -2$ なので、$a_n = cr^{n-1} = 5(-2)^{n-1}$、したがって、
$$S_n = \sum_{k=1}^{n} a_k = \frac{c(1-r^n)}{1-r} = \frac{5(1-(-2)^n)}{3}$$

(b): 初項が $a_1 = c = 1/2$, 公比が $r = 1/2$ なので、$a_n = cr^{n-1} = (1/2)^n$、したがって、
$$S_n = \sum_{k=1}^{n} a_k = \frac{c(1-r^n)}{1-r} = 1 - \frac{1}{2^n}$$

$n$ が十分大きくなるにつれて、$S_n$ は 1 に近づく。

(c): 初項が $a_1 = c = e^{-x}$, 公比が $r = e^{-x}$、$a_n = cr^{n-1} = e^{-nx}$、したがって、
$$S_n = \sum_{k=1}^{n} a_k = \frac{c(1-r^n)}{1-r} = \frac{e^{-x}(1-e^{-nx})}{1-e^{-x}}$$

(2): $a_1 = 1$, $a_2 = 2r$ なので、一般項は $a_n = nr^{n-2}$ となる。したがって、
$$S_n = \sum_{k=1}^{n} a_k = 1 + 2r + 3r^2 + 4r^3 + \cdots + nr^{n-1}$$

$S_n$ と $rS_n$ の差をとると、
$$(1-r)S_n = 1 + r + r^2 + r^3 + \cdots + r^{n-1} - nr^n = \frac{1-r^n}{1-r} - nr^n$$

ゆえに、
$$S_n = \frac{1-r^n}{(1-r)^2} - \frac{nr^n}{1-r}$$

(3):
$$1 - x + x^2 + x^3 + \cdots + x^9 = \frac{1-x^{10}}{1-x}$$

したがって、$(1-x)(1 - x + x^2 + x^3 + \cdots + x^9) = 1 - x^{10}$

(4)： $p = (x-50)/50$ と置くとき、$y = 2^p M$ 円となる。

## § 9.5.1 問題解答

(1)： $a_1 = 1, a_2 = 3^2, a_3 = 5^2$ なので、一般項は $a_n = (2n-1)^2$ となる。したがって、
$$S_n = \sum_{k=1}^{n}(2k-1)^2 = 4\sum_{k=1}^{n}k^2 - 4\sum_{k=1}^{n}k - \sum_{k=1}^{n}1$$
したがって、
$$S_n = 4\frac{n(n+1)(2n+1)}{6} - 4\frac{n(n+1)}{2} + n = \frac{n(4n^2-1)}{3}$$

(2)： $a_1 = 2\times 3, a_2 = 5\times 7, a_3 = 8\times 11$ なので、一般項は $a_n = (3n-1)(4n-1)$ となる。したがって、
$$S_n = \sum_{k=1}^{n}(3k-1)(4k-1) = 12\sum_{k=1}^{n}k^2 - 7\sum_{k=1}^{n}k + \sum_{k=1}^{n}1$$
したがって、
$$S_n = 12\frac{n(n+1)(2n+1)}{6} - 7\frac{n(n+1)}{2} + n = \frac{n(8n^2+5n-1)}{2}$$

(3)： ヒントと 2 乗和の求め方と同じ方法を用いると、次式が得られる。
$$n^4 = 4\sum_{k=1}^{n}k^3 - 6\sum_{k=1}^{n}k^2 + 4\sum_{k=1}^{n}k - \sum_{k=1}^{n}1$$
ゆえに、
$$S_n = \sum_{k=1}^{n}k^3 = \left\{\frac{n(n+1)}{2}\right\}^2$$

## § 9.6.1 問題解答

(1)：
   (a)：
$$S_n = \sum_{k=1}^{n}\frac{1}{k(k+2)} = \frac{1}{2}\left\{\sum_{k=1}^{n}\left(\frac{1}{k}-\frac{1}{k+1}\right) + \sum_{k=1}^{n}\left(\frac{1}{k+1}-\frac{1}{k+2}\right)\right\}$$
$$\sum_{k=1}^{n}\left(\frac{1}{k}-\frac{1}{k+1}\right) = 1 - \frac{1}{n+1} \quad \sum_{k=1}^{n}\left(\frac{1}{k+1}-\frac{1}{k+2}\right) = \frac{1}{2} - \frac{1}{n+2}$$

第 9 章　数列

したがって、
$$S_n = \frac{n(3n+5)}{4(n+1)(n+2)}$$

(b)：
$$S_n = \sum_{k=1}^{n} \frac{1}{(2k-1)(2k+1)} = \frac{1}{2}\sum_{k=1}^{n}\left(\frac{1}{2k-1} - \frac{1}{2k+1}\right) = \frac{n}{2n+1}$$

(2)：

(a)：
$$\sum_{k=1}^{n} \frac{1}{k(k+1)(k+2)} = \frac{1}{2}\sum_{k=1}^{n}\left(\frac{1}{k(k+1)} - \frac{1}{(k+1)(k+2)}\right) = \frac{n(n+3)}{4(n+1)(n+2)}$$

(b)：分母、分子に $(\sqrt{k+1} - \sqrt{k})$ をかけると、
$$\sum_{k=1}^{n} \frac{1}{\sqrt{k+1} + \sqrt{k}} = \sum_{k=1}^{n} \left(\sqrt{k+1} - \sqrt{k}\right) = \sqrt{n+1} - 1$$

## § 9.7.1 問題解答

(1)：$a_n - a_{n-1} = n - 1$, $a_{n-1} - a_{n-2} = n - 2$, $\cdots$, $a_2 - a_1 = 1$, これらの項を足し合わせると、
$$a_n - a_1 = a_n = 1 + 2 + 3 + \cdots + (n-1) = \sum_{k=1}^{n-1} k = \frac{n(n-1)}{2}$$

(2)：漸化式 $a_{n+1} = 2a_n + 3$ において、$a_n = b_n + c$ と置き換えて、数列:$\{b_n\}$ が等比級数となるように $c$ を決めると、$c = -3$, $b_{n+1} = 2b_n = 2^{n-1}b_1$ が得られる。ゆえに、$a_n = 2^{n-1}b_1 - 3$ となる。$a_1 = 1$ から、$b_1 = 4$。最終的に、$a_n = 2^{n+1} - 3$ となる。

## § 9.9.3 問題解答

(1)：$n = 1$ のとき成り立つ。$n = k$ のとき成り立つと仮定して、$n = k + 1$ のとき、
$$\frac{k}{k+1} + \frac{1}{k(k+1)} = \frac{(k+1)}{(k+1)+1}$$

となり、$n = k + 1$ の場合も成り立つ。証明終わり

(2)： $n=1$ のとき成り立つ。$n=k$ のとき成り立つと仮定して、$n=k+1$ のとき、

$$\frac{k(k+1)(2k+1)}{6}+(k+1)^2=\frac{(k+1)\{(k+1)+1\}\{2(k+1)+1\}}{6}$$

となり、$n=k+1$ の場合も成り立つ。証明終わり

## § 9.10.1 問題解答

(1)：

(a)： $\displaystyle\lim_{n\to\infty}\sqrt{n^2-1}=\infty$    (b)： $\displaystyle\lim_{n\to\infty}\left(\frac{1}{3}\right)^n=0$    (c)： $\displaystyle\lim_{n\to\infty}\frac{\sin(n\pi)}{n}=0$

(2)：

(a)： $\displaystyle\lim_{n\to\infty}\frac{n}{n+1}=1$    (b)： $\displaystyle\lim_{n\to\infty}\frac{n^2-3n+1}{3n^2+n+1}=\frac{1}{3}$    (c)： $\displaystyle\lim_{n\to\infty}\frac{3^{2n+1}}{9^n-1}=3$

(3)：

(a)： $\displaystyle\lim_{n\to\infty}\left(\sqrt{n+2}-\sqrt{n-1}\right)=\lim_{n\to\infty}\frac{(n+2)-(n-1)}{\left(\sqrt{n+2}+\sqrt{n-1}\right)}=0$

(b)： $\displaystyle\lim_{n\to\infty}\left(\sqrt{2n+2}-\sqrt{n-1}\right)=\lim_{n\to\infty}\frac{n+3}{\left(\sqrt{2n+2}+\sqrt{n-1}\right)}=\infty$

(4)：

$$|r|>1 \text{ とき、}\lim_{n\to\infty}\frac{1-r^n}{1+r^n}=\lim_{n\to\infty}\frac{1/r^n-1}{1/r^n+1}=-1$$

$$r=1 \text{ とき、}\lim_{n\to\infty}\frac{1-r^n}{1+r^n}=\lim_{n\to\infty}\frac{1-1}{1+1}=0$$

$$|r|<1 \text{ とき、}\lim_{n\to\infty}\frac{1-r^n}{1+r^n}=1$$

(5)：

(a)： § 9.14 の Appendix-B より、$\alpha,\beta$ として、$\alpha>\beta$ の場合（$\alpha<\beta$ の場合も同じ結果）、(9.46) 式： $\alpha=(1+\sqrt{5})/2, \beta=(1-\sqrt{5})/2=1/\alpha$ をとる。(9.51) 式から、

$$\lim_{n\to\infty}\frac{a_{n+2}}{a_{n+1}}=\lim_{n\to\infty}\frac{\alpha^{n+3}-\beta^{n+3}}{\alpha^{n+2}-\beta^{n+2}}=\lim_{n\to\infty}\frac{\alpha-\beta(\beta/\alpha)^{n+2}}{1-(\alpha/\beta)^{n+2}}=\alpha=\frac{1+\sqrt{5}}{2}$$

(b):
$$\lim_{n\to\infty}\frac{a_n}{a_{n+1}} = \lim_{n\to\infty}\frac{\alpha^{n+1}-\beta^{n+1}}{\alpha^{n+2}-\beta^{n+2}} = \lim_{n\to\infty}\frac{1-(\beta/\alpha)^{n+1}}{\alpha-\beta(\beta/\alpha)^{n+1}} = \frac{1}{\alpha} = \beta = \frac{1-\sqrt{5}}{2}$$

(6):

(a): 等比級数なので、
$$S_n = \sum_{k=1}^{n}\frac{1}{2^k} = 1 - \frac{1}{2^n} \quad \text{ゆえに、} \quad \lim_{n\to\infty}S_n = S_\infty = 1$$

(b): 等比級数なので、
$$S_n = \sum_{k=1}^{n}e^{kx} = \frac{1-e^{-nx}}{e^x-1} \quad \text{ゆえに、} \quad \lim_{n\to\infty}S_n = S_\infty = \frac{1}{e^x-1}$$

## § 9.11.3 問題解答

(1): 半径 $r$ の円に内接する正 $n$ 角形の面積：$S_n$ は、
$$S_n = r\cos\left(\frac{\theta_n}{2}\right) \times 2r\sin\left(\frac{\theta_n}{2}\right) \times \frac{1}{2} \times n$$

ここで、$\theta_n = 2\pi/n$ である。加法定理：$\sin(2x) = 2\sin x\cos x$ を用いて、
$$S_n = \pi r^2 \frac{\sin\theta_n}{\theta_n} = \pi r^2 \frac{\sin\left(\frac{2\pi}{n}\right)}{\frac{2\pi}{n}}$$

$n$ を限りなく大きくすると、正 $n$ 角形の面積 $S_n$ は円の面積に限りなく近づく。

$$\text{半径 } r \text{ の円の面積} = \lim_{n\to\infty}S_n = \pi r^2 \lim_{n\to\infty}\frac{\sin\left(\frac{2\pi}{n}\right)}{\frac{2\pi}{n}} = \pi r^2$$

(2): 下から $k$ 番目（$0 \leq k \leq n$）の円板の半径は $(1-k/n)R$、厚みは $h/n$ なので、$k$ 番目の円板の体積 $v_k$ は
$$v_k = \pi R^2\left(1-\frac{k}{n}\right)^2 \frac{h}{n} = \pi R^2 h\frac{(n-k)^2}{n^3}$$

したがって、$n$ 個の円板の体積の総和 $V_n$ は
$$V_n = \sum_{k=1}^{n}v_k = \pi R^2 h\sum_{k=1}^{n}\left(\frac{1}{n}-\frac{2k}{n^2}+\frac{k^2}{n^3}\right)$$

ここで、
$$\sum_{k=1}^{n}\frac{1}{n}=1 \quad \sum_{k=1}^{n}\frac{2k}{n^2}=\frac{n(n+1)}{n^2} \quad \sum_{k=1}^{n}\frac{k^2}{n^3}=\frac{n(n+1)(2n+1)}{6n^3}$$

円錐の体積 $V$ は
$$V=\lim_{n\to\infty}V_n=\pi R^2 h\lim_{n\to\infty}\left(1-\frac{n(n+1)}{n^2}+\frac{n(n+1)(2n+1)}{6n^3}\right)=\frac{1}{3}\pi R^2 h$$

(3)：半径 $r$ を $n$ 等分して厚さ $r/n$ の円板を $n$ 個作り、これらの円板の体積を足し合わせて、最後に $n$ を限りなく大きくすることによって、半球の体積を求める。さて、中心から $k$ 番目（$0\leq k\leq n$）の円板の断面積 $S_k$ は
$$S_k=\pi\left(\sqrt{r^2-\frac{k^2}{n^2}r^2}\right)^2=\pi r^2\left(1-\frac{k^2}{n^2}\right)$$

したがって、$n$ 個の円板の体積の総和 $V_n$ は
$$V_n=\sum_{k=1}^{n}S_k\frac{r}{n}=\pi r^3\frac{1}{n}\sum_{k=1}^{n}\left(1-\frac{k^2}{n^2}\right)$$
$$V_n=\pi r^3\frac{1}{n}\left(n-\frac{n(n+1)(2n+1)}{6n^2}\right)=\pi r^3\left(1-\frac{n(n+1)(2n+1)}{6n^3}\right)$$

したがって、半球の体積 $V$ は
$$V=\lim_{n\to\infty}V_n=\pi r^3\left(1-\frac{1}{3}\right)=\frac{2}{3}\pi r^3$$

# 第 10 章

# 微分

微分の考え方 (微分法) は、コペルニクスによる地動説や、ガリレイによる物体の速度や加速度運動の研究から生まれ[*1]、その後、ケプラーによる惑星の楕円軌道 (ケプラーの法則) の発見やニュートンの万有引力の発見によって運動学が飛躍的に発展した。さらに、ニュートンによって、速度や加速度の運動学の数学的方法として微分法の基礎が確立され、微分法から積分法へと発展した。その研究結果は有名な『プリンキピア（Principia1687）』に 1687 年に発表された。一方、ライプニッツも、微分積分に関してニュートンとは独立に発見した。現在、用いられている微分積分の数学記号はライプニッツによって発明されたものである。

## 10.1 関数の極限

§ 9.10 では、数列の極限について解説した。ここでは微分への道程として、初めに関数の極限について解説する。例えば、次のような関数の極限について見てみよう。

$$f(x) = \frac{x^2 - 1}{x - 1}$$

この関数は $x = 1$ で分母がゼロとなるため、$x = 1$ では定義できない関数である。一方、$x \neq 1$ では $f(x) = x + 1$ となり、$x$ が 1 に限りなく近づくとき、$f(x)$ の値は 2 に限りなく近づくことが分かる（図 10.1 参照）。

一般に、関数 $f(x)$ について、$x$ がある値 $a$ に限りなく近づくにつれて、$f(x)$ がある値 $b$

---

[*1] 古代ギリシャでは、物体の運動学が発展しなかったため、微分の考え方は発見できなかった。

に限りなく近づくとき、極限の記号 lim を用いて、次のように表示する。

$$\lim_{x \to a} f(x) = b \tag{10.1}$$

$b$ が有限値であるとき、"収束する" という。一方、$b$ が有限値でなく、$\infty$ あるいは $-\infty$ となるとき、"発散する" という。例えば、次の関数 (図 10.2 参照) を見てみよう。

$$f(x) = \frac{1}{x-1}$$

$x$ が 1 より大きい値から 1 に限りなく近づくとき、$f(x)$ は限りなく大きくなって $\infty$ になるが、一方、$x$ が 1 より小さい値から 1 に限りなく近づくとき、$f(x)$ は限りなく小さくなり $-\infty$ なることが分かる。このことを次のように表示する。

$$\lim_{x \to 1+0} \frac{1}{x-1} = \infty \qquad \lim_{x \to 1-0} \frac{1}{x-1} = -\infty \tag{10.2}$$

ここで、$\lim_{x \to 1+0}$ は、$x$ が 1 より大きい値から 1 に限りなく近づくことを表し、一方、$\lim_{x \to 1-0}$ は、$x$ が 1 より小さい値から 1 に限りなく近づくことを表している。

また、$x$ が正 (あるいは、負) から 0 に限りなく近づくとき、$\lim_{x \to +0}$ (あるいは、$\lim_{x \to -0}$) と書く。 特に、

$$\lim_{x \to a+0} f(x) \neq \lim_{x \to a-0} f(x)$$

とき、関数 $f(x)$ は $x = a$ において極限がないという。

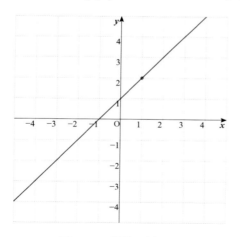

図 10.1 関数の極限 1

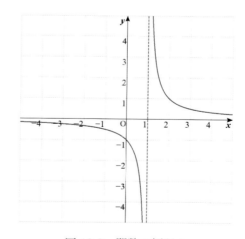

図 10.2 関数の極限 2

# 第10章 微分

## 10.1.1 問題

次の関数の極限値を求めよ。

(1) :
$$\lim_{x \to 1} \frac{x^3 - 1}{x - 1} \qquad \lim_{x \to -1} \frac{x^4 - 1}{x^2 - 1}$$

(2) :
$$\lim_{x \to \pi/2+0} \frac{1}{\cos x} \qquad \lim_{x \to \pi/2-0} \frac{1}{\cos x}$$

(3) :
$$\lim_{x \to 1} \log x \qquad \lim_{x \to +0} \log x$$

(4) :
$$\lim_{x \to \infty} e^{-x} \qquad \lim_{x \to \infty} e^{-x} \cos x$$

## 10.1.2 三角関数の極限

§ 9.11 の取り尽くし法において、自然数 $n$ を限りなく大きくするとき、
$$\lim_{n \to \infty} \frac{\pi}{n} \sin\left(\frac{\pi}{n}\right) = 1$$
となることが示された ((9.37) 式参照)。ここでは、すこし見方を変えて次の極限を求めよう。
$$\lim_{x \to 0} \frac{\sin x}{x}$$
$\lim_{x \to 0}$ とき、この関数の分母と分子は限りなくゼロに近づく。そのため、極限が存在するか発散するかを見極めるのに多少の工夫がいる。図 10.3 には半径 1 の 4 分の 1 円が描かれている。ここで、$x$ は中心角 ∠AOC である。図から明らかなように、

$$円弧 AC > 線分 AB > 円弧 DB$$

が成り立つ。したがって、

$$x > \sin x > x \cos x \qquad 故に、\quad 1 > \frac{\sin x}{x} > \cos x$$

$x$ をゼロに限りなく近づけると、右辺の $\cos x$ は 1 に限りなく近づくので、

$$1 > \lim_{x \to 0} \frac{\sin x}{x} > \lim_{x \to 0} \cos x = 1$$

となる。したがって、
$$\lim_{x \to 0} \frac{\sin x}{x} = 1 \tag{10.3}$$
が成り立ち、この極限値は収束することが分かる。この式は三角関数の微分に必要かつ重要な公式である。

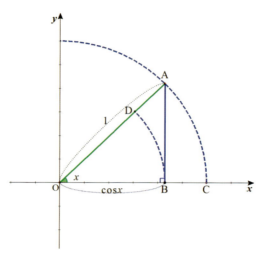

図 10.3　三角関数の極限

## 10.1.3　問題

次の関数の極限値を求めよ。

(1):
$$\lim_{x \to 0} \frac{\sin x}{x^2} \qquad \lim_{x \to 0} \frac{\sin 3x}{x} \qquad \lim_{x \to 0} \frac{\sin x}{\sin 3x}$$

(2):
$$\lim_{x \to 0} \frac{1 - \cos 2x}{x^2} \qquad \lim_{x \to 0} \frac{\tan x}{x}$$

## 10.1.4　ネイピア数：$e$

§ 9.12 の (9.38) 式では、ネイピア数 $e$ は次のように定義されている。
$$\lim_{n \to \infty} \left(1 + \frac{1}{n}\right)^n = e = 2.7182818 \cdots$$

ここで $n$ は自然数である。$x = 1/n$ と置き換えると、$\lim_{n\to\infty}$ は $\lim_{x\to 0}$ に置き換わる。したがって、次式が成り立つことが分かる。

$$\lim_{x\to 0}(1+x)^{1/x} = e = 2.7182818\cdots \tag{10.4}$$

図 10.4 では関数：$f(x) = (1+x)^{1/x}$ のグラフが図示されている。$x = 0$ 付近では、ネイピア数：$e$ が 2 と 3 の間にあることが分かる。

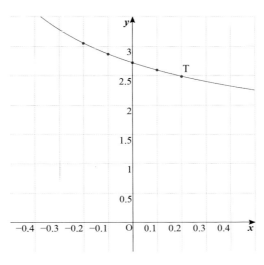

図 10.4　ネイピア数

## 10.2　関数の連続性（正則性）と中間値の定理

### 10.2.1　関数の連続性

変数 $x$ が限りなくある有限値：$a$ に近づくとき、関数 $f(x)$ も限りなく有限値 $f(a)$ に近づくならば、$f(x)$ は $x = a$ のところで連続であるという。

$$\lim_{x\to a} f(x) = f(a) \tag{10.5}$$

例えば、$f(x) = x^2$ や $f(x) = \sin x$ などの関数は変数 $x$ のすべての値に対して連続である。一方、関数 $f(x) = \tan x$ は $x = \pm\pi/2$ のところで不連続である。

$$\lim_{x\to \pi/2 - 0} \tan x = \infty \qquad \lim_{x\to \pi/2 + 0} \tan x = -\infty$$

## 10.2.2 中間値の定理

関数 $f(x)$ が、$x=a$ と $x=b$ ($b>a$ とする) の区間において連続で、$f(a) \neq f(b)$ のとき、$x=a$ と $x=b$ の区間内のある値 $x=c$ ($a<c<b$) において、$f(a)<f(c)<f(b)$、あるいは、$f(a)>f(c)>f(b)$ となる値 $c$ は少なくとも一つは存在する（図 10.5 参照）。これを、中間値の定理[*2]という。

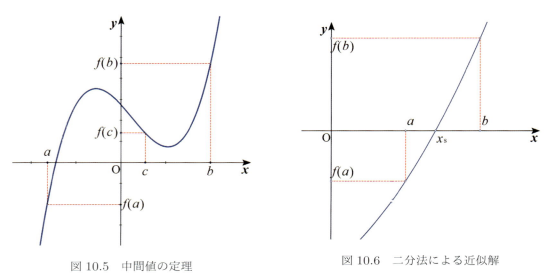

図 10.5　中間値の定理　　　　　　　図 10.6　二分法による近似解

## 10.2.3 二分法

$f(x)=0$ の解を求める数値計算法はいろいろあるが、その中の一つの方法として、中間値の定理を用いた二分法がある（図 10.6 参照）。関数 $f(x)$ が連続で、領域 $[a,b]$ において、

$$f(a) \times f(b) < 0$$

が成り立つとき、$f(x)=0$ の解 $x=x_s$ は、中間値の定理より領域 $[a,b]$ 内にあることが分かる。この定理を用いて、近似的に解を求めることが出来る。

1. $a<b$ として、その中間点を $x_m=(a+b)/2$ と置く。$a<x_m<b$ が成り立つ。
2. $f(a) \times f(x_m)$ と $f(x_m) \times f(b)$ の正負を調べる。

---

[*2] 証明については、高木貞治著『解析概論』（岩波書店）参照。

# 第10章　微分

3. $f(a) \times f(x_m) < 0$ のとき、解 $x_s$ は、$a < x_s < x_m$ の範囲にある。
4. $f(x_m) \times f(b) < 0$ のとき、解 $x_s$ は、$x_m < x_s < b$ の範囲にある。
5. この手順を繰り返すことによって、解 $x_s$ に限りなく近づく。

### 10.2.4　問題

(1)：関数 $f(x) = x^3 - x - 1$ とき、$f(a) = 0$ となる値 $a$ が 1 と 2 の間にあることを中間値の定理を用いて示せ。この値 $a$ は、方程式 $x^3 - x - 1 = 0$ の一つの解である。

(2)：方程式 $x^2 - 2 = 0$ の一つの解が 1.4 と 1.5 の間にあることを中間値の定理を用いて示せ。

## 10.3　微分の定義

図 10.7 に示されているように、関数 $f(x)$ が区間 $(a, b)$ において連続であるとき、区間 $(a, b)$ 間の勾配：

$$\frac{f(b) - f(a)}{b - a}$$

を、区間 $(a, b)$ 間の平均変化率という。いま、$(a, a+h)$ 間の平均変化率：

$$\frac{f(a+h) - f(a)}{(a+h) - a} = \frac{f(a+h) - f(a)}{h}$$

において、$h$ を限りなく 0 に近づけるとき、この変化率は関数 $f(x)$ 上の点 $(a, f(a))$ での接線勾配（接線の傾き）となることが分かる。

$$\text{点 } (a, f(a)) \text{ での接線勾配：} \quad \lim_{h \to 0} \frac{f(a+h) - f(a)}{h} \equiv f'(a) \equiv f^{(1)}(a) \tag{10.6}$$

この接線勾配を、関数：$f(x)$ の $x = a$ における微分係数と呼び、$f'(a)$ または、$f^{(1)}(a)$ と表示する。一般的な値 $x$ での微分は次のように表される。

$$\lim_{h \to 0} \frac{f(x+h) - f(x)}{h} \equiv \frac{df(x)}{dx} \equiv f^{(1)}(x) \equiv f'(x) \tag{10.7}$$

$\frac{df(x)}{dx}$ や $f^{(1)}(x)$ を $f(x)$ の 1 階微分、$f'(x)$ を $f(x)$ の導関数と呼ぶ。

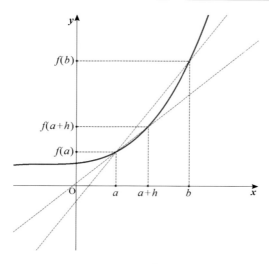

図 10.7　勾配と微分の定義

## 10.3.1　接線の式

関数 $f(x)$ 上の点 $(a, f(a))$ での接線の傾きが $f'(a)$ であることから、この点での接線の式は次式で与えられる。
$$y = f'(a)(x - a) + f(a) \tag{10.8}$$

例

たとえば、$f(x) = x^3$ の導関数を求めよう。

$$\begin{aligned}f'(x) &= \lim_{h \to 0} \frac{f(x+h) - f(x)}{h} = \lim_{h \to 0} \frac{(x+h)^3 - x^3}{h} = \lim_{h \to 0} \frac{3x^2 h + 3xh^2 + h^3}{h} \\ &= \lim_{h \to 0} (3x^2 + 3xh + h^2) = 3x^2\end{aligned}$$

関数 $f(x) = x^3$ の $x = 2$ のところでの導関数、即ち接線勾配は $f'(2) = 12$ なので、$x = 2$ のところでの接線の式は次のようになる。

$$y = f'(2)(x - 2) + f(2) \quad \Rightarrow \quad y = 12x - 16$$

# 第10章 微分

## 10.3.2 問題

(1): $f(x) = x^3 + 3x^2 + 2$ において、$x = 1$ での接線勾配と接線の式を求めよ。また、接線勾配がゼロとなる $x$ の値を $x_0$ とするとき、座標 $(x_0, f(x_0))$ を求めよ。

(2): $f(x) = 1/(x-1)$ において、接線勾配が $-1$ となる座標を求めよ。

## 10.3.3 べき乗の導関数

$n$ が自然数の場合の $f(x) = x^n$ の導関数を求めよう。

$$(x^n)' = \lim_{h \to 0} \frac{(x+h)^n - x^n}{h}$$

二項定理 ((9.28) 式参照):

$$(x+h)^n = \sum_{k=0}^{n} {}_nC_k x^{n-k} h^k$$
$$= x^n + nx^{n-1}h + \frac{n(n-1)}{2} x^{n-2} h^2 + \cdots + nxh^{n-1} + h^n$$

を用いて、

$$(x^n)' = \lim_{h \to 0} \left\{ nx^{n-1}h + \frac{n(n-1)}{2} x^{n-2} h^2 + \cdots + nxh^{n-1} + h^n \right\} \frac{1}{h}$$

したがって、べき乗の導関数として、次式が得られる。

$$(x^n)' = nx^{n-1} \tag{10.9}$$

### 逆べき乗の導関数

また、$f(x) = 1/x^n$ の逆べき乗の導関数は、

$$\left(\frac{1}{x^n}\right)' = (x^{-n})' = \lim_{h \to 0} \left( \frac{1}{(x+h)^n} - \frac{1}{x^n} \right) \frac{1}{h} = \lim_{h \to 0} \left( \frac{x^n - (x+h)^n}{(x+h)^n x^n} \right) \frac{1}{h}$$

したがって、逆べき乗の導関数として、次式が得られる。

$$\left(\frac{1}{x^n}\right)' = (x^{-n})' = -nx^{-n-1} \tag{10.10}$$

(10.9) 式と (10.10) 式から、$n$ が自然数の場合だけでなく整数のときにも次の導関数が成り立つことが分かる。

$$n = 整数: \qquad (x^n)' = nx^{n-1} \tag{10.11}$$

## 10.4 微分の公式1

### 10.4.1 関数の和(差)の導関数

$$\{f(x) \pm g(x)\}' = f'(x) \pm g'(x) \tag{10.12}$$

### 10.4.2 関数の積の導関数

$$\{f(x)g(x)\}' = f'(x)g(x) + f(x)g'(x) \tag{10.13}$$

「証明」

$$\begin{aligned}
\{f(x)g(x)\}' &= \lim_{h \to 0} \frac{f(x+h)g(x+h) - f(x)g(x)}{h} \\
&= \lim_{h \to 0} \left\{\frac{f(x+h) - f(x)}{h}\right\} g(x+h) + \lim_{h \to 0} f(x) \left\{\frac{g(x+h) - g(x)}{h}\right\} \\
&= f'(x)g(x) + f(x)g'(x)
\end{aligned} \tag{10.14}$$

### 10.4.3 関数の分数式の導関数

$$\left\{\frac{f(x)}{g(x)}\right\}' = \frac{f'(x)g(x) - f(x)g'(x)}{g(x)^2} \tag{10.15}$$

「証明」

$$\begin{aligned}
\left\{\frac{f(x)}{g(x)}\right\}' &= \lim_{h \to 0} \frac{1}{h}\left\{\frac{f(x+h)}{g(x+h)} - \frac{f(x)}{g(x)}\right\} = \lim_{h \to 0} \frac{1}{h}\left\{\frac{f(x+h)g(x) - f(x)g(x+h)}{g(x+h)g(x)}\right\} \\
&= \lim_{h \to 0} \frac{1}{g(x+h)g(x)} \left\{\left(\frac{f(x+h) - f(x)}{h}\right) g(x) - f(x)\left(\frac{g(x+h) - g(x)}{h}\right)\right\} \\
&= \frac{f'(x)g(x) - f(x)g'(x)}{g(x)^2}
\end{aligned} \tag{10.16}$$

第10章　微分

## 10.4.4　問題

次の関数の導関数を求めよ。

(1): $f(x) = (x^2 + 3)(4x + 5)$　　　(2): $f(x) = x(x+2)(x+3)$
(3): $f(x) = (x-4)/(x+1)$　　　(4): $f(x) = (x^2 - 1)/(x^2 + 1)$

## 10.4.5　合成関数の導関数

例えば、$y = f(x) = (2x^2 + 1)^3$ の合成関数の導関数：$f'(x)$ を計算するために、

$$u = g(x) = 2x^2 + 1 \qquad y = f(u) = u^3$$

と置き換えて微分する。

$$\lim_{\Delta x \to 0} \frac{f(x + \Delta x) - f(x)}{\Delta x} = \lim_{\Delta u \to 0} \frac{f(u + \Delta u) - f(u)}{\Delta u} \cdot \lim_{\Delta x \to 0} \frac{g(x + \Delta x) - g(x)}{\Delta x}$$

ここで、$\Delta u = g(x + \Delta x) - g(x)$ である[*3]。まとめると、

$$\frac{df(x)}{dx} = \frac{df(u)}{du}\frac{dg(x)}{dx} \tag{10.17}$$

したがって、$f(x) = (2x^2 + 1)^3$ の導関数は次のように計算される。

$$\frac{df(x)}{dx} = 3u^2 \cdot 4x = 12x(2x^2 + 1)^2$$

## 10.4.6　問題

次の合成関数の導関数を求めよ。ただし、$n$ は整数とする。

(1): $f(x) = (x^3 + 3)^5$　　　(2): $f(x) = ((x-4)/(x+1))^3$
(3): $f(x) = (x^2 - 5)^n$　　　(4): $f(x) = (x^2 + 2)^{-n}$

---

[*3] $\Delta x$ は $\Delta$ と $x$ の積ではなく、$x$ の微小な値を意味する。

## 10.5 変形関数と逆関数の導関数

逆関数の微分を考える前に、元の関数が変形された関数について考えよう。$y = f(x)$ が変形された関数を：$x = g(y)$ と定義する。例えば、

$$y = f(x) = x^2 \text{ の変形関数：} \quad x = g(y) = \pm\sqrt{y}$$

$y = f(x)$ と $x = g(y)$ は別の形の関数に書き改めただけで同じ関数である。

一方、$y = f(x)$ の逆関数は $x = f(y)$ であり、その関数の変形された関数は $y = g(x)$ である。したがって、$y = f(x)$ とその逆関数 $y = g(x)$ は同じ関数ではない。例えば、

$$y = f(x) = x^2 \text{ の逆関数：} \quad x = f(y) = y^2 \tag{10.18}$$

$$x = f(y) = y^2 \text{ の変形関数：} \quad y = g(x) = \pm\sqrt{x} \tag{10.19}$$

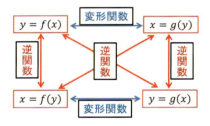

図 10.8　変形関数と逆関数

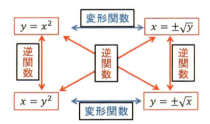

図 10.9　例：$y = x^2$

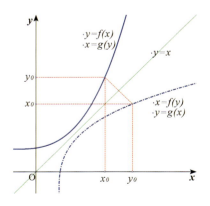

図 10.10　変形関数と逆関数

## 10.5.1　変形関数の導関数

$x = x_0$, $y = y_0 = f(x_0)$ のところでの微分は

$$y = f(x) \;\Rightarrow\; \left[\frac{df(x)}{dx}\right]_{x=x_0} \qquad x = g(y) \;\Rightarrow\; \left[\frac{dg(y)}{dy}\right]_{y=y_0}$$

二つの微分について、次式の関係が成り立つ。

$$\left[\frac{df(x)}{dx}\right]_{x=x_0} \times \left[\frac{dg(y)}{dy}\right]_{y=y_0} = 1 \tag{10.20}$$

例えば、$y = f(x) = x^2$ について、その変形関数は、$x = g(y) = \sqrt{y}$ である。$x = x_0$, $y = y_0 = x_0^2$ のところでの微分に

$$y = x^2 \;\Rightarrow\; \left[\frac{dy}{dx}\right]_{x=x_0} = 2x_0$$

$$x = \sqrt{y} \;\Rightarrow\; \left[\frac{dx}{dy}\right]_{y=y_0} = \frac{1}{2\sqrt{y_0}} = \frac{1}{2x_0}$$

したがって、(10.19) 式の関係が成り立つ。

**$y = x^{1/n}$ の導関数 ($n$:整数)**

さらに、$y = f(x) = x^{1/n}$ の導関数も (10.19) 式の関係式から導くことが出来る。その変形関数は、$x = g(y) = y^n$ なので、

$$\frac{dx}{dy} = \frac{dg(y)}{dy} = ny^{n-1} = nx^{(n-1)/n}$$

(10.19) 式の関係式から

$$\frac{d(x^{1/n})}{dx} = \frac{dy}{dx} = \frac{1}{dx/dy} = \frac{1}{nx^{(n-1)/n}} = \frac{1}{n}x^{1/n-1} \tag{10.21}$$

**$y = x^{m/n}$ の導関数 ($n, m$:整数)**

さらに、$y = f(x) = x^{m/n}$ の導関数も (10.19) 式の関係式から導くことが出来る。その結果は次式のようになる。確かめてみよ。

$$\frac{d(x^{m/n})}{dx} = \frac{m}{n}x^{m/n-1} \tag{10.22}$$

(ヒント： $u = x^{1/n}$, $y = u^m$ と置き換えて、$du/dx$ の導出に (10.21) 式を用いる。)
したがって、$p$ が有理数であるとき、

$$f(x) = x^p \text{の導関数：} \quad f'(x) = px^{p-1} \tag{10.23}$$

が成り立つ。

## 10.5.2 逆関数の導関数

$x = x_0$, $y = y_0 = f(x_0)$ のところでの $y = f(x)$ の微分は

$$y = f(x) \;\Rightarrow\; \left[\frac{df(x)}{dx}\right]_{x=x_0}$$

逆関数 $x = f(y)$(変形関数 $y = g(x)$) では、$x, y$ が入れ替わるので、$x = y_0 = f(x_0)$, $y = x_0$ のところでの微分に対応する。

$$x = f(y) \;\Rightarrow\; \left[\frac{df(y)}{dy}\right]_{y=x_0} \qquad y = g(x) \;\Rightarrow\; \left[\frac{dg(x)}{dx}\right]_{x=y_0}$$

二つの微分について、次式の関係が成り立つ。

$$\left[\frac{df(x)}{dx}\right]_{x=x_0} \times \left[\frac{dg(x)}{dx}\right]_{x=y_0} = 1 \tag{10.24}$$

例えば、$y = f(x) = x^2$ についてはその逆関数は $y = g(x) = \pm\sqrt{x}$、$x = x_0$, $y = y_0 = x_0^2$ のところでの微分は

$$y = f(x) = x^2 \;\Rightarrow\; \left[\frac{df(x)}{dx}\right]_{x=x_0} = 2x_0$$

逆関数では、$x, y$ が入れ替わるので、$x = y_0 = x_0^2$, $y = x_0$ のところでの微分に対応する。

$$y = g(x) = \sqrt{x} \;\Rightarrow\; \left[\frac{dg(x)}{dx}\right]_{x=y_0} = \frac{1}{2\sqrt{y_0}} = \frac{1}{2x_0}$$

したがって、(10.24) 式の関係が成り立つ。

## 10.5.3 問題

次の関数の導関数を求めよ。

(1)： $f(x) = (3x^2 + 1)^{2/3}$ \qquad (2)： $f(x) = \sqrt{1 - x^2}$

## 10.6 三角関数の導関数

### 10.6.1 正弦関数と余弦関数の導関数

$y = \sin x$ の導関数は、加法定理：$\sin(x+h) = \sin x \cos h + \sin h \cos x$ を用いて、

$$(\sin x)' = \lim_{h \to 0} \frac{\sin(x+h) - \sin x}{h} = \sin x \lim_{h \to 0} \frac{\cos h - 1}{h} + \cos x \lim_{h \to 0} \frac{\sin h}{h} \quad (10.25)$$

のように二つの項に分けることが出来る。さらに、半角の公式：$\cos h = 1 - 2\sin^2(h/2)$ と極限の関係式：(10.3) 式から、(10.25) 式の第 1 項はゼロとなることが分かる。

$$\lim_{h \to 0} \frac{\cos h - 1}{h} = -\lim_{h \to 0} \left( \frac{\sin(h/2)}{h/2} \right)^2 \frac{h}{2} = 0 \quad (10.26)$$

したがって、正弦関数の導関数は次式で与えられる。

$$(\sin x)' = \frac{d(\sin x)}{dx} = \cos x \quad (10.27)$$

一方、$y = \cos x$ の導関数は、加法定理：$\cos(x+h) = \cos x \cos h - \sin x \sin h$ を用いて、

$$(\cos x)' = \lim_{h \to 0} \frac{\cos(x+h) - \cos x}{h} = \cos x \lim_{h \to 0} \frac{\cos h - 1}{h} - \sin x \lim_{h \to 0} \frac{\sin h}{h} \quad (10.28)$$

(10.25) 式の関係式を用いると、余弦関数の導関数は次式で与えられる。

$$(\cos x)' = \frac{d(\cos x)}{dx} = -\sin x \quad (10.29)$$

また、$y = \sin(ax)$ や $y = \cos(ax)$ の導関数は、§ 10.4.5 の合成関数の導関数を参照して $u = ax$ と置き換えると、次のように与えられる。

$$(\sin(ax))' = a\cos(ax) \qquad (\cos(ax))' = -a\sin(ax) \quad (10.30)$$

さらに、$y = \tan(ax)$ の導関数は、§ 10.4.3 の分数式の導関数を用いて次のように与えられる。

$$(\tan(ax))' = \left( \frac{\sin(ax)}{\cos(ax)} \right)' = \frac{a}{\cos^2(ax)} = a\left(1 + \tan^2(ax)\right) \quad (10.31)$$

### 10.6.2 問題

次の関数の導関数を求めよ。

(1) : $f(x) = 1/\sin ax$     (2) : $f(x) = 1/\cos ax$     (3) : $f(x) = 1/\tan ax$
(4) : $f(x) = \sin^2 ax$     (5) : $f(x) = \sin ax \cos ax$     (6) : $f(x) = \tan^2 ax$
(7) : $f(x) = \arcsin x$     (8) : $f(x) = \arccos x$     (9) : $f(x) = \arctan x$

（注）$y = \arcsin x$ は $y = \sin x$ の逆関数で、$x = \sin y$ と同じである（§ 5.6 参照）。

## 10.7 指数関数・対数関数の導関数

### 10.7.1 指数関数の導関数

先ず指数関数：$f(x) = a^x$（$a > 0$）の導関数を求めよう。

$$(a^x)' = \lim_{h \to 0} \frac{a^{x+h} - a^x}{h} = a^x \lim_{h \to 0} \frac{a^h - 1}{h} \tag{10.32}$$

右辺の極限値を計算するために、$a^h$ の替わりに新しい変数 $t$ を導入する。

$$a^h = 1 + \frac{1}{t} \quad \text{或いは、} \quad h = \log_a \left(1 + \frac{1}{t}\right)$$

したがって、

$$\lim_{h \to 0} a^h = \lim_{t \to \infty} \left(1 + \frac{1}{t}\right) = 1$$

に対応する。したがって、(10.32) 式の右辺の極限値は

$$\lim_{h \to 0} \frac{a^h - 1}{h} = \lim_{t \to \infty} \frac{1}{t \log_a (1 + 1/t)} = \frac{1}{\log_a \{\lim_{t \to \infty} (1 + 1/t)^t\}} \tag{10.33}$$

に置き換えられる。さらに、(10.4) 式で $x = 1/t$ に置き換えるとネイピア数：$e$ は、次式で与えられる。

$$e \equiv \lim_{t \to \infty} \left(1 + \frac{1}{t}\right)^t = 2.7181 \cdots$$

さらに、§ 6.2.1 の対数の公式：(6.12) 式を参照して、(10.33) 式は

$$\lim_{h \to 0} \frac{a^h - 1}{h} = \frac{1}{\log_a e} = \frac{\log_e a}{\log_e e} = \log_e a \tag{10.34}$$

# 第10章 微分

となる。したがって、(10.32) 式と (10.34) 式から、$f(x) = a^x$ の導関数は次式で与えられる。

$$(a^x)' = \frac{d(a^x)}{dx} = a^x \lim_{h \to 0} \frac{a^h - 1}{h} = a^x \log_e a \tag{10.35}$$

特に、$a$ がネイピア数 $e$ の場合、即ち、$f(x) = e^x$ の導関数は

$$(e^x)' = \frac{d(e^x)}{dx} = e^x \tag{10.36}$$

となる。したがって、$f(x) = e^x$ の導関数は元の関数と同じである。

さらに、$f(x) = e^{ax}$ の導関数は $u = ax$ と置いて合成関数の微分を用いると、

$$(e^{ax})' = \frac{d(e^{ax})}{dx} = \frac{d(e^u)}{du} \frac{du}{dx} = e^u a = ae^{ax} \tag{10.37}$$

となる。

## 10.7.2 対数関数の導関数

次に、対数関数：$f(x) = \log_e x$（$a > 0$）の導関数を求めよう。
$y = f(x) = \log_a x$ は指数関数：$x = a^y$ と同等（変形関数）であり、$x = a^y$ の $y$ についての導関数は、(10.35) 式から、

$$\frac{dx}{dy} = (a^y)' = \frac{d(a^y)}{dy} = a^y \log_e a = x \log_e a$$

となる。したがって、

$$(\log_a x)' = \frac{dy}{dx} = \frac{1}{\frac{dx}{dy}} = \frac{1}{x \log_e a} \tag{10.38}$$

特に、自然対数：$\log_e x$ の導関数は次で与えられる。

$$(\log_e x)' = \frac{d(\log_e x)}{dx} = \frac{1}{x} \tag{10.39}$$

## 10.7.3 問題

次の関数の導関数を求めよ。

(1)：$f(x) = e^{-2x}$　　　(2)：$f(x) = xe^{ax}$　　　(3)：$f(x) = e^{-ax} \sin(bx)$
(4)：$f(x) = e^{-ax^2}$　　(5)：$f(x) = \log_e(x^2 + 2)$　(6)：$f(x) = \log_e(e^{-2x} + 2)$
(7)：$f(x) = \sinh x$　　　(8)：$f(x) = \cosh x$　　　(9)：$f(x) = \tanh x$

（注）ここで、$\sinh x, \cosh x, \tanh x$ は双曲線関数で次式で定義されている（§ 6.5.1 参照）。

$$\sinh x = \frac{e^x - e^{-x}}{2} \qquad \cosh x = \frac{e^x + e^{-x}}{2} \qquad \tanh x = \frac{e^x - e^{-x}}{e^x + e^{-x}}$$

## 10.8 高階の微分

$y = f(x)$ の導関数（1 階微分）は、その関数の接線勾配を示し、

$$y' = f'(x) = \frac{dy}{dx} = \frac{df(x)}{dx}$$

と表示した。さらに、接線勾配の変化率を示す 2 階微分は次のように表示される。

$$y'' = f''(x) = \frac{d}{dx}\frac{df(x)}{dx} = \frac{d^2 f(x)}{dx^2} \tag{10.40}$$

例えば、$f(x) = x^3 + 2x$ の場合、

$$f'(x) = 3x^2 + 2 \qquad f''(x) = 6x$$

さらに、3 階、4 階など高階の微分も可能である。一般に、$y = f(x)$ の $n$ 階微分は

$$f^{(n)}(x) \quad \text{または、} \quad \frac{d^n f(x)}{dx^n} \tag{10.41}$$

と表す。

### 10.8.1 問題

次の関数の 1 階、2 階微分及び、一般の $n$ 階微分を求めよ。

(1)：$f(x) = x^{n+2} + x^{n-2}$ \qquad (2)：$f(x) = e^{3x}$
(3)：$f(x) = \sin x$ \qquad (4)：$f(x) = \cos x$

## 10.9 微分と関数の形

1 階微分や 2 階微分を用いると、関数の概形が見えてくる。

## 10.9.1 関数の増減

微分の定義式 (10.7) 式：

$$\lim_{h \to 0} \frac{f(a+h) - f(a)}{h} = f'(a) \tag{10.42}$$

で、すでに明らかにされたように、$f'(a)$ は関数 $f(x)$ 上の点 $(a, f(a))$ での接線勾配である。いま、図 10.11 に描かれた関数 $y = f(x)$ の関数の増減について考察しよう。

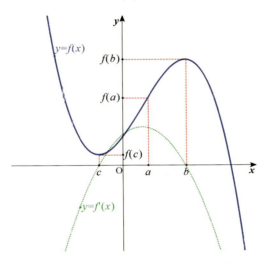

図 10.11　$y = f(x)$ とその導関数：$f'(x)$

$c < x < b$ の区間では、$x$ の値が増加するにつれて $f(x)$ の値も増加（単調増加という）しているので、この区間では、接線勾配は正である。

$$区間：c < x < b \Longrightarrow \frac{df(x)}{dx} = f'(c < x < b) > 0 \tag{10.43}$$

また、$x < c$ や $x > b$ の区間では、$x$ の値が増加するにつれて $f(x)$ の値は減少（単調減少という）しているので、接線勾配は負である。したがって、

$$区間：x < c,\ \text{または、}\ x > b \Longrightarrow \frac{df(x)}{dx} = f'(x < c\ \text{or}\ x > b) < 0 \tag{10.44}$$

一方、点 $(b, f(b))$ や点 $(c, f(c))$ での接線勾配はフラットになるため、接線勾配はゼロである。

$$\left.\frac{df(x)}{dx}\right|_{x=b} = f'(b) = 0 \qquad \left.\frac{df(x)}{dx}\right|_{x=c} = f'(c) = 0 \tag{10.45}$$

### 10.9.2 変曲点

図 10.11 の点線は、$f(x)$ の導関数：$f'(x)$ を示している。この導関数は $x$ が増加するにつれて増加し、$x = a$ のところでピークを持ち、それ以降は減少している。即ち、導関数：$f'(x)$ の接線勾配：$f''(x)$ は、$x < a$ では $f''(x < a) > 0$、$x = a$ では $f''(x = a) = 0$、$x > a$ では $f''(x > a) < 0$ であることが分かる。

一般に、$f'(x)$ の導関数（2階微分）：$f''(x) = 0$ となる $x$ の実数解 $x = x_0$ があり、$x = x_0$ の前後で $f''(x)$ の正負の符号が入れ替わるとき、すなわち、

$$f''(x < x_0) \cdot f''(x > x_0) < 0 \tag{10.46}$$

が成り立つとき、点：$(x_0, f(x_0))$ を変曲点という。図 10.11 の関数 $y = f(x)$ では、$(a, f(a))$ が変曲点である。変曲点の前後では、関数 $f(x)$ は下に凸（または上に凸）な曲線から上に凸（または下に凸）な曲線に変化する。

**関数 $f(x)$ の概形を図示する手順。**

(1): $f'(x) = 0$ となる $x$ の実数値 $x_1, x_2, \cdots$ を見つける。
即ち $f'(x_1) = f'(x_2) = \cdots = 0$。ここで、$f(x_1), f(x_2), \cdots$ の値を極値という。
(2): $x = x_j (j = 1, 2, \cdots)$ の前後：$x < x_j$ と $x > x_j$ での $f'(x)$ の正負を決める。
- $f'(x < x_j) > 0$ および、$f'(x > x_j) < 0$ のとき、$f(x_j)$ を極大値という。
- $f'(x < x_j) < 0$ および、$f'(x > x_j) > 0$ のとき、$f(x_j)$ を極小値という。

(3): $f''(x) = 0$ となる $x = x_0$ の実数値があり、かつ、条件：(10.46) 式を満足する場合、点：$(x_0, f(x_0))$ は変曲点である。
(4): 条件：(10.46) 式を満足しない場合、例えば $f(x) = x^4$ とき $f''(x) = 12x^2$ となり、$x = 0$ では $f''(x = 0) = 0$ だが、$f''(x < 0) \cdot f''(x > 0) > 0$ となるため、条件：(10.46) 式を満足しない。したがって、$(0, 0)$ は変曲点ではない。

**例**

関数の概形を図示する例として、$f(x) = x^3 - 6x^2 + 9x - 1$ の関数を考えよう。その導関数から極値を求める。

$$f'(x) = 3x^2 - 12x + 9 = 3(x - 1)(x - 3) = 0$$

したがって、極値は $f(x = 1) = 3$ と $f(x = 3) = -1$ である。

# 第10章 微分

| $x$ | $\cdots$ | 1 | $\cdots$ | 3 | $\cdots$ |
|---|---|---|---|---|---|
| $f'(x)$ | ↗(正) | 0 | ↘(負) | 0 | ↗(正) |
| $f(x)$ | 単調増加 | 極大値 ($=3$) | 単調減少 | 極小値 ($=-1$) | 単調増加 |

また、2階微分：
$$f''(x) = 6x - 12 = 6(x-2) = 0 \qquad f''(x<2)\cdot f''(x>2) < 0$$
より、変曲点は $x=2$ である。

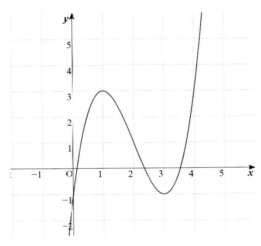

図10.12 $f(x) = x^3 - 6x^2 + 9x - 1$ の関数形

## 10.9.3 問題

次の関数の増減を調べて関数形を図示せよ。

(1): $f(x) = x^4 + 3x^2 - 5$ 　　　(2): $f(x) = x^4 - 2x^2$
(3): $f(x) = xe^{-2x}$ 　　　(4): $f(x) = e^{-x^2}$

## 10.9.4 問題

空間のある点から他の点に達する光が通過する光路（経路）は、その通過に要する時間が最小となる光路をとる。この法則を"フェルマーの原理"という。この法則を用いて、次の問いに答えよ。

(1)：図 10.13 に示すように、光が空気中（空気中の光速：$v_1$）の A 点 $(0,a)$ を通過した光が境界面上（$x$ 軸上）の O 点 $(x,0)$ で反射して C 点 $(c_1,c_2)$ に達した。入射角と反射角が等しくなることを示せ。

(2)：また、A 点 $(0,a)$ を通過した光が境界面上（$x$ 軸上）の O 点 $(x,0)$ で屈折して水中（水中の光速：$v_2$, $v_1 > v_2$）の B 点 $(b_1,-b_2)$ に達した。光の入射角を $\theta_1$、屈折角を $\theta_2$ とするとき、屈折率が空気中と水中の光速の比で与えられることを示せ。

$$屈折率 \equiv \frac{\sin\theta_1}{\sin\theta_2} = \frac{v_1}{v_2}$$

（ヒント：光が A 点から B 点あるいは、C 点まで進む時間 $t$ を $x$ の関数として表せ）

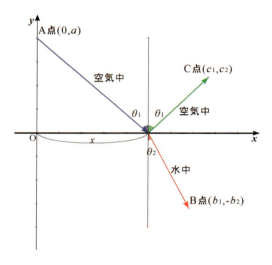

図 10.13　光の反射と屈折

## 10.10　冪 (べき) 級数展開

### 10.10.1　テイラー級数展開

$f(x)$ がある値 $x=a$ のところで無限階の微分が可能であり、さらに $f(x)$ は $(x-a)$ の冪で展開できるとする。

$$\begin{aligned} f(x) &= A_0 + A_1(x-a) + A_2(x-a)^2 + \cdots + A_n(x-a)^n + \cdots \\ &= \sum_{n=0}^{\infty} A_n(x-a)^n \end{aligned} \tag{10.47}$$

係数 $A_n$ を決めるためには、$f(x)$ の両辺を逐次微分して $x$ に $a$ を代入することによって得られる。

$$A_0 = f(a) \quad A_1 = \left.\frac{df(x)}{dx}\right|_{x=a} \quad A_2 = \left.\frac{1}{2!}\frac{d^2 f(x)}{dx^2}\right|_{x=a} \quad \cdots \quad A_n = \left.\frac{1}{n!}\frac{d^n f(x)}{dx^n}\right|_{x=a}$$

ここで、
$$\left.\frac{d^n f(x)}{dx^n}\right|_{x=a} = f^{(n)}(a) \tag{10.48}$$

と置くと、(10.47) 式は次のように表される。

$$f(x) = \sum_{n=0}^{\infty} \frac{1}{n!} f^{(n)}(a)(x-a)^n \tag{10.49}$$

これを関数 $f(x)$ のテイラー（Taylor）級数展開という。特に、テイラー級数 (10.49) 式で $x=0$ のところでの冪級数展開をマクローリン（Maclaurin）級数展開という。

$$f(x) = \sum_{n=0}^{\infty} \frac{1}{n!} f^{(n)}(0) x^n \tag{10.50}$$

### 10.10.2 問題

(1)： $f(x) = (x+a)^n$ をマクローリン展開するとき、その結果が二項定理（§ 9.8 の (9.28) 式参照）と一致することを示せ。ただし、$n$ は自然数である。

(2)： $f(x) = 1/x$ を $x=1$ のところでテイラー展開せよ。

(3)： $x \ll 1$ のとき[*4]、$(1+x)^p$ の近似式が

$$(1+x)^p \approx 1 + px + \frac{1}{2!}p(p-1)x^2 + \cdots \tag{10.51}$$

となることを示せ。ただし、$p$ は実数である。この近似式を使って、17 の二乗根と、100 の三乗根の近似値を求めよ。

(4)： 特殊相対性理論では、速さ $v$ で運動する物体のエネルギー $E$ 及び質量 $m$ は次式で与えられる。
$$E = mc^2 \qquad m = \frac{m_0}{\sqrt{1-\beta^2}} \tag{10.52}$$

ここで、$m_0$ は静止質量、$\beta = v/c$（$c$：光速）である。$v \ll c$（$\beta \ll 1$）とき、近似的に、
$$E = mc^2 \approx m_0 c^2 + \frac{1}{2} m_0 v^2 + \cdots \tag{10.53}$$

---
[*4] $x \ll 1$ の記号：$\ll$ は 1 に比べて $x$ が十分小さいことを示す。

となることを示せ。右辺の第一項は静止エネルギー、第二項は運動エネルギーと呼ばれている。

## 10.11 オイラーの公式

関数：$e^x, \cos x, \sin x$ を $x = 0$ のところで冪級数展開すると、次のように展開できる。

$$e^x = 1 + \frac{x}{1!} + \frac{x^2}{2!} + \frac{x^3}{3!} + \cdots = \sum_{n=0}^{\infty} \frac{x^n}{n!} \tag{10.54}$$

$$\cos x = 1 - \frac{x^2}{2!} + \frac{x^4}{4!} - \frac{x^6}{6!} + \cdots = \sum_{n=0}^{\infty} \frac{(ix)^{2n}}{(2n)!} \tag{10.55}$$

$$\sin x = x - \frac{x^3}{3!} + \frac{x^5}{5!} - \frac{x^7}{7!} + \cdots = -i\sum_{n=0}^{\infty} \frac{(ix)^{2n+1}}{(2n+1)!} \tag{10.56}$$

ここで、$i = \sqrt{-1}$ は虚数単位である。これらの展開式を確かめよ。
また、(10.54) 式、(10.55) 式及び (10.56) 式から次の関係式が成り立つことが分かる。

$$\cos x + i\sin x = \sum_{n=0}^{\infty} \frac{(ix)^{2n}}{(2n)!} + \sum_{n=0}^{\infty} \frac{(ix)^{2n+1}}{(2n+1)!} = \sum_{n=0}^{\infty} \frac{(ix)^n}{n!} = e^{ix} \tag{10.57}$$

まとめると、次式が得られる。

$$e^{ix} = \cos x + i\sin x \tag{10.58}$$

これが有名なオイラーの公式[*5]である。オイラーの公式を用いると、円周率 $\pi$ とネイピア数 $e$ の関係式：

$$e^{i\pi} = -1 \qquad e^{2\pi i} = 1$$

だけでなく、三角関数も指数関数で表すことが出来る。

$$\cos x = \frac{e^{ix} + e^{-ix}}{2} \qquad \sin x = \frac{e^{ix} - e^{-ix}}{2i} \tag{10.59}$$

図 10.14 では、複素平面上の P 点：$\cos\theta + i\sin\theta$ が $e^{i\theta}$ で与えられることが示されている。

---

[*5] レオンハルト・オイラー (1707-1783) は 18 世紀の天才数学者である。その他にも素数問題やバーゼル問題など、数学に様々な貢献をしている。§ 10.14 Appendix-A では、バーゼル問題についてのオイラーの見事な解法について紹介する。

第10章　微分

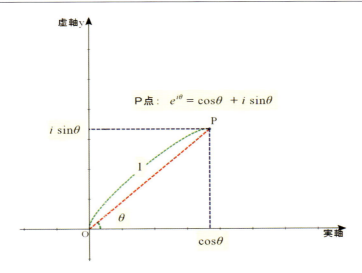

図 10.14　複素平面とオイラーの公式

## 10.11.1　オイラーの公式と高次方程式

例えば、3次方程式：$x^3 = 1$ の解は因数分解を用いて一般に求められる。
$$x^3 - 1 = (x-1)(x^2 + x + 1) = 0$$
その解は次のよう与えられる。
$$x = 1, \quad x = \omega \equiv \frac{-1 + \sqrt{3}i}{2}, \quad x = \omega^2 = \frac{-1 - \sqrt{3}i}{2}$$
この解をオイラーの公式から導こう。いま、$x = e^{i\theta}$ と置き換えて $\theta$ を求める。
$$x^3 = e^{3\theta i} = \cos(3\theta) + i\sin(3\theta) = 1 \tag{10.60}$$
上式を満たすためには、$3\theta = 0, 2\pi, 4\pi, 6\pi, \cdots$ でなければならない。したがって、
$$\theta = 0, \quad \frac{2\pi}{3}, \quad \frac{4\pi}{3}, \quad 2\pi \quad \cdots$$
となる。その解は次のように3つの解にまとめられる。
$$x = e^0 = 1$$
$$x = e^{2\pi i/3} = \cos\left(\frac{2\pi}{3}\right) + i\sin\left(\frac{2\pi}{3}\right) = \frac{-1 + \sqrt{3}i}{2} = \omega$$
$$x = e^{4\pi i/3} = \cos\left(\frac{4\pi}{3}\right) + i\sin\left(\frac{4\pi}{3}\right) = \frac{-1 - \sqrt{3}i}{2} = \omega^2 \tag{10.61}$$

この解は、因数分解による結果と一致する。

$x^3 = 1$ の解を複素平面上にとると、半径 1 の円に内接する正三角形の頂点で与えられることが分かる。また、$x^4 = 1$ の解は複素平面上で正方形の頂点となる。一般に、$x^n = 1$ の解は複素平面上で、半径 1 の円に内接する正 $n$ 角形の頂点で与えられる。

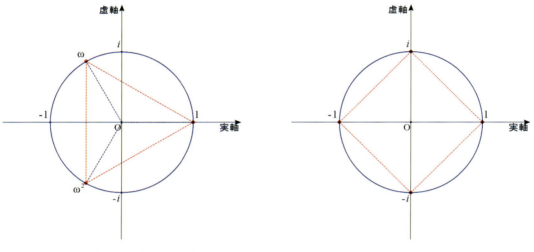

図 10.15 　$x^3 = 1$ の解。正三角形 　　　　　図 10.16 　$x^4 = 1$ の解。正四辺形

### 10.11.2 　問題

(1)： 　$x^3 = -1$ の方程式をオイラーの公式を用いて解け。

(2)： 　オイラーの公式を用いて、次の加法定理を証明せよ。

$$\cos(x+y) = \cos x \cos y - \sin x \sin y \qquad \sin(x+y) = \sin x \cos y + \cos x \sin y$$

(3)： 　次の公式が成り立つことを示せ。この公式をド・モアブルの公式という。

$$(\cos\theta + i\sin\theta)^n = \cos(n\theta) + i\sin(n\theta)$$

## 10.12 　運動法則

### 10.12.1 　位置と速度

いま、$x$ 軸方向に進む物体の時刻 $t$ における位置を $x(t)$ （位置は時刻 $t$ の関数）とする。横軸に時刻 $t$、縦軸に位置 $x(t)$ を取るとき、物体の運動が図 10.17 の実線の軌道を描いた

第10章 微分

とする。このとき、時刻 $t$ と $t + \Delta t$ 間の平均速度（平均変化率に対応）は

$$\frac{x(t + \Delta t) - x(t)}{(t + \Delta t) - t} = \frac{x(t + \Delta t) - x(t)}{\Delta t}$$

で与えられる。いま、$\Delta t$ が限りなくゼロに近づくとき、この平均速度は時刻 $t$ での接線勾配、即ち時刻 $t$ のときの瞬間の速度（単に速度と呼ぶ）に近づくことがわかる。この速度を $v(t)$ と定義すると次のようになる。

$$v(t) = \lim_{\Delta t \to 0} \frac{x(t + \Delta t) - x(t)}{\Delta t} = \frac{dx(t)}{dt} \equiv \dot{x}(t) \tag{10.62}$$

したがって、速度 $v(t)$ は位置 $x(t)$ の時刻 $t$ での 1 階微分で与えられる[*6]。

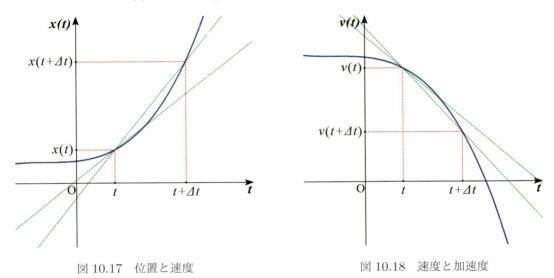

図 10.17　位置と速度　　　　　図 10.18　速度と加速度

### 10.12.2　加速度

速度 $v(t)$ が時刻 $t$ の関数として図 10.18 のように描けたとしよう。このとき、時刻 $t$ と $t + \Delta t$ 間の平均加速度は

$$\frac{v(t + \Delta t) - v(t)}{(t + \Delta t) - t} = \frac{v(t + \Delta t) - v(t)}{\Delta t}$$

で与えられる。$\Delta t$ が限りなくゼロに近づくとき、この平均加速度は時刻 $t$ のときの瞬間の加速度（単に加速度と呼ぶ）に近づくことがわかる。この加速度を $a(t)$ と定義すると次

---

[*6] 力学の慣習に倣って、$\dot{x}$ の・は時間での 1 階微分を表す。時間での 2 階微分は $\ddot{x}$ と書く。

のようになる。
$$a(t) = \lim_{\Delta t \to 0} \frac{v(t+\Delta t) - v(t)}{\Delta t} = \frac{dv(t)}{dt} \equiv \dot{v}(t) \tag{10.63}$$

加速度 $a(t)$ は速度 $v(t)$ の時刻 $t$ での 1 階微分で与えられる。したがって、加速度 $a(t)$ は位置 $x(t)$ の時刻 $t$ での 2 階微分で与えられる。

$$a(t) = \frac{dv(t)}{dt} = \frac{d}{dt}\left(\frac{dx(t)}{dt}\right) = \frac{d^2 x(t)}{dt^2} \equiv \ddot{x}(t) \tag{10.64}$$

### 10.12.3　ニュートンの運動の第 2 法則

力学におけるニュートンの第 2 法則は、"物体の加速度 $a(t)$ は、物体に働く力 $F$ に比例する。その比例定数の逆数を慣性質量 $m$ という"。数式で表現すると次のように与えられる。

$$a(t) = \frac{F}{m} \quad 即ち、\quad F = ma(t) = m\frac{d^2 x(t)}{dt^2} \tag{10.65}$$

位置の 2 階微分である加速度に質量をかけた量が力である。数学的にはこの式を 2 階の微分方程式という。力学の問題では、力 $F$ が与えられたとき、時刻 $t$ における（現在から未来）物体の位置 $x(t)$ を決めるのが一般的である。このことを "運動方程式を解く" という。

### 10.12.4　問題

(1) [自由落下]：地上から初速度 $v_0$ で投げ上げたボールの時刻 $t$ での高さ $y(t)$ は、次式で与えられる。ここで、$g$ は重力加速度で、$g \cong 9.8 \text{ m/s}^2$ である。

$$y(t) = -\frac{1}{2}gt^2 + v_0 t$$

(a)：速度 $v(t)$ と加速度 $a(t)$ を求めよ。
(b)：ボールが最高点に達するまでの時間とその時の高さはいくらか。
(c)：ボールの質量を $m$ とするとき、次式が成り立つことを示せ。

$$\frac{1}{2}mv_0^2 = \frac{1}{2}mv(t)^2 + mgy(t)$$

ここで、$mv^2/2$ は、速度 $v(t)$ で運動するボールが持つ運動エネルギーである。また、$mgy$ は、高さ $y(t)$ の位置にあるボールが持つ位置エネルギーである。この式は、初めにボールが持っている運動エネルギーは、時刻 $t$ での運動エネ

第10章　微分

ルギーと位置エネルギーの和に等しい、即ちエネルギーは保存されることを示している（エネルギー保存の法則という）。

(2) [単振動]：質量 $m$ のおもりを水平に置かれたばね（ばね定数：$k$）の端に取り付けて $x_0$ だけ伸ばして放すとき、時刻 $t$ でのばねの伸び $x(t)$ は次式で与えられる*7。

$$x(t) = x_0 \cos(\omega t) \quad \text{ここで、} \quad \omega = \sqrt{\frac{k}{m}}$$

(a)：時刻 $t$ でのおもりの速度 $v(t)$ と加速度 $a(t)$ を求め、運動方程式：$ma(t) = -kx(t)$ が成り立つことを確かめよ。
(b)：ばねの伸びがゼロになったときの質点の速さはいくらか。
(c)：次式が成り立つことを示せ。

$$\frac{1}{2}kx_0^2 = \frac{1}{2}mv(t)^2 + \frac{1}{2}kx(t)^2$$

ここで、$kx^2/2$ は、$x(t)$ だけ変位したばねがもつ位置エネルギーである。最初、ばねが持っている位置エネルギーは、時刻 $t$ での運動エネルギーと位置エネルギーの和に等しい。エネルギー保存の法則が成り立っている。

## 10.13　（力学における）ベクトル量の微分

§ 7.3 で学んだベクトル量の微分について学習する。一般に、ベクトルを微分した場合、微分されたベクトルは元のベクトルと大きさだけでなく方向も異なる。先ず、代表的な位置、速度、及び加速度*8について解説する。

### 10.13.1　位置と速度

図 10.19 に描かれているように、三次元空間内を運動する物体の時刻 $t$ の位置 $\overrightarrow{R(t)}$ を

$$\overrightarrow{R(t)} = x(t)\overrightarrow{i} + y(t)\overrightarrow{j} + z(t)\overrightarrow{k} \tag{10.66}$$

とする*9。ここで、$x(t), y(t), z(t)$ は $x$ 軸、$y$ 軸、$z$ 軸方向の時刻 $t$ での位置である。また、$\overrightarrow{i}, \overrightarrow{j}, \overrightarrow{k}$ はそれぞれ $x$ 軸、$y$ 軸、$z$ 軸方向の単位ベクトルである。いま、微小時間

---

*7 $\omega$ を角振動数（角速度）という。ばねの振動の周期は $T = 2\pi/\omega$ で与えられる。
*8 力学では位置ベクトル、速度ベクトル、及び加速度ベクトルを、単に、位置、速度、加速度という。
*9 図 7.6, 図 7.7 を参照。

$\Delta t$ 後に、物体の位置が

$$\overrightarrow{R(t+\Delta t)} = x(t+\Delta t)\vec{i} + y(t+\Delta t)\vec{j} + z(t+\Delta t)\vec{k} \tag{10.67}$$

に移動したとする。このとき、$\overrightarrow{R(t+\Delta t)} - \overrightarrow{R(t)}$ は $\overrightarrow{R(t)}$ が微小時間 $\Delta t$ 後に変位したベクトルで、時刻 $t$ と $t + \Delta t$ 間の平均速度は変位を $\Delta t$ で割った量で定義される。

$$\frac{\overrightarrow{R(t+\Delta t)} - \overrightarrow{R(t)}}{\Delta t} = \left(\frac{x(t+\Delta t) - x(t)}{\Delta t}\right)\vec{i} + \left(\frac{y(t+\Delta t) - y(t)}{\Delta t}\right)\vec{j} + \left(\frac{z(t+\Delta t) - z(t)}{\Delta t}\right)\vec{k}$$

平均速度の方向は変位の方向と一致し、位置の方向と異なっている。いま、$\Delta t$ が限りなくゼロに近づくとき、この平均速度の方向は軌道上の時刻 $t$ での接線方向、即ち運動方向に近づくことがわかる。したがって、時刻 $t$ のときの（瞬間の）速度 $\overrightarrow{V(t)}$ は位置 $\overrightarrow{R(t)}$ の時間 $t$ での微分で与えられ、運動の方向と一致する。

$$\overrightarrow{V(t)} = \lim_{\Delta t \to 0} \frac{\overrightarrow{R(t+\Delta t)} - \overrightarrow{R(t)}}{\Delta t} = \frac{d\overrightarrow{R(t)}}{dt} = \frac{dx(t)}{dt}\vec{i} + \frac{dy(t)}{dt}\vec{j} + \frac{dz(t)}{dt}\vec{k} \tag{10.68}$$

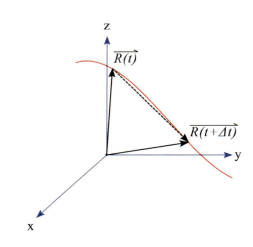

図 10.19 位置と変位（点線）

### 10.13.2 加速度

さらに、時刻 $t$ と $t + \Delta t$ 間の速度の変化量：$\overrightarrow{V(t+\Delta t)} - \overrightarrow{V(t)}$ を $\Delta t$ で割った量を平均加速度と定義する。したがって、$\Delta t$ が限りなくゼロに近づくとき、時刻 $t$ での（瞬間）

第10章　微分　　　　　　　　　　　　　　　　　　　　　　　　　　　　　　　　231

加速度 $\overrightarrow{A(t)}$ が得られる。

$$\overrightarrow{A(t)} = \lim_{\Delta t \to 0} \frac{\overrightarrow{V(t+\Delta t)} - \overrightarrow{V(t)}}{\Delta t} = \frac{d\overrightarrow{V(t)}}{dt} = \frac{d^2\overrightarrow{R(t)}}{dt^2} \tag{10.69}$$

加速度を $x$ 軸、$y$ 軸、$z$ 軸方向の成分で表すと、次のようになる。

$$\overrightarrow{A(t)} = \frac{d^2\overrightarrow{R(t)}}{dt^2} = \frac{d^2 x(t)}{dt^2}\overrightarrow{i} + \frac{d^2 y(t)}{dt^2}\overrightarrow{j} + \frac{d^2 z(t)}{dt^2}\overrightarrow{k} \tag{10.70}$$

## 10.13.3　運動の第 2 法則

(10.65) 式のニュートンの運動の第 2 法則はベクトル表示で、次式のように表される。

$$\overrightarrow{F} = m\overrightarrow{A(t)} = m\frac{d^2\overrightarrow{R(t)}}{dt^2} \tag{10.71}$$

力 $\overrightarrow{F}$ と加速度 $\overrightarrow{A(t)}$ は常に同じ方向であるが、位置 $\overrightarrow{R(t)}$ の方向とは一般に異なる。

## 10.13.4　例

水平方向を $x$ 軸、垂直方向を $y$ 軸として、原点からボールを初速度：$\overrightarrow{V_0} = v_x\overrightarrow{i} + v_y\overrightarrow{j}$ で投げるとボールの運動は放物線を描き、時刻 $t$ における位置 $\overrightarrow{R(t)}$ は次のように与えられる。

$$\overrightarrow{R(t)} = x(t)\overrightarrow{i} + y(t)\overrightarrow{j} = (v_x t)\overrightarrow{i} + (-gt^2/2 + v_y t)\overrightarrow{j} \tag{10.72}$$

このとき、速度 $\overrightarrow{V(t)}$、加速度 $\overrightarrow{A(t)}$ は次のように与えられる。

$$\overrightarrow{V(t)} = \frac{d\overrightarrow{R(t)}}{dt} = v_x\overrightarrow{i} + (-gt + v_y)\overrightarrow{j} \qquad \overrightarrow{A(t)} = \frac{d\overrightarrow{V(t)}}{dt} = -g\overrightarrow{j}$$

最高点では、ボールの運動方向は水平となるため、速度の $y$ 軸方向の成分はゼロになる。このことから、ボールを投げてから最高点に達するまでの時間 $t_p$ は $t_p = v_y/g$ なり、最高点の高さは $y(t_p) = v_y^2/2g$ である。また、力 $\overrightarrow{F}$ は $\overrightarrow{F} = m\overrightarrow{A(t)} = -mg\overrightarrow{j}$ となり、常に下方向（重力の方向）を向いている。

## 10.13.5　問題

(1)：長さ $R_0$ のひもの端に質量 $m$ の小球を付けて、原点 O を中心として円運動させた。このとき、時刻 $t$ における小球の位置 $\overrightarrow{R(t)}$ が次式で与えられたとする（等

速円運動）。
$$\overrightarrow{R(t)} = x(t)\overrightarrow{i} + y(t)\overrightarrow{j} = R_0\left(\cos(\omega t)\overrightarrow{i} + \sin(\omega t)\overrightarrow{j}\right) \tag{10.73}$$

(a)： 速度 $\overrightarrow{V(t)}$ と加速度 $\overrightarrow{A(t)}$ を求めよ。それらはどの方向を向いているか。

(b)： 軌道式：（$x(t)$ と $y(t)$ の関係式）を求めよ。

(2)： 半径 $r$ の円運動している物体（$|\overrightarrow{R(t)}| = r$ ）において、位置ベクトル $\overrightarrow{R(t)}$ と速度ベクトル $\overrightarrow{V(t)}$ が直交することを § 10.15 Appendix-B のベクトルの微分公式を用いて示せ。（ヒント： $\overrightarrow{R(t)} \cdot \overrightarrow{R(t)} = r^2$ 一定なので両辺を時間で微分せよ。）

(3)： 力 $\overrightarrow{F}$ が中心力（例えば、万有引力）$\overrightarrow{F} = -f(t)\overrightarrow{R(t)}$ とき、角運動量： $\overrightarrow{L} = \overrightarrow{R(t)} \times m\overrightarrow{V(t)}$ が一定（時間に依らない）となることを示せ。角運動量が一定のとき、惑星の軌道は平面運動であり、面積速度[*10]：$|\overrightarrow{L}|/2m$ も一定となる。

---

[*10] 面積速度とは、惑星が描く軌道が作る単位時間当たりの面積をいう。面積速度が時間に依らず一定であるということは、太陽の周りを回っている惑星の軌道が平面上にあり、さらに惑星の速度が、遠日点では遅く、近日点では速くなることを意味している。

## 10.14　Appendix-A: バーゼル問題とオイラーの解法

### 10.14.1　バーゼル問題

バーゼル問題とは、17 世紀のスイスの数学者ジャック・ベルヌーイが提起した問題である。
調和数列の無限数列和：

$$\sum_{k=1}^{\infty} \frac{1}{k} = 1 + \frac{1}{2} + \frac{1}{3} + \cdots + \frac{1}{k} + \cdots$$

は、発散することは分かっているが、しかし、次のような無限数列の和：

$$S = \sum_{k=1}^{\infty} \frac{1}{k^2} = 1 + \frac{1}{2^2} + \frac{1}{3^2} + \cdots + \frac{1}{k^2} + \cdots \tag{10.74}$$

はある値に収束する。なぜなら、

$$\frac{1}{k^2} < \frac{1}{k(k-1)}$$

が常に成り立つ。

$$1 + \sum_{k=2}^{\infty} \frac{1}{k^2} < 1 + \sum_{k=2}^{\infty} \frac{1}{k(k-1)} = 1 + \sum_{k=2}^{\infty} \left( \frac{1}{k-1} - \frac{1}{k} \right)$$

さらに、

$$1 + \frac{1}{2^2} + \frac{1}{3^2} + \cdots < 1 + \left(1 - \frac{1}{2}\right) + \left(\frac{1}{2} - \frac{1}{3}\right) + \cdots$$

したがって、次式が成り立つことが分かる。

$$S = \sum_{k=1}^{\infty} \frac{1}{k^2} = 1 + \frac{1}{2^2} + \frac{1}{3^2} + \cdots < 2 \tag{10.75}$$

この級数和：$S$ は 2 より小さいことがわかる。しかし、ベルヌーイは、正確な値を導くことはできなかった。1000 項までの級数和は、$1.6439345\cdots$、10000 項までは、$1.6448340\cdots$ なので、無限級数和：$S$ の値はこの近傍に収束するだろう。

この正確な値は、1736 年、オイラーによって、見つけられた。その値は

$$S = \sum_{k=1}^{\infty} \frac{1}{k^2} = \frac{\pi^2}{6} = 1.6449341\cdots \tag{10.76}$$

である。このような級数の和に円周率の $\pi$ が顔を出すのは驚くべきことである。

## 10.14.2 オイラーの解法

次のような $x$ の $n$ 次方程式：$P(x) = 0$ を導入し、

$$P(x) = 1 + a_1 x + a_2 x^2 + a_3 x^3 + \cdots + a_n x^n = 0 \tag{10.77}$$

この方程式の根が $\alpha_1, \alpha_2, \alpha_3, \cdots, \alpha_n$ であるとき、$P(0) = 1$ を考慮すると、$P(x)$ は次のように表すことができる。

$$P(x) = \left(1 - \frac{x}{\alpha_1}\right)\left(1 - \frac{x}{\alpha_2}\right)\left(1 - \frac{x}{\alpha_3}\right)\cdots\left(1 - \frac{x}{\alpha_n}\right) \tag{10.78}$$

したがって、根と係数の関係から、次式が得られる。

$$a_1 = -\left(\frac{1}{\alpha_1} + \frac{1}{\alpha_2} + \frac{1}{\alpha_3} + \cdots + \frac{1}{\alpha_n}\right) \tag{10.79}$$

さて、この根と係数の関係を次の正弦関数の冪展開に適用する。(10-56) 式から

$$P(x) \equiv \frac{\sin x}{x} = 1 - \frac{x^2}{3!} + \frac{x^4}{5!} - \frac{x^6}{7!} + \cdots \tag{10.80}$$

$P(x) = 0$ の解は、$\sin x = 0$ の解であり、その根は

$$\pi, \ -\pi, \ 2\pi, \ -2\pi, \ 3\pi, \ -3\pi, \ \cdots \ n\pi, \ -n\pi, \ \cdots$$

である。したがって、

$$\begin{aligned}
\frac{\sin x}{x} &= 1 - \frac{x^2}{3!} + \frac{x^4}{5!} - \frac{x^6}{7!} + \cdots \\
&= \left(1 - \frac{x}{\pi}\right)\left(1 - \frac{x}{-\pi}\right)\left(1 - \frac{x}{2\pi}\right)\left(1 - \frac{x}{-2\pi}\right)\left(1 - \frac{x}{3\pi}\right)\left(1 - \frac{x}{-3\pi}\right)\cdots \\
&= \left(1 - \frac{x^2}{\pi^2}\right)\left(1 - \frac{x^2}{4\pi^2}\right)\left(1 - \frac{x^2}{9\pi^2}\right)\cdots \\
&= 1 - \left(\frac{1}{\pi^2} + \frac{1}{4\pi^2} + \frac{1}{9\pi^2} + \cdots\right)x^2 + \cdots
\end{aligned} \tag{10.81}$$

が得られる。第 1 式と第 4 式から

$$\frac{1}{3!} = \left(\frac{1}{\pi^2} + \frac{1}{4\pi^2} + \frac{1}{9\pi^2} + \cdots\right)$$

したがって、

$$\frac{\pi^2}{6} = 1 + \frac{1}{2^2} + \frac{1}{3^2} + \frac{1}{4^2} + \cdots = \sum_{k=1}^{\infty} \frac{1}{k^2} \tag{10.82}$$

第10章　微分

これがオイラーの解法である。この右辺は素数のリーマン予想で有名なゼータ関数：$\zeta(s)$

$$\zeta(s) = 1 + \frac{1}{2^s} + \frac{1}{3^s} + \frac{1}{4^s} + \cdots = \sum_{k=1}^{\infty} \frac{1}{k^s} \tag{10.83}$$

を用いると

$$\zeta(2) = \frac{\pi^2}{6} \tag{10.84}$$

と表せる。

## 10.15 Appendix-B: ベクトル微分公式

ベクトルの和及び積の微分には次の公式が成り立つ。ここでは証明は省くが、ベクトルを成分に分けて微分することによって簡単に示すことができる。

[ベクトルの和]
$$\frac{d}{dt}\left(\overrightarrow{A(t)} + \overrightarrow{B(t)}\right) = \frac{d\overrightarrow{A(t)}}{dt} + \frac{d\overrightarrow{B(t)}}{dt} \tag{10.85}$$

[スカラーとベクトルの積]
$$\frac{d}{dt}\left(f(t)\overrightarrow{A(t)}\right) = \frac{df(t)}{dt}\overrightarrow{A(t)} + f(t)\frac{d\overrightarrow{A(t)}}{dt} \tag{10.86}$$

[ベクトルの内積]
$$\frac{d}{dt}\left(\overrightarrow{A(t)} \cdot \overrightarrow{B(t)}\right) = \frac{d\overrightarrow{A(t)}}{dt} \cdot \overrightarrow{B(t)} + \overrightarrow{A(t)} \cdot \frac{d\overrightarrow{B(t)}}{dt} \tag{10.87}$$

[ベクトルの外積]
$$\frac{d}{dt}\left(\overrightarrow{A(t)} \times \overrightarrow{B(t)}\right) = \frac{d\overrightarrow{A(t)}}{dt} \times \overrightarrow{B(t)} + \overrightarrow{A(t)} \times \frac{d\overrightarrow{B(t)}}{dt} \tag{10.88}$$

# 第10章 微分

## 10.16 第10章 解答

### § 10.1.1 問題解答

(1): $\displaystyle\lim_{x \to 1} \frac{x^3 - 1}{x - 1} = 3 \qquad \lim_{x \to -1} \frac{x^2 - 1}{x^2 - 1} = 2 \qquad$ (2): $\displaystyle\lim_{x \to \pi/2+0} \frac{1}{\cos x} = -\infty \qquad \lim_{x \to \pi/2-0} \frac{1}{\cos x} = \infty$

(3): $\displaystyle\lim_{x \to 1} \log x = 1 \qquad \lim_{x \to +0} \log x = -\infty \qquad$ (4): $\displaystyle\lim_{x \to \infty} e^{-x} = 0 \qquad \lim_{x \to \infty} e^{-x} \cos x = 0$

### § 10.1.3 問題解答

(1):

$$\lim_{x \to 0} \frac{\sin x}{x^2} = \lim_{x \to 0} \frac{\sin x}{x} \lim_{x \to 0} \frac{1}{x} = 0 \qquad \lim_{x \to 0} \frac{\sin 3x}{x} = 3 \lim_{x \to 0} \frac{\sin 3x}{3x} = 3$$

$$\lim_{x \to 0} \frac{\sin x}{\sin 3x} = \frac{1}{3} \lim_{x \to 0} \frac{3x}{\sin 3x} \lim_{x \to 0} \frac{\sin x}{x} = \frac{1}{3}$$

(2):

$$\lim_{x \to 0} \frac{1 - \cos 2x}{x^2} = \lim_{x \to 0} \frac{2 \sin x^2}{x^2} = 2 \left( \lim_{x \to 0} \frac{\sin x}{x} \right)^2 = 2$$

$$\lim_{x \to 0} \frac{\tan x}{x} = \lim_{x \to 0} \frac{\sin x}{x} \lim_{x \to 0} \frac{1}{\cos x} = 1$$

### § 10.2.4 問題解答

(1): 関数 $f(x) = x^3 - x - 1$ とき、$f(1)f(2) < 0$ なので、$f(a) = 0$ となる値 $a$ は 1 と 2 の間にある。

(2): $f(x) = x^2 - 2$ と置く。$f(1.4)f(1.5) < 0$ なので、1.4 と 1.5 の間に $f(x) = 0$ となる解がある。

### § 10.3.2 問題解答

(1): $f'(x) = 3x^2 + 6x$ なので、$x = 1$ での接線の勾配は $f'(1) = 9$、接線の式は $y = 9(x-1) + f(1) = 9x - 3$ である。また、勾配がゼロとなる $x_0$ は、$f'(x_0) = 0$ から $x_0 = 0, x_0 = -2$, したがって、それぞれの座標は、$(0, 2)$、$(-2, 6)$ となる。

(2):

$$f'(x) = \lim_{h \to 0} \frac{1}{h} \left( \frac{1}{(x+h) - 1} - \frac{1}{x - 1} \right) = \lim_{h \to 0} \frac{-1}{(x+h-1)(x-1)} = \frac{-1}{(x-1)^2}$$

勾配が $-1$ となるのは、$x = 0, x = 2$。それぞれの座標は、$(0, -1)$、$(2, 1)$ となる。

## § 10.4.4 問題解答

(1): $f'(x) = 2x(4x+5) + (x^2+3)\dot{4} = 12x^2 + 10x + 12$

(2): $f'(x) = (x+2)(x+3) + x(x+3) + x(x+2) = 3x^2 + 10x + 6$

(3):
$$f'(x) = \frac{(x+1)-(x-4)}{(x+1)^2} = \frac{5}{(x+1)^2}$$

(4):
$$f'(x) = \frac{2x(x^2-1)-(x^2+1)\cdot 2x}{(x^2+1)^2} = \frac{-4x}{(x^2+1)^2}$$

## § 10.4.6 問題解答

(1): $f'(x) = 5(x^3+3)^4 \cdot 3x^2 = 15x^2(x^3+3)^4$

(2): § 10.4.4 の問い (3) を参照して、
$$f'(x) = 3\left(\frac{x-4}{x+1}\right)^2 \cdot \frac{5}{(x+1)^2} = \frac{15(x-4)^2}{(x+1)^4}$$

(3): $f'(x) = n(x^2-5)^{n-1} \cdot 2x = 2nx(x^2-5)^{n-1}$

(4): (10.10) 式参照して、$f'(x) = -n(x^2+1)^{-n-1} \cdot 2x = -2nx(x^2+1)^{-n-1}$

## § 10.5.3 問題解答

(1): $f'(x) = 2/3 \cdot (3x^2+1)^{2/3-1} \cdot 6x = 4x/(3x^2+1)^{1/3}$

(2): $f'(x) = 1/2 \cdot (1-x^2)^{-1/2} \cdot (-2x) = -x/\sqrt{1-x^2}$

## § 10.6.2 問題解答

(1):
$$\left(\frac{1}{\sin(ax)}\right)' = \frac{-(\sin(ax))'}{\sin^2(ax)} = \frac{-a\cos(ax)}{\sin^2(ax)}$$

(2):
$$\left(\frac{1}{\cos(ax)}\right)' = \frac{-(\cos(ax))'}{\cos^2(ax)} = \frac{a\sin(ax)}{\cos^2(ax)}$$

(3):
$$\left(\frac{1}{\tan(ax)}\right)' = \left(\frac{\cos(ax)}{\sin(ax)}\right)' = \frac{-a\sin^2(ax)-a\cos^2(ax)}{\sin^2(ax)} = \frac{-a}{\sin^2(ax)}$$

第10章 微分

(4) : $\bigl(\sin^2(ax)\bigr)' = 2\sin(cx)\cdot a\cos(ax) = a\sin(2ax)$

(5) : $(\sin(ax)\cos(ax))' = (\sin(2ax)/2)' = a\cos(2ax)$

(6) : $\bigl(\tan^2(ax)\bigr)' = 2\tan(ax)\cdot (\tan(ax))' = 2a\tan(ax)\bigl(1+\tan^2(ax)\bigr)$

(7) : $y = \arcsin x$ は $x = \sin y$ と同じ（変形関数）なので、

$$\frac{d(\arcsin x)}{dx} = \left(\frac{d(\sin y)}{dy}\right)^{-1} = \frac{1}{\cos y} = \frac{1}{\sqrt{1-\sin^2 y}} = \frac{1}{\sqrt{1-x^2}}$$

(8) : $y = \arccos x$ は $x = \cos y$ と同じ（変形関数）なので、

$$\frac{d(\arccos x)}{dx} = \left(\frac{d(\cos y)}{dy}\right)^{-1} = \frac{-1}{\sin y} = \frac{-1}{\sqrt{1-\cos^2 y}} = \frac{-1}{\sqrt{1-x^2}}$$

(9) : $y = \arctan x$ は $x = \tan y$ と同じ（変形関数）なので、

$$\frac{d(\arctan x)}{dx} = \left(\frac{d(\tan y)}{dy}\right)^{-1} = \frac{1}{1+\tan^2 y} = \frac{1}{1+x^2}$$

§ 10.7.3 問題解答

(1) : $\bigl(e^{-2x}\bigr)' = -2e^{-2x}$   (2) : $(xe^{ax})' = (1+ax)e^{ax}$

(3) : $(e^{-ax}\sin(bx))' = (c\sin(bx)+b\cos(bx))\,e^{-ax}$

(4) : $u = -ax^2$, $f(x) = e^u$ と置くと、

$$\frac{d(e^{-ax^2})}{dx} = \frac{de^u}{du}\frac{du}{dx} = e^u(-2ax) = -2axe^{-ax^2}$$

(5) : $u = x^2+2$, $f(x) = \log_e u$ と置くと、

$$\frac{d(\log_e(x^2+2))}{dx} = \frac{d(\log_e u)}{du}\frac{du}{dx} = \frac{1}{u}\cdot 2x = \frac{2x}{x^2+2}$$

(6) : $u = e^{-2x}+2$, $f(x) = \log_e u$ と置くと、

$$\frac{d(\log_e(e^{-2x}+2))}{dx} = \frac{d(\log_e u)}{du}\frac{du}{dx} = \frac{1}{u}\cdot(-2e^{-2x}) = \frac{-2e^{-2x}}{e^{-2x}+2} = \frac{-2}{1+2e^{2x}}$$

(7) : $(\sinh x)' = \cosh x$   (8) : $(\cosh x)' = \sinh x$

(9) : $\tanh x = \sinh x / \cosh x$ なので、

$$(\tanh x)' = \frac{\cosh^2 x - \sinh^2 x}{\cosh^2 x} = \frac{1}{\cosh^2 x}$$

## § 10.8.1 問題解答

(1):
$$\left(x^{n+2} + x^{n-2}\right)' = (n+2)x^{n+1} + (n-2)x^{n-3}$$
$$\left(x^{n+2} + x^{n-2}\right)'' = (n+2)(n+1)x^n + (n-2)(n-3)x^{n-4}$$

$x^{n-2}$ の $n$ 階微分はゼロとなるため、
$$f^{(n)}(x) = (n+2)(n+1)n(n-1)(n-2)\cdots 3x^2 = \frac{(n+2)!}{2!}x^2$$

(2): $\left(e^{3x}\right)' = 3e^{3x}, \quad \left(e^{3x}\right)'' = 3^2 e^{3x}, \quad \left(e^{3x}\right)^{(n)} = 3^n e^{3x}$。

(3): $(\sin x)' = \cos x \quad (\sin x)'' = -\sin x \quad (\sin x)^{(3)} = -\cos x \quad (\sin x)^{(4)} = \sin x$
なので、$n = 4m + c$ ($c$ は剰余) と置き換えて、

(a): $c = 0$ のとき、$(\sin x)^{(4m)} = \sin x$
(b): $c = 1$ のとき、$(\sin x)^{(4m+1)} = \cos x$
(c): $c = 2$ のとき、$(\sin x)^{(4m+2)} = -\sin x$
(d): $c = 3$ のとき、$(\sin x)^{(4m+3)} = -\cos x$

まとめると、
$$(\sin x)^{(n)} = \sin\left(x + \frac{n\pi}{2}\right)$$

(4): 全問と同じように行うと、
$$(\cos x)^{(n)} = \cos\left(x + \frac{n\pi}{2}\right)$$

## § 10.9.3 問題解答

(1): $f(x) = x^4 + 3x^2 - 5$ の関数形
$$f'(x) = 4x^3 + 6x = 2x(2x^2 + 3) \qquad f''(x) = 12x^2 + 6$$

極値は $(0, -5)$ で極小値。変曲点はない。(図 10.20 参照)

| $x$ | $\cdots$ | 0 | $\cdots$ |
|---|---|---|---|
| $f'(x)$ | ↘(負) | 0 | ↗(正) |
| $f(x)$ | 単調減少 | 極小値 ($= -5$) | 単調増加 |

(2): $f(x) = x^4 - 2x^2$ の関数形
$$f'(x) = 4x^3 - 4x = 4x(x^2 - 1) \qquad f''(x) = 4(3x^2 - 1)$$

極値は $(-1,-1)$ で極小値、$(0,0)$ で極大値、$(1,-1)$ で極小値。
変曲点は $(-1/\sqrt{3}, -5/9)$ と $(1/\sqrt{3}, -5/9)$。
$f''(x < -1/\sqrt{3}) < 0$（下に凸）、$f''(-1/\sqrt{3} < x < 1/\sqrt{3}) < 0$（上に凸）、$f''(1/\sqrt{3} < x) < 0$（下に凸）（図 10.21 参照）

| $x$ | $\cdots$ | -1 | $\cdots$ | 0 | $\cdots$ | 1 | $\cdots$ |
|---|---|---|---|---|---|---|---|
| $f'(x)$ | ↘(負) | 0 | ↗(正) | 0 | ↘(負) | 0 | ↗(正) |
| $f(x)$ |  | $-1$ |  | 0 |  | $-1$ |  |

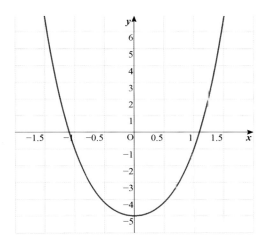

図 10.20　$f(x) = x^4 + 3x^2 - 5$

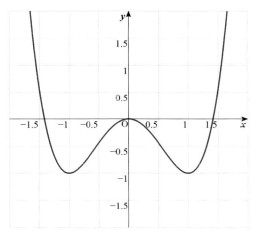

図 10.21　$f(x) = x^4 - 2x^2$

(3)：$f(x) = xe^{-2x}$ の関数形

$$f'(x) = (1 - 2x)e^{-2x} \qquad f''(x) = 4(x - 1)e^{-2x}$$

極値は $(0.5, e^{-1}/2)$ で極小値。変曲点は $(1, e^{-2})$。（図 10.22 参照）

| $x$ | $\cdots$ | 0.5 | $\cdots$ |
|---|---|---|---|
| $f'(x)$ | ↗(正) | 0 | ↘(負) |
| $f(x)$ | 単調増加 | 極大値 $(= e^{-1}/2)$ | 単調減少 |

(4)：$f(x) = e^{-x^2}$ の関数形

$$f'(x) = -2xe^{-x^2} \qquad f''(x) = (4x^2 - 2)e^{-x^2}$$

極値は $(0, 1)$ で極大値。変曲点は $(-1/\sqrt{2}, e^{-1/2})$ と $(1/\sqrt{2}, e^{-1/2})$。
$f''(x < -1/\sqrt{2}) < 0$（下に凸）、$f''(-1/\sqrt{2} < x < 1/\sqrt{2}) < 0$（上に凸）、
$f''(1/\sqrt{2} < x) < 0$（下に凸）（図 10.23 参照）

| $x$ | $\cdots$ | 0 | $\cdots$ |
|---|---|---|---|
| $f'(x)$ | ↗(正) | 0 | ↘(負) |
| $f(x)$ | 単調増加 | 極大値 ($=1$) | 単調減少 |

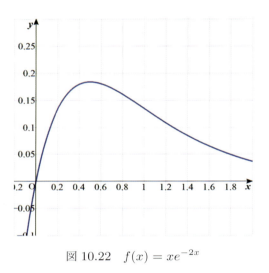

図 10.22　$f(x) = xe^{-2x}$

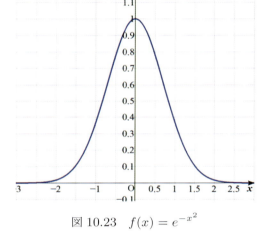

図 10.23　$f(x) = e^{-x^2}$

## § 10.9.4 問題解答

(1)：反射の経路：A→O→C において、要する時間を $t$ とする。

$$t = \frac{\sqrt{x^2 + a^2}}{v_1} + \frac{\sqrt{(c_1 - x)^2 + c_2^2}}{v_1}$$

$\dfrac{dt}{dx} = 0$ から、$\dfrac{x}{\sqrt{x^2 + a^2}} = \dfrac{(c_1 - x)}{\sqrt{(c_1 - x)^2 + c_2^2}}$　故に、$\sin\theta_1 = \sin\theta_2$

したがって、反射では、入射角 $\theta_1$ と反射角 $\theta_2$ は等しい。

(2)：反射の経路：A→O→B において、要する時間を $t$ とする。

$$t = \frac{\sqrt{x^2 + a^2}}{v_1} + \frac{\sqrt{(b_1 - x)^2 + b_2^2}}{v_2}$$

# 第10章 微分

$$\frac{dt}{dx} = 0 \quad \text{から、} \quad \frac{1}{v_1}\frac{x}{\sqrt{x^2+a^2}} = \frac{1}{v_2}\frac{(b_1-x)}{\sqrt{(b_1-x)^2+b_2^2}} \quad \text{故に、} \quad \frac{\sin\theta_1}{\sin\theta_2} = \frac{v_1}{v_2}$$

## § 10.10.2 問題解答

(1): $(x+a)^n$ のべき展開は $x$ の $n$ 次までなので、

$$f^{(k)}(0) = \frac{d^k(x+a)^n}{dx^k}\bigg|_{x=0} = n(n-1)(n-2)\cdots(n-k+1)(x+a)^{n-k}\big|_{x=0}$$
$$= \frac{n!}{(n-k)!}a^{n-k}$$

したがって、二項定理 (9.28) 式と一致する。

$$(x+a)^n = \sum_{k=0}^{n}\frac{1}{k!}f^{(k)}(0)x^k = \sum_{k=0}^{n}\frac{n!}{k!(n-k)!}a^{n-k}x^k$$

(2):

$$f^{(n)}(0) = \frac{d^n(x^{-1})}{dx^n}\bigg|_{x=0} = (-1)(-2)(-3)\cdots(-n)x^{-(n+1)}\big|_{x=0} = (-1)^n n!$$

$$\text{したがって、} \quad \frac{1}{x} = \sum_{n=0}^{\infty}(-1)^n x^n = 1 - x + x^2 - x^3 + \cdots$$

(3): $f(x) = (1+x)^p$ と置くと、

$$f'(0) = p(1+x)^{p-1}\big|_{x=0} = p \quad f''(0) = p(p-1)(1+x)^{p-2}\big|_{x=0} = p(p-1)$$

したがって、 $(1+x)^p = 1 + f'(0)x + \frac{1}{2!}f''(0)x^2 \cdots = 1 + px + \frac{p(p-1)}{2}x^2 + \cdots$

$\sqrt{17} = 4(1+1/16)^{1/2}$ と変形して、$x = 1/16, p = 1/2$ と見ると、

$$\sqrt{17} \approx 4\left(1 + \frac{1}{2}\frac{1}{16}\right) \approx 4.125$$

$100^{1/3} = 5(1-1/5)^{1/3}$ と変形して、$x = 1/5, p = 1/3$ と見ると、

$$100^{1/3} \approx 5\left(1 + \frac{-1}{3}\frac{1}{5}\right) \approx 4.667$$

(4): $x = -\beta^2, p = -1/2$ と見ると、

$$E = mc^2 = m_0 c^2(1-\beta^2)^{-1/2} \approx m_0 c^2\left(1 + \frac{1}{2}\beta^2\right) \approx m_0 c^2 + \frac{1}{2}m_0 v^2 + \cdots$$

## § 10.11.2 問題解答

(1)：$x = e^{i\theta}$ と置くと、
$$x^3 = e^{3\theta i} = \cos(3\theta) + i\sin(3\theta) = -1$$

したがって、$3\theta = \pm\pi, \pm 3\pi, \cdots$ 故に、$\theta = \pm\pi/3, \pm\pi, \cdots$ となり、
$$x = e^{\pm i\pi/3} = \cos(\pm\pi/3) + i\sin(\pm\pi/3) = \frac{1 \pm \sqrt{3}i}{2}$$
$$x = e^{\pm i\pi} = \cos(\pm\pi) + i\sin(\pm\pi) = -1$$

(2)：$e^{(x+y)i} = e^{xi} \cdot e^{yi}$ に、オイラーの公式を用いると、
$$\cos(x+y) + i\sin(x+y) = (\cos x + i\sin x)(\cos y + i\sin y)$$

実部から、$\cos(x+y) = \cos x \cos y - \sin x \sin y$ が得られ、
虚部から、$\sin(x+y) = \sin x \cos y - \cos x \sin y$ が得られる。

(3)：$e^{i\theta} = \cos\theta + i\sin\theta$, $\left(e^{i\theta}\right)^n = e^{in\theta}$ から、次式が得られる。
$$(\cos\theta + i\sin\theta)^n = \cos(n\theta) + i\sin(n\theta)$$

## § 10.12.4 問題解答

(1)：

(a)：
$$v(t) = \frac{dy(t)}{dt} = -gt + v_0 \qquad a(t) = \frac{dv(t)}{dt} = -g$$

(b)：最高点に達する時刻を $t_p$ とすると、最高点では速度がゼロとなる。したがって、$v(t_p) = 0$ から、$t_p = v_0/g$ となる。最高点の高さは、$y(t_p) = v_0^2/g$ である。

(c)：$v(t) = -gt + v_0 \quad y(t) = -1/2gt^2 + v_0 t$ を右辺に代入してまとめる。

(2)：

(a)：
$$v(t) = \frac{dy(t)}{dt} = -x_0\omega\sin(\omega t) \qquad a(t) = \frac{dv(t)}{dt} = -x_0\omega^2\cos(\omega t)$$

(b)：伸びがゼロになるときの時刻を $t_s$ とすると、$x(t_s) = x_0\cos(\omega t_s) = 0$ から、$t_s = \pi/(2\omega)$。したがって、$v(t_s) = -x_0\omega$ である。

# 第10章 微分

(c)：$v(t) = -x_0\omega\sin(\omega t)$　$x(t) = x_0\cos(\omega t)$ を右辺に代入してまとめる。

## § 10.13.5 問題解答

(1)：

(a)：
$$\overrightarrow{V(t)} = R_0\omega\left(-\sin(\omega t)\overrightarrow{i} + \cos(\omega t)\overrightarrow{j}\right)$$
$$\overrightarrow{A(t)} = -R_0\omega^2\left(\cos(\omega t)\overrightarrow{i} + \sin(\omega t)\overrightarrow{j}\right) = -\omega^2\overrightarrow{R(t)}$$

(b)：$x(t) = R_0\cos(\omega t)$　$y(t) = R_0\sin(\omega t)$。軌道式は、$x^2 + y^2 = R_0^2$ である。

(2)：
$$\frac{d}{dt}\left(\overrightarrow{R(t)}\cdot\overrightarrow{R(t)}\right) = 2\frac{d\overrightarrow{R(t)}}{dt}\cdot\overrightarrow{R(t)} = 2\overrightarrow{V(t)}\cdot\overrightarrow{R(t)} = 0$$

したがって、速度 $\overrightarrow{V(t)}$ と位置 $\overrightarrow{R(t)}$ は直交する。

(3)：$\overrightarrow{L}$ が時間に依らない一定値となることを示すには、$\overrightarrow{L}$ の時間微分がゼロとなることを示せばよい。

$$\frac{d\overrightarrow{L}}{dt} = \frac{d\overrightarrow{R(t)}}{dt}\times m\overrightarrow{V(t)} + \overrightarrow{R(t)}\times m\frac{d\overrightarrow{V(t)}}{dt} = \overrightarrow{V(t)}\times m\overrightarrow{V(t)} + \overrightarrow{R(t)}\times\overrightarrow{F}$$

右辺の第一項は同じ方向のベクトルの外積のためゼロとなる。
また、$\overrightarrow{F} = -f(t)\overrightarrow{R(t)}$ を代入すると第二項も同じ方向のベクトルの外積のためゼロとなる。
$$\frac{d\overrightarrow{L}}{dt} = \overrightarrow{R(t)}\times\overrightarrow{F} = \overrightarrow{R(t)}\times(-f(t))\overrightarrow{R(t)} = 0$$

# 第11章

# 積分

## 11.1 積分の定義

### 11.1.1 不定積分

次式のように、関数 $F(x)$ の微分が関数 $f(x)$ であるとき、$F(x)$ を $f(x)$ の原始関数という。即ち、

$$\frac{dF(x)}{dx} = f(x) \tag{11.1}$$

の関係式があるとき、$f(x)$ から $F(x)$ を求めることを "$f(x)$ を積分する" という。そして、次式のように表す[1]。

$$F(x) = \int f(x)dx + C \tag{11.2}$$

ここで、$C$ は積分変数 $x$ に依らない任意の定数で積分定数という（任意の定数がついても、(11.1) 式は満足するためである）。このような積分を "不定積分" という。(11.2) 式のように、積分される関数 $f(x)$ を被積分関数と呼ばれる。

例えば、$f(x) = x^2$ とき、 $F(x) = \int x^2 dx + C = \dfrac{x^3}{3} + C$

### 11.1.2 基本的な公式

積分の定義式 (11.1) から次の公式が成り立つことが分かる。

$$\int af(x)dx = a\int f(x)dx \quad (a\text{ は定数}) \tag{11.3}$$

---

[1] 積分記号 $\int$ は、ドイツの数学者ライプニッツによって発明された。

# 第11章 積分

$$\int \{f(x) \pm g(x)\}dx = \int f(x)dx \pm \int g(x)dx \tag{11.4}$$

## 11.1.3 基本的な関数の不定積分

第 10 章の微分公式を参照すると、基本的な関数の不定積分が得られる。

$$\int x^p dx = \frac{1}{p+1}x^{p+1} + C \quad (p \neq -1) \tag{11.5}$$

$$\int \frac{1}{x}dx = \ln|x| + C \tag{11.6}$$

$$\int e^{ax}dx = \frac{1}{a}e^{ax} + C \quad (a \neq 0) \tag{11.7}$$

$$\int a^x dx = \frac{a^x}{\ln|a|} + C \quad (a > 0) \tag{11.8}$$

$$\int \sin(ax)dx = -\frac{1}{a}\cos(ax) + C \quad (a \neq 0) \tag{11.9}$$

$$\int \cos(ax)dx = \frac{1}{a}\sin(ax) + C \quad (a \neq 0) \tag{11.10}$$

右辺を微分すると被積分関数が得られる。

## 11.1.4 定積分

積分定数 $C$ はある条件を付加することによって決められる。いま、積分定数 $C$ を省いた積分を

$$A(x) = \int f(x)dx \tag{11.11}$$

とおくと、(11.2) 式は $F(x) = A(x) + C$ と書ける。いま、条件として、

$$\begin{aligned} x = a \text{ とき、} & \quad F(a) = A(a) + C \\ x = b \text{ とき、} & \quad F(b) = A(b) + C \end{aligned}$$

が与えられているとき、この 2 式の差をとると次式がえられる。

$$F(b) - F(a) = A(b) - A(a) \equiv \int_a^b f(x)dx$$

右辺の積分項は関数 $f(x)$ を下限値：$x = a$ から上限値：$x = b$ まで積分することを意味している。この積分を定積分という。

関数 $f(x)$ の原始関数が $F(x)$ であり、$f(x)$ を $x = a$ から $x = b$ まで積分（定積分）することを次式のように表す。

$$\int_a^b f(x)dx = [F(x)]_a^b = F(b) - F(a) \tag{11.12}$$

例えば、$f(x) = x^2$ を $x = a$ から $x = b$ まで積分するとき、その値は

$$\int_a^b f(x)dx = \int_a^b x^2 dx = \left[\frac{x^3}{3}\right]_a^b = \frac{b^3}{3} - \frac{a^3}{3} = \frac{1}{3}(b^3 - a^3)$$

**定積分の定義式**：(11.12) 式から、次の関係式が得られる。

- 定積分において、上限値と下限値を入れ替えると、積分値の符号は入れ替わる。

$$\int_b^a f(x)dx = -\{F(b) - F(a)\} = -\int_a^b f(x)dx \tag{11.13}$$

あるいは

$$\int_b^a f(x)dx + \int_a^b f(x)dx = 0 \tag{11.14}$$

- 下限値：$a$ から上限値：$b$ までの定積分値と、下限値：$b$ から上限値：$c$ までの定積分値の和は下限値：$a$ から上限値：$c$ までの定積分値に等しい。

$$\int_a^b f(x)dx + \int_b^c f(x)dx = \{F(b) - F(a)\} + \{F(c) - F(b)\}$$
$$= \{F(c) - F(a)\} = \int_a^c f(x)dx \tag{11.15}$$

- 定積分と微分の間には、次の関係が成り立つ。

$$\frac{d}{dx}\int_a^x f(t)dt = \frac{d}{dx}\{F(x) - F(a)\} = \frac{dF(x)}{dx} = f(x) \tag{11.16}$$

### 11.1.5　問題

(1)：次の定積分を求めよ。

(a)：$\displaystyle\int_1^2 \frac{(x+1)^3}{x^2}dx$　　(b)：$\displaystyle\int_0^\infty e^{-2x}dx$　　(c)：$\displaystyle\int_0^\pi \sin^2 x\, dx$　　(d)：$\displaystyle\int_0^\pi \cos^2 x\, dx$

第11章 積分

(2)：次の積分値を求めよ。ただし $n$、$m$ は整数である。

(a)：$\displaystyle\int_{-\pi}^{\pi} \sin(nx)\sin(mx)dx$   (b)：$\displaystyle\int_{-\pi}^{\pi} \sin(nx)\cos(mx)dx$

(c)：$\displaystyle\int_{-\pi}^{\pi} \cos(nx)\cos(mx)dx$

## 11.2 置換積分法

置換積分法とは、積分変数を他の積分変数に置き替えて積分を行う方法である。いま、

$$A(x) \equiv \int f(x)dx$$

の積分を求めよう。ここで新しい変数 $t$ を導入して、変数 $x$ が $t$ の関数として、$x = g(t)$ と与えられているとする。

$$x = g(t) \implies \frac{dx}{dt} = g'(t) \implies dx = g'(t)dt$$

この関係式を用いると、積分変数 $x$ を新しい積分変数 $t$ に変換することができる。したがって、

$$A(x) \equiv \int f(x)dx = \int f(g(t))g'(t)dt = A(g(t)) \tag{11.17}$$

となる。この方法を置換積分法という。

定積分の場合、積分領域も変わる。例えば、$x = g(t)$ の変換式において、積分変数 $x$ の領域が $a$ から $b$ のとき、それに対応する新しい積分変数 $t$ の領域が $t_a$ から $t_b$ と置き換えられたとする。ここで、$a = g(t_a)$, $b = g(t_b)$ である。このとき、定積分は次式のように置き換えられる。

$$\int_a^b f(x)dx = \int_{t_a}^{t_b} f(g(t))g'(t)dt \tag{11.18}$$

### 11.2.1 例1

次の不定積分を置換積分法を用いて求めよう。

$$A(x) = \int f(ax+b)dx \tag{11.19}$$

$t = ax + b$ と置き換えると、$dt = adx$ となる。したがって、

$$A(x) = \int f(ax+b)dx = \int f(t)\frac{1}{a}dt = \frac{1}{a}\int f(t)dt \tag{11.20}$$

と簡単な積分に置き換えられる。

**具体例**

次の不定積分を計算しよう。
$$A(x) = \int (3x-2)^5 dx$$
$t = 3x - 2$ と置き換えると、$dt = 3dx$ なる。したがって、
$$A(x) = \frac{1}{3} \int t^5 dt = \frac{1}{3} \frac{t^6}{6} = \frac{1}{18}(3x-2)^6$$
また、$x$ の領域：$0 \leq x \leq 2$ の定積分は、$t = 3x - 2$ なので、$t$ の領域は $-2 \leq t \leq 4$ に替わる。
$$\int_0^2 (3x-2)^5 dx = \frac{1}{3} \int_{-2}^4 t^5 dt = \frac{1}{3} \left[\frac{t^6}{6}\right]_{-2}^4 = \frac{1}{3} \frac{4^6 - (-2)^6}{6} = 224$$

### 11.2.2 例 2

次の積分を求めよう。ここで、$f'(x)$ は $f(x)$ の導関数である。
$$A(x) = \int f(x)^n f'(x) dx \tag{11.21}$$
$t = f(x)$ と置き換えると、$dt = f'(x)dx$ となる。したがって、
$$A(x) = \int t^n dt = \frac{1}{n+1} t^{n+1} = \frac{f(x)^{n+1}}{n+1} \tag{11.22}$$
と簡単に積分できる。

**具体例**

具体例として次の積分を計算しよう。
$$A(x) = \int \cos^3 x \sin x dx$$
$t = \cos x$ と置くと、$dt = -\sin x dx$ なる。したがって、
$$A(x) = -\int t^3 dt = -\frac{t^4}{4} = -\frac{\cos^4 x}{4}$$
また、$x$ の領域：$0 \leq x \leq \pi/2$ の定積分は、$t = \cos x$ なので、$t$ の領域は $1 \sim 0$ に替わる。
$$\int_0^{\pi/2} \cos^3 x \sin x dx = -\int_1^0 t^3 dt = \int_0^1 t^3 dt = \left[\frac{t^4}{4}\right]_0^1 = \frac{1}{4}$$

第11章　積分

### 11.2.3　問題

(1)：次の定積分を置換積分法を用いて計算せよ。

$$\text{(a)}: \int_2^4 \left(\frac{1}{3x-2}\right)^5 dx \qquad \text{(b)}: \int_0^2 (2x+5)^{1/3} dx$$

(2)：次の不定積分を置換積分法を用いて求めよ。

$$\text{(a)}: \int \tan(ax) dx \qquad \text{(b)}: \int \cot(ax) dx \qquad \text{(c)}: \int \frac{g'(x)}{g(x)} dx$$

(3)：次の積分値 $S$ を求めよ。ただし、$r$ は正の定数。（ヒント：$x = r\sin t$ と置く）

$$S = \int_{-r}^{r} \sqrt{r^2 - x^2} dx$$

## 11.3　部分積分法

関数 $f(x)$ と $g(x)$ の積の微分は次のように与えられている。((10.13) 式参照)

$$\{f(x)g(x)\}' = f'(x)g(x) + f(x)g'(x)$$

両辺を $x$ で積分すると、

$$\int \{f(x)g(x)\}' dx = f(x)g(x) = \int f'(x)g(x) dx + \int f(x)g'(x) dx$$

が成り立つ。したがって、

$$\int f'(x)g(x) dx = f(x)g(x) - \int f(x)g'(x) dx \tag{11.23}$$

が得られる。$f(x)'g(x)$ の積分が $f(x)g'(x)$ の積分に入れ替わっている。この方法を部分積分法という。

定積分では

$$\int_a^b f'(x)g(x) dx = [f(x)g(x)]_a^b - \int_a^b f(x)g'(x) dx \tag{11.24}$$

例 1

次の定積分を求めよう。
$$\int_0^\infty xe^{-x}dx$$
$f'(x) = e^{-x}$、$g(x) = x$ と置くと、
$$\int_0^\infty xe^{-x}dx = \left[-xe^{-x}\right]_0^\infty + \int_0^\infty e^{-x}dx = \left[-e^{-x}\right]_0^\infty = 1 \tag{11.25}$$

例 2

代表的な次の積分を求めよう。
$$\int_1^2 \ln|x|dx$$
$f'(x) = 1$、$g(x) = \ln|x|$ と置くと、
$$\int_1^2 \ln|x|dx = x\ln|x| - \int x\frac{1}{x}dx = x\ln|x| - x \tag{11.26}$$

### 11.3.1 問題

(1)：次の定積分を部分積分法を用いて計算せよ。

(a)：$\displaystyle\int_0^\pi x\cos x\, dx$　　(b)：$\displaystyle\int_1^2 x^2 \ln|x|dx$　　(c)：$\displaystyle\int_0^\infty x^2 e^{-x}dx$

(2)：次の不定積分：$I_n(x)$ を次のように定義するとき、
$$I_n \equiv \int x^n e^{kx}dx$$
次の漸化式を証明せよ。また、$I_3(x)$ を求めよ。ただし、$n$ は自然数である。
$$kI_n(x) = x^n e^{kx} - nI_{n-1}(x)$$

(3)：次の不定積分：$I_s(x)$ と $I_c(x)$ を次のように定義するとき、
$$I_s(x) = \int e^{ax}\sin(bx)dx \qquad I_c(x) = \int e^{ax}\cos(bx)dx \tag{11.27}$$
次式が成り立つことを示せ。
$$I_s(x) = \frac{e^{ax}\sin(bx)}{a} - \frac{b}{a}I_c(x) \qquad I_c(x) = \frac{e^{ax}\cos(bx)}{a} + \frac{b}{a}I_s(x) \tag{11.28}$$
この連立方程式から、$I_s(x)$ と $I_c(x)$ を求めよ。

# 第11章 積分

## 11.4 面積と定積分

§ 9.11 では、取り尽くし法による面積や体積の求め方について解説した。この節と次節では、見方を変えて積分の定義から面積や体積を求める。

図 11.1 に図示されているように、曲線 $y = f(x)$ と $y = g(x)$、及び直線 $x = a$ と $x = b$ で囲まれた面積 $S$ を求めよう。

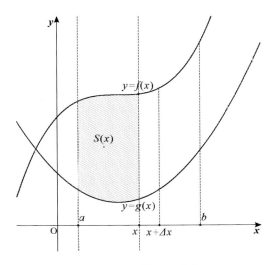

図 11.1 面積と定積分

いま、曲線 $y = f(x)$ と $y = g(x)$、及び直線 $x = a$ と $x = x$（ただし、$a \leq x \leq b$）で囲まれた面積を $S(x)$、直線 $x = a$ と $x = x + \Delta x$ で囲まれた面積を $S(x + \Delta x)$ とするとき、次式が成り立つ。

$$S(x + \Delta x) = S(x) + \{f(x) - g(x)\} \Delta x \tag{11.29}$$

ここで、$\Delta x$ は微小な量である。$\Delta x$ を限りなくゼロに近づけるとき、微分の定義から次式が得られる。

$$\lim_{\Delta x \to 0} \frac{S(x + \Delta x) - S(x)}{\Delta x} = \frac{dS(x)}{dx} = \{f(x) - g(x)\} \tag{11.30}$$

したがって、積分の定義式から、$S(x)$ は次のように与えられることが分かる。

$$S(x) = \int \{f(x) - g(x)\} \, dx + C \equiv A(x) + C$$

ここで、積分定数 $C$ は、条件：$x = a$ とき $S(a)$、$x = b$ とき $S(b)$ から決められる。
$$S(a) = A(a) + C、\quad S(b) = A(b) + C$$
したがって、次式が得られる。
$$S = S(b) - S(a) = A(b) - A(a) = \int_a^b \{f(x) - g(x)\}\,dx \tag{11.31}$$
曲線 $y = f(x)$ と $y = g(x)$、直線 $x = a$ と $x = b$ で囲まれた面積 $S$ は、$\{f(x) - g(x)\}$ を $x = a$ から $x = b$ までの定積分の値で与えられることが分かる。

### 11.4.1 問題

(1)：$y = x^2$ と $y = 0$, $x = 0$, $x = 1$ で囲まれた面積 $S$ が、取り尽くし法の結果 (9.11) 式と一致することを示せ。
(2)：$y = e^{-x}$ と $y = e^{-2x}$, $x = 0$ と $x = \infty$ で囲まれた面積を求めよ。
(3)：$y = xe^{-2x}$ と $y = 0$, $x = 0$ と $x = \infty$ で囲まれた面積を求めよ。
(4)：$y = \sin 2x$ と $y = 0$, $x = 0$ と $x = \pi/2$ で囲まれた面積を求めよ。
(5)：楕円：$x^2/a^2 + y^2/b^2 = 1$ の面積が $ab\pi$ となることを示せ。

## 11.5 体積と定積分

曲面で囲まれた体積も、前節の方法と同じ方法で求めることができる。図 11.2 に図示されているように、ある曲面の $x$ 軸に垂直な断面積を $S(x)$、この曲面と平面 $x = a$ と $x = x$ で囲まれた体積を $V(x)$ と置くと、
$$V(x + \Delta x) = V(x) + S(x)\Delta x \tag{11.32}$$
が成り立ち、$\Delta x$ を限りなくゼロに近づけるとき、次式が得られる。
$$\lim_{\Delta x \to 0} \frac{V(x + \Delta x) - V(x)}{\Delta x} = \frac{dV(x)}{dx} = S(x) \tag{11.33}$$
したがって、この曲面と平面 $x = a$ と $x = b$ で囲まれた体積 $V$ は次式で与えられる。
$$V = \int_a^b S(x)\,dx \tag{11.34}$$

特に図 11.3 に図示されているように、$y = f(x)$ を $x$ 軸の周りに回転してできる回転体の体積は、その断面積が $S(x) = \pi\{f(x)\}^2$ なので、次式で与えられる。

$$V = \pi \int_a^b \{f(x)\}^2\, dx \tag{11.35}$$

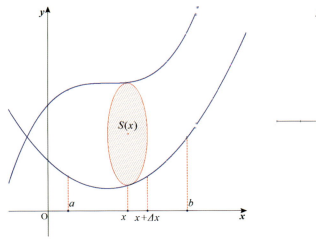

図 11.2  曲面で囲まれた体積    図 11.3  回転体の体積

### 11.5.1 問題

(1): 楕円：$x^2/a^2 + y^2/b^2 = 1$ を $x$ 軸の周りに回転してできる体積 $V_x$ と $y$ 軸の周りに回転してできる体積 $V_y$ を求めよ。

(2): $y = e^{-2x}\ (0 \leq x < \infty)$ を $x$ 軸の周りに回転してできる体積はいくらか。

(3): $y = \sin x\ (0 \leq x \leq \pi)$ を $x$ 軸の周りに回転してできる体積はいくらか。

(4): 低面積が $S$、高さが $h$ の角錐の体積が $hS/3$ となることを示せ。

## 11.6 曲線の長さと定積分

図 11.4 に図示されている曲線：$y = f(x)$ に沿って、$x = a$ から $x = b$ までの曲線の長さを求めよう。$x = a$ から $x = x$ までの曲線の長さを $L(x)$、$x = x + \Delta x$ までの曲線の長さを $L(x + \Delta x)$ と置くと、三平方の定理を用いて、

$$L(x + \Delta x) = L(x) + \sqrt{(\Delta x)^2 + (\Delta y)^2} = L(x) + \sqrt{1 + \left(\frac{\Delta y}{\Delta x}\right)^2}\, \Delta x \tag{11.36}$$

が得られる。ここで、$\Delta y = f(x + \Delta x) - f(x)$ である。$\Delta x \to 0$ の極限をとると、

$$\lim_{\Delta x \to 0} \frac{L(x + \Delta x) - L(x)}{\Delta x} \equiv \lim_{\Delta x \to 0} \frac{\Delta L(x)}{\Delta x} = \sqrt{1 + \lim_{\Delta x \to 0} \left(\frac{\Delta y}{\Delta x}\right)^2} \tag{11.37}$$

したがって、次式が得られる。

$$\frac{dL(x)}{dx} = \sqrt{1 + f'(x)^2} \tag{11.38}$$

曲線：$y = f(x)$ に沿って $x = a$ から $x = b$ までの曲線の長さ：$L$ は次式で与えられる。

$$L = \int_a^b \sqrt{1 + f'(x)^2} dx \tag{11.39}$$

例えば、$y = x^2$ に沿って $x = 1$ から $x = 2$ までの曲線の長さ：$L(1, 2)$ は、

$$L(1, 2) = \int_1^2 \sqrt{1 + 4x^2} dx$$

で与えられる。この積分は複雑なのでここでは省く[*2]。

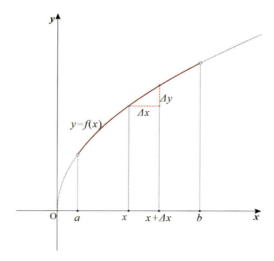

図 11.4　曲線の長さ

---

[*2] 『数学公式 1』（岩波全書）参照。

## 11.7 微分方程式

### 11.7.1 微分方程式とは

2次方程式などの代数方程式では、未知数を $x$ としたときの方程式：例えば、

$$x^2 + ax + b = 0$$

を立て、この方程式から $x$ を求めることを方程式を解くという。

一方、微分方程式では、未知の関数を $y = f(x)$ としたときの方程式：例えば、

$$\frac{dy}{dx} = ax + b \tag{11.40}$$

から、関数：$y = f(x)$ を求めることを"微分方程式を解く"という。

(11.40) 式の解き方は、先ず、同辺を $x$ で積分する。

$$\int \frac{dy}{dx} dx = \int (ax + b) dx + C$$

左辺は置換積分法より、$y$ の積分に置き換えられる。

$$\int \frac{dy}{dx} dx = \int dy = \int (ax + b) dx + C$$

したがって、関数 $y = f(x)$ が求められる。

$$y = f(x) = \frac{1}{2}a^2 + bx + C$$

ここで、積分定数 $C$ は条件（例えば、$x = 0$ のとき、$y = 0$ とする条件）から、決められる。(11.40) 式の形の微分方程式は1階の微分のみを含むので、1階の微分方程式という。一方、§ 10.12.3 では、運動方程式として、

$$m\frac{d^2 x(t)}{dt^2} = F$$

が与えられた。この方程式は、2階の微分を含むので、2階の微分方程式という。

物理や数学だけでなく、気象や生態系や経済など、現在の数理科学の基礎は、（複雑な）微分方程式に支えられている。現代では、コンピューターの発達により、様々な微分方程式が数値解析されている。ここでは、簡単な微分方程式について解説する。

### 11.7.2 落下運動

質量 $m$ のボールを高さ $h$ のビルの屋上から、速さ $v_0$、迎角 $\theta$ で投げ上げたとき、時刻 $t$ でのボールの位置 $\overrightarrow{r(t)} = (x(t), y(t))$ と速度 $\overrightarrow{v(t)} = (v_x(t), v_y(t))$ を求めよう。ただし、ボールに働く力 $\overrightarrow{F}$ が重力のみである $\overrightarrow{F} = (0, -mg)$ とする。条件（初期条件という）は、水平成分については $x(t=0) = 0$, $v_x(t=0) = v_0 \cos\theta$、垂直成分については $y(t=0) = h$, $v_y(t=0) = v_0 \sin\theta$ である。運動方程式（2 階の微分方程式）は次のように与えられる。

$$\text{水平運動：} \quad m\frac{d^2 x(t)}{dt^2} = m\frac{dv_x(t)}{dt} = 0 \tag{11.41}$$

$$\text{垂直運動：} \quad m\frac{d^2 y(t)}{dt^2} = m\frac{dv_y(t)}{dt} = -mg \tag{11.42}$$

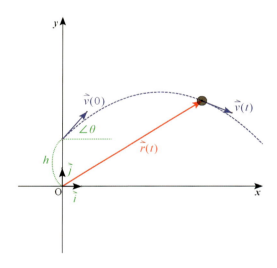

図 11.5　落下運動

**水平運動**

(11.41) 式の微分方程式を解くために、1 階の微分方程式：

$$\frac{dv_x(t)}{dt} = 0 \tag{11.43}$$

# 第11章 積分

から $v_x(t)$ を求める。両辺を $t$ で積分すると、

$$\int \frac{dv_x(t)}{dt}dt = \int dv_x = C \quad \text{故に} \quad v_x(t) = C$$

積分定数 $C$ は、初期条件 $v_x(t=0) = v_0\cos\theta$ から $C = v_0\cos\theta$ となる。
したがって、水平方向の速さ $v_x(t)$ は、

$$v_x(t) = v_0\cos\theta \tag{11.44}$$

となり、一定（等速度）であることが分かる。これは、慣性の法則[*3]が成り立っていることを示している。さらに、$v_x(t)$ と $x(t)$ の関係から、次式が得られる。

$$v_x(t) = \frac{dx(t)}{dt} = v_0\cos\theta \tag{11.45}$$

両辺を $t$ で積分すると、

$$\int \frac{dx(t)}{dt}dt = \int dx = x(t) = \int v_0\cos\theta dt + D = (v_0\cos\theta)t + D \tag{11.46}$$

積分定数 $D$ は、初期条件 $x(t=0) = 0$ から $D = 0$ となる。したがって、水平方向の位置 $x(t)$ は次式で与えられる。

$$x(t) = (v_0\cos\theta)t \tag{11.47}$$

**垂直運動**

(11.42) 式の 1 階の微分方程式：

$$\frac{dv_y(t)}{dt} = -g \tag{11.48}$$

両辺を $t$ で積分すると、

$$\int \frac{dv_y(t)}{dt}dt = \int dv_y = \int(-g)dt \quad \text{故に} \quad v_y(t) = -gt + C'$$

積分定数 $C'$ は、初期条件 $v_y(t=0) = v_0\sin\theta$ から $C' = v_0\sin\theta$ となる。したがって、

$$v_y(t) = \frac{dy(t)}{dt} = -gt + v_0\sin\theta \tag{11.49}$$

---

[*3] 慣性の法則：物体に力が働かないとき、物体は静止しているか、等速度で運動する。

垂直方向の速さは時間とともに減少し、時刻：$t_0 \equiv v_0 \sin\theta/g$ のとき、垂直方向の速さはゼロとなる。さらに、$v_y(t)$ と $y(t)$ の関係から、(11.49) 式の両辺を $t$ で積分すると、

$$\int v_y(t)dt = \int \frac{dy(t)}{dt}dt = \int dy = y(t) = \int (-gt + v_0 \sin\theta)dt + D'$$

したがって、

$$y(t) = -\frac{1}{2}gt^2 + (v_0 \sin\theta)t + D'$$

積分定数 $D'$ は、初期条件 $y(t=0) = h$ から $D' = h$ となる。したがって、垂直方向の位置 $y(t)$ は次式で与えられる。

$$y(t) = -\frac{1}{2}gt^2 + (v_0 \sin\theta)t + h \tag{11.50}$$

### 11.7.3 位置エネルギー

いま、力 $F(x)$ が与えられているとき、

$$-\frac{dU(x)}{dx} = F(x) \qquad \text{あるいは} \qquad F(x)dx = -dU(x) \tag{11.51}$$

で定義される $U(x)$ を位置 $x$ における位置エネルギー（ポテンシャルエネルギー）という。両辺を $x_a$ から $x_b$ まで定積分すると、$x_a$ での位置エネルギー $U(x_a)$ と $x_b$ での位置エネルギー $U(x_b)$ の差は次式によって与えられる。

$$\int_{x_a}^{x_b} \frac{dU(x)}{dx}dx = \int_{x_a}^{x_b} dU(x) = U(x_b) - U(x_a) = -\int_{x_a}^{x_b} F(x)dx \tag{11.52}$$

例えば、水平方向 ($x$ 軸上) に、一端が固定され他端に質量 $m$ の物体が付けられたばねを $x$ だけ伸ばすとき、反対方向に元に戻そうとする力が働く。この力を復元力という。伸び $x$ のときの復元力 $F(x)$ は、伸びが小さいとき、

$$F(x) = -kx$$

と表され、伸びに比例する。これを"フックの法則"という。比例定数：$k$ は、ばね定数と呼ばれている。硬いばねほど $k$ は大きく、軟らかいばねほど $k$ は小さい。いま、ばねを自然長 $x = 0$ から $x = x$ まで伸ばしたとき、ばねが持つ位置エネルギー：$U(x)$ は

$$U(x) = -\int_0^x F(x)dx = \int_0^x kxdx = \frac{1}{2}kx^2 \tag{11.53}$$

となる。ここで、自然長のばねが持つ位置エネルギー $U(0) = 0$ と置いた。

### 11.7.4 エネルギー保存則

いま、$x$ 軸上に置かれた質量 $m$ の物体が $x$ 軸方向の力 $F(x)$ を受けて運動する場合を考える。

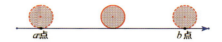

図 11.6 エネルギー保存則

物体が $a$ 点を通過したときの時刻は $t_a$、位置は $x_a$、速度は $v_a$ で、$b$ 点に到達したときの時刻は $t_b$、位置は $x_b$、速度は $v_b$ であった。この物体の運動方程式は

$$m\frac{d^2x}{dt^2} = F(x) \tag{11.54}$$

で与えられるので、両辺を $x$ で $x_a$ から $x_b$ まで積分するとき、右辺の力 $F(x)$ の積分は、(11.52) 式から $x_a, x_b$ での位置エネルギーの差になる。

$$m\int_{x_a}^{x_b} \frac{d^2x}{dt^2} dx = \int_{x_a}^{x_b} F(x)dx = U(x_a) - U(x_b) \tag{11.55}$$

一方、左辺の積分計算では、置換積分法を用いて、$x$ での積分を速度 $v(=dx/dt)$ での積分に置き換える。

$$\int_{x_a}^{x_b} \frac{d^2x}{dt^2} dx = \int_{t_a}^{t_b} \frac{dv}{dt}\frac{dx}{dt}dt = \int_{t_a}^{t_b} v\frac{dv}{dt}dt = \int_{v_a}^{v_b} vdv \tag{11.56}$$

したがって、(11.55) 式の左辺は次のようになる。

$$m\int_{x_a}^{x_b} \frac{d^2x}{dt^2} dx = m\int_{v_a}^{v_b} vdv = \frac{m}{2}\left(v_b^2 - v_a^2\right) \tag{11.57}$$

(11.57) 式を (11.55) に代入してまとめると、次の等式が導かれる。

$$\frac{1}{2}mv_b^2 + U(x_b) = \frac{1}{2}mv_a^2 + U(x_a) \tag{11.58}$$

位置 $a$ 点、$b$ 点は任意に選んだので、$x$ 軸上のすべての位置でこの等式は成り立つ。即ち、

$$\frac{1}{2}mv^2 + U(x) = 一定 \tag{11.59}$$

左辺第一項：$mv^2/2$ は質量 $m$ の物体が速さ $v$ で運動しているときの"運動エネルギー"という。第二項：$U(x)$ は物体が位置 $x$ にあるときの"位置エネルギー"である。この等式は、運動エネルギーと位置エネルギーの和が時間に依らない一定の値であることを示している。このことを"エネルギー保存則"という。この一定の値は一般に、初期条件から決められる。

### 11.7.5　問題

(1)：§ 11.7.2 の落下運動において、ボールの軌道式（$x(t)$ と $y(t)$ の関係式）を求め、さらに、ボールが地面と衝突したときの時刻と位置を求めよ。また、ボールを最も遠くに飛ばすには、迎角 $\theta$ をいくらにすればよいか。

(2)：§ 11.7.2 の落下運動のエネルギー保存則が次式となることを示せ。

$$\frac{1}{2}m(v_x(t)^2 + v_y(t)^2) + mgy(t) = \frac{1}{2}mv_0^2 = 一定 \qquad (11.60)$$

(3)：単振動の運動方程式：

$$m\frac{d^2x}{dt^2} = -kx \qquad (11.61)$$

から、エネルギー保存則は次式で与えられることを示せ。

$$\frac{1}{2}mv^2 + \frac{1}{2}kx^2 = 一定 \qquad (11.62)$$

いま、ばねを $l_0$ だけ伸ばして、静かに（物体に速度を与えずに）手を放した。ばねの伸びがゼロとなるときの物体の速さを求めよ。

(4)：地面からの高さが 50m の橋の上から、体重 60kg の人が、長さ 20m（自然長）の強いゴムひもの端に体を固定してバンジージャンプをした。この人が 20m 落下したときの落下速度はいくらか。また、この人は地上から何メートルまで落下したか。ゴムひものばね定数を $k = 300 \mathrm{N/m}$、重力加速度を $g = 9.8 \mathrm{m/s^2}$ とせよ。

(5)：空気中での物体の運動では、一般に空気抵抗が働く。この空気抵抗は、速度がそれほど大きくない場合、速度に比例した抵抗が働くことが知られている。いま、非常に高い所から物体が自由落下するとき、次の問いに答えよ。ただし、空気抵抗の速度に対する比例定数を $\beta$ とする。また、時刻 $t$ のときの落下距離を $x(t)$、速度を $v(t)$ と置け。

　　(a)：運動方程式を記せ。
　　(b)：十分時間が経過したとき、物体の速度はどうなるか。

## 11.7.6 放射性元素と半減期

ラジウムやウランなどの放射性元素（放射性原子核）は放射能（アルファ線やベータ線やガンマ線など）を放出して、より安定な元素になろうとする。いわゆる、元の放射性元素は崩壊して減少していく。

いま、時刻 $t$ での放射性元素の個数を $N(t)$ とする。この放射性元素が単位時間に崩壊する個数の割合は、放射性元素の個数に比例して減少することが分かっている。即ち、次式の一階微分方程式が成り立つ。ここで、$\alpha$ は放射性元素固有の定数である。

$$\lim_{\Delta t \to 0} \frac{N(t+\Delta t) - N(t)}{\Delta t} = \frac{dN(t)}{dt} = -\alpha N(t) \tag{11.63}$$

この方程式は、このままの形で両辺を $t$ で積分することはできない。なぜなら、右辺には未知関数 $N(t)$ が含まれているため積分できない。この形の微分方程式では、

$$\frac{1}{N(t)} \frac{dN(t)}{dt} = -\alpha \tag{11.64}$$

と変形して、両辺を積分する。

$$\int \frac{1}{N(t)} \frac{dN(t)}{dt} dt = \int \frac{1}{N} dN = -\int \alpha dt$$

したがって、

$$\log N(t) = -\alpha t + C \quad 故に、\quad N(t) = N_0 e^{-\alpha t} \tag{11.65}$$

ここで、$N_0$ は $t=0$ ときの放射性元素の個数である。

### 半減期

放射性元素が崩壊して、その個数が元の半分なるまでの時間を"半減期"という。半減期を $T$ と定義するとき、次式が成り立つ。

$$\frac{N(T)}{N_0} = e^{-\alpha T} = \frac{1}{2} \tag{11.66}$$

この半減期 $T$ を用いると、(11.65) 式は次のように書き換えることができる。

$$\frac{N(t)}{N_0} = \left(\frac{1}{2}\right)^{t/T} \tag{11.67}$$

一般にはこの式のほうがよく用いられている。

年代測定

炭素（C）の放射性同位元素 $^{14}_{6}$C（半減期：$T = 5730$ 年）の量を測定することによって、昔の骨や木から年代を測定することができる。

大気中では、安定な炭素 $^{12}_{6}$C の量（個数）$N_1$ と放射性同位元素 $^{14}_{6}$C の量 $N_2$ の割合はバランスが取れていて、その割合は $N_2/N_1 = 10^{-12}$ で一定であることが知られている。生物が生きて呼吸をしている間は生物の体内でもこの割合は保たれているが、死んで呼吸をしなくなると体内の放射性同位元素 $^{14}_{6}$C は崩壊していくため、この割合：$N_2/N_1$ は減少していく。この減少の割合を測定することによって、死んだときの年代が分かる。

### 11.7.7 問題

(1)： (11.66) 式から (11.67) 式を示せ。

(2)： ある古代の遺跡から発見された骨の放射性同位元素 $^{14}_{6}$C の個数 $N_2$ と安定な炭素 $^{12}_{6}$C の個数 $N_1$ の割合が、大気中の割合に比べて 3 分の 1 に減少していた。この骨の年代を求めよ。

## 11.8 フーリエ（Fourier）級数

振動や音などのように、複雑な波形をもつ波の解析にはフーリエ級数が用いられる。フーリエ級数とは、ある周期関数を三角関数の周期関数に分解する、即ち sin, cos の級数で展開することである。

### 11.8.1 正規直交関数列

ある $x$ の区間 $[a, b]$ において、関数列：$\varphi_1(x), \varphi_2(x), \varphi_3(x), \cdots, \varphi_n(x), \cdots$ が定義され、

$$\int_a^b \varphi_n(x)\varphi_m(x)dx = \delta_{n,m} \tag{11.68}$$

が成り立つとき、この関数列を"正規直交関数列"という。ここで、$\delta_{n,m}$ はクロネッカー $\delta$ と呼ばれ、次のように定義されている。

$$\delta_{n,m} = \begin{cases} 1 & n = m \\ 0 & n \neq m \end{cases} \tag{11.69}$$

第11章　積分

例えば、$x$ の区間 $[-\pi, \pi]$ において、三角関数の積の積分について、

$$\frac{1}{\pi}\int_{-\pi}^{\pi} \sin(nx)\sin(mx)dx = \delta_{n,m} \tag{11.70}$$

$$\frac{1}{\pi}\int_{-\pi}^{\pi} \cos(nx)\cos(mx)dx = \delta_{n,m} \tag{11.71}$$

$$\frac{1}{\pi}\int_{-\pi}^{\pi} \sin(nx)\cos(mx)dx = 0 \tag{11.72}$$

成り立つ[*4]。このことから、次の三角関数列：

$$\frac{1}{\sqrt{2\pi}}, \frac{\cos x}{\sqrt{\pi}}, \frac{\sin x}{\sqrt{\pi}}, \frac{\cos 2x}{\sqrt{\pi}}, \frac{\sin 2x}{\sqrt{\pi}}, \cdots \frac{\cos nx}{\sqrt{\pi}}, \frac{\sin nx}{\sqrt{\pi}}, \cdots \tag{11.73}$$

は正規直交関数列であることが分かる。

## 11.8.2　フーリエ級数展開 1

いま、$x$ の区間 $[-\pi, \pi]$ において、関数 $f(x)$ が滑らかでかつ連続であり、$f(x) = f(x+2\pi)$ の周期関数であるとき（例えば、図 11.6 参照）、関数 $f(x)$ は三角関数列で表すことができる。

$$\begin{aligned} f(x) &= \frac{a_0}{2} + (a_1 \cos x + b_1 \sin x) + (a_2 \cos 2x + b_2 \sin 2x) \\ &\quad + (a_3 \cos 3x + b_3 \sin 3x) + \cdots + (a_n \cos nx + b_n \sin nx) + \cdots \\ &= \frac{a_0}{2} + \sum_{n=1}^{\infty} (a_n \cos nx + b_n \sin nx) \end{aligned} \tag{11.74}$$

ここで、係数：$a_n, b_n$ は、三角関数列が正規直交関数列であることから、(11.70)〜(11.72)式を用いて、次のように与えられる。

$$a_0 = \frac{1}{\pi}\int_{-\pi}^{\pi} f(x)dx \quad a_n = \frac{1}{\pi}\int_{-\pi}^{\pi} f(x)\cos nx dx \quad b_n = \frac{1}{\pi}\int_{-\pi}^{\pi} f(x)\sin nx dx \tag{11.75}$$

$f(x)$：偶関数のとき

関数 $f(x)$ が偶関数：$f(x) = f(-x)$ とき、係数 $b_n = 0$ となる。したがって、偶関数 $f(x)$ のフーリエ級数展開は cos の級数展開で与えられる。

$$f(x) = \frac{a_0}{2} + \sum_{n=1}^{\infty} a_n \cos nx \tag{11.76}$$

---

[*4] §.11.1.5 の問 (2) 参照。

ここで、
$$a_0 = \frac{2}{\pi}\int_0^\pi f(x)dx \qquad a_n = \frac{2}{\pi}\int_0^\pi f(x)\cos nx\, dx \tag{11.77}$$

$f(x)$：奇関数のとき

　関数 $f(x)$ が奇関数：$f(x) = -f(-x)$ とき、係数 $a_n = 0$ となるので、奇関数 $f(x)$ のフーリエ級数展開は sin の級数展開で与えられる。

$$f(x) = \sum_{n=1}^\infty b_n \sin nx \tag{11.78}$$

ここで、
$$b_n = \frac{2}{\pi}\int_0^\pi f(x)\sin nx\, dx \tag{11.79}$$

### 11.8.3 問題

(1): $x$ の区間 $[-\pi, \pi]$ において、関数 $f(x) = x^2$ の周期関数のフーリエ級数展開が、次のようになることを示せ（図 11.6 参照）。

$$\begin{aligned}f(x) = x^2 &= \frac{\pi^2}{3} - 4\left\{\frac{\cos x}{1^2} - \frac{\cos 2x}{2^2} + \frac{\cos 3x}{3^2} - \frac{\cos 4x}{4^2} + \cdots\right\} \\ &= \frac{\pi^2}{3} + \sum_{n=1}^\infty (-1)^n \frac{4}{n^2}\cos nx \end{aligned} \tag{11.80}$$

特に、$x = \pi$ と置くとき、ゼータ関数：$\zeta(2)$ が得られる[*5]。

$$\zeta(2) \equiv \frac{\pi^2}{6} = \sum_{n=1}^\infty \frac{1}{n^2} = \frac{1}{1^2} + \frac{1}{2^2} + \frac{1}{3^2} + \cdots \tag{11.81}$$

(2): $f(x) = |x|$：$(-\pi \leq x \leq \pi)$ の周期関数のフーリエ級数展開が次のようになることを示せ（図 11.7 参照）。

$$\begin{aligned}f(x) = |x| &= \frac{\pi}{2} - \frac{4}{\pi}\frac{\cos x}{1^2} - \frac{4}{\pi}\frac{\cos 3x}{3^2} - \frac{4}{\pi}\frac{\cos 5x}{5^2} - \cdots \tag{11.82}\\ &= \frac{\pi}{2} - \frac{4}{\pi}\sum_{n=1}^\infty \frac{\cos(2n-1)x}{(2n-1)^2} \tag{11.83}\end{aligned}$$

---

[*5] § 10.14 Appendix-A 「バーゼル問題」参照。

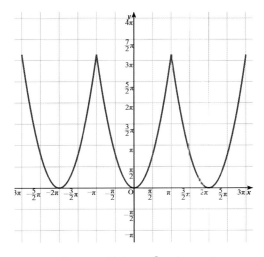

図 11.7　$f(x) = x^2$ ; $[-\pi, \pi]$

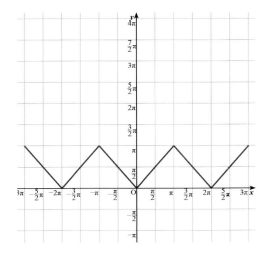

図 11.8　$f(x) = |x|$ ; $[-\pi, \pi]$

### 11.8.4　フーリエ級数展開 2

関数 $f(x)$ が区間 $[-l, l]$ において連続であり、$f(x) = f(x+2l)$ の周期関数であるとき、$f(x)$ のフーリエ級数展開は次のように与えられる。

$$\begin{aligned}f(x) &= \frac{a_0}{2} + a_1 \cos\left(\frac{\pi x}{l}\right) + b_1 \sin\left(\frac{\pi x}{l}\right) + a_2 \cos\left(\frac{2\pi x}{l}\right) + b_2 \sin\left(\frac{2\pi x}{l}\right) \\ &\quad + \cdots + a_n \cos\left(\frac{n\pi x}{l}\right) + b_n \sin\left(\frac{n\pi x}{l}\right) + \cdots \\ &= \frac{a_0}{2} + \sum_{n=1}^{\infty}\left\{a_n \cos\left(\frac{n\pi x}{l}\right) + b_n \sin\left(\frac{n\pi x}{l}\right)\right\}\end{aligned} \tag{11.84}$$

ここで、係数：$a_n, b_n$ は次のようになる。

$$a_0 = \frac{1}{l}\int_{-l}^{l} f(x)dx \tag{11.85}$$

$$a_n = \frac{1}{l}\int_{-l}^{l} f(x)\cos\left(\frac{n\pi x}{l}\right)dx \tag{11.86}$$

$$b_n = \frac{1}{l}\int_{-l}^{l} f(x)\sin\left(\frac{n\pi x}{l}\right)dx \tag{11.87}$$

## 11.9　第 11 章 解答

§ 11.1.5 問題解答

(1) : 三角関数の積分は§ 5.4 の加法定理を参照。

　(a) :
$$\int_1^2 \frac{(x+1)^3}{x^2}dx = \int_1^2 \left(x+3+\frac{3}{x}+\frac{1}{x^2}\right)dx$$
$$= \left|\frac{x^2}{2}+3x+3\ln|x|-\frac{1}{x}\right|_1^2 = 5-3\ln 2$$

　(b) :
$$\int_0^\infty e^{-2x}dx = \left|-\frac{e^{-2x}}{2}\right|_0^\infty = \frac{1}{2}$$

　(c) :
$$\int_0^\pi \sin^2 x\, dx = \int_0^\pi \frac{1-\cos(2x)}{2}dx = \frac{\pi}{2}$$

　(d) :
$$\int_0^\pi \cos^2 x\, dx = \int_0^\pi \frac{1+\cos(2x)}{2}dx = \frac{\pi}{2}$$

(2) : § 5.4 の (5.20)〜(5.22) 式を参照。

　(a) :
$$\int_{-\pi}^\pi \sin(nx)\sin(mx)dx = -\frac{1}{2}\int_{-\pi}^\pi \{\cos(n+m)x - \cos(n-m)x\}dx$$
$$= \begin{cases} \pi & (n=m) \\ 0 & (n\neq m) \end{cases}$$

　(b) :
$$\int_{-\pi}^\pi \sin(nx)\cos(mx)dx = \frac{1}{2}\int_{-\pi}^\pi \{\sin(n+m)x + \sin(n-m)x\}dx$$
$$= \begin{cases} 0 & (n=m) \\ 0 & (n\neq m) \end{cases}$$

(c):
$$\int_{-\pi}^{\pi} \cos(nx)\cos(mx)dx = \frac{1}{2}\int_{-\pi}^{\pi}\{\cos(n+m)x + \cos(n-m)x\}\,dx$$
$$= \begin{cases} \pi & (n=m) \\ 0 & (n \neq m) \end{cases}$$

§ 11.2.3 問題解答

(1):

(a): $3x-2=t$ と置く。$3dx=dt$, $(2<x<4) \to (5<t<11)$ となる。

$$\int_2^4 \left(\frac{1}{3x-2}\right)^5 dx \Rightarrow \int_5^{11} t^{-5}\frac{1}{3}dt = \frac{5^{-4}-11^{-4}}{12}$$

(b): $2x+5=t$ と置く。$2dx=dt$, $(0<x<2) \to (5<t<9)$ となる。

$$\int_0^2 (2x+5)^{1/3}\,dx \Rightarrow \int_5^9 t^{1/3}\frac{1}{2}dt = \frac{3}{8}\left(9^{4/3}-5^{4/3}\right)$$

(2):

(a): $\cos(ax)=t$ と置く。$-a\sin(ax)dx=dt$ となる。

$$\int \tan(ax)dx = \int \frac{\sin(ax)}{\cos(ax)}dx = \frac{-1}{a}\int \frac{1}{t}dt = \frac{-1}{a}\ln|t| = \frac{-1}{a}\ln|\cos(ax)|$$

(b): $\sin(ax)=t$ と置く。$a\cos(ax)dx=dt$ となる。

$$\int \cot(ax)dx = \int \frac{\cos(ax)}{\sin(ax)}dx = \frac{1}{a}\int \frac{1}{t}dt = \frac{1}{a}\ln|t| = \frac{1}{a}\ln|\sin(ax)|$$

(c): $g(x)=t$ と置く。$g'(x)dx=dt$ となる。

$$\int \frac{g'(x)}{g(x)}dx = \int \frac{1}{t}dt = \ln|t| = \ln|g(x)|$$

(3): $y=\pm\sqrt{r^2-x^2}$ は、半径 $r$ の円の式である。
$x=r\sin t$ と置く。$dx=(r\cos t)dt$, $(-r<x<r) \to (-\pi/2<t<\pi/2)$ となる。

$$S = \int_{-r}^{r} \sqrt{r^2-x^2}dx \Rightarrow r^2\int_{-\pi/2}^{\pi/2}\cos^2 t\,dt = \frac{1}{2}\pi r^2 \quad \text{（半円の面積）}$$

§ 11.3.1 問題解答

(1) :

(a) : (11.23) 式で、$f'(x) = \cos x$, $g(x) = x$ と置く。
$$\int_0^\pi x \cos x \, dx = |x \sin x|_0^\pi - \int_0^\pi 1 \sin x \, dx = -2$$

(b) : $f'(x) = x^2$, $g(x) = \ln|x|$ と置く。
$$\int_0^2 x^2 \ln|x| \, dx = \left|\frac{x^3}{3} \ln|x|\right|_1^2 - \int_1^2 \frac{x^3}{3} \frac{1}{x} 1 \, dx = \frac{8}{3} \ln 2 - 7$$

(c) : $f'(x) = e^{-x}$, $g(x) = x^2$ と置き、(11.25) 式を参照して、
$$\int_0^\infty x^2 e^{-x} \, dx = \left|-x^2 e^{-x}\right|_0^\infty + 2 \int_0^\infty x e^{-x} \, dx = 2$$

(2) : $f'(x) = e^{kx}$, $g(x) = x^n$ と置く。
$$I_n = \int x^n e^{kx} \, dx = \frac{1}{k} x^n e^{kx} - \frac{n}{k} \int x^{n-1} e^{kx} \, dx = \frac{1}{k} x^n e^{kx} - \frac{n}{k} I_{n-1}$$

したがって、$kI_n == x^n e^{kx} - nI_{n-1}$ が示された。

(3) : $f'(x) = e^{ax}$, $g(x) = \sin(bx)$ と置く。
$$I_s = \int e^{ax} \sin(bx) \, dx = \frac{1}{a} e^{ax} \sin(bx) - \int \frac{b}{a} e^{ax} \cos(bx) \, dx = \frac{1}{a} e^{ax} \sin(bx) - \frac{b}{a} I_c$$

もう 1 つの等式 $I_c$ も $f'(x) = e^{ax}$, $g(x) = \cos(bx)$ と置くと同様に示せる。

(11.28) 式で、未知数 $I_s, I_c$ の連立方程式を解くと
$$I_s = \frac{e^{ax}}{a^2 + b^2} \{a \sin(bx) - b \cos(bx)\} \qquad I_c = \frac{e^{ax}}{a^2 + b^2} \{a \cos(bx) + b \sin(bx)\}$$

§ 11.4.1 問題解答

(1): $S = \int_0^1 x^2 \, dx = \left|\dfrac{x^3}{3}\right|_0^1 = \dfrac{1}{3}$

(2): $S = \int_0^\infty \left(e^{-x} - e^{-2x}\right) dx = \left|-e^{-x} + \dfrac{1}{2} e^{-2x}\right|_0^\infty = \dfrac{1}{2}$

(3): $S = \int_0^\infty x e^{-2x} \, dx = \left|-\dfrac{1}{2} x e^{-2x}\right|_0^\infty + \int_0^\infty \dfrac{1}{2} e^{-2x} \, dx = \dfrac{1}{4}$

(4): $S = \int_0^\pi \sin(2x) \, dx = \left|\dfrac{1}{2} \cos(2x)\right|_0^\pi = \dfrac{1}{2}$

第11章 積分

(5)：$x^2/a^2 + y^2/b^2 = 1$ を $y = \pm b\sqrt{1 - x^2/a^2}$ と置き換えて、$-a < x < a$ で積分すると、§ 11.2.3 の問い (3) の解答を参照して、楕円の面積 $S$ は、

$$S = 2\int_{-a}^{a} b\sqrt{1 - x^2/a^2}\,dx = \frac{2b}{a}\int_{-a}^{a}\sqrt{a^2 - x^2}\,dx = \pi ab$$

§ 11.5.1 問題解答

(1)：$y = f(x) = b\sqrt{1 - x^2/a^2}$ と置くと、$V_x$ は

$$V_x = \pi\int_{-a}^{a}\{f(x)\}^2\,dx = \pi\int_{-a}^{a} b^2\left(1 - x^2/a^2\right)dx = \frac{4}{3}\pi ab^2$$

一方、$x = g(y) = a\sqrt{1 - y^2/b^2}$ と置くと、$V_y$ は

$$V_y = \pi\int_{-b}^{b}\{g(y)\}^2\,dy = \pi\int_{-b}^{b} a^2\left(1 - y^2/b^2\right)dy = \frac{4}{3}\pi a^2 b$$

(2)：$\{f(x)\}^2 = e^{-4x}$ なので、

$$V = \pi\int_{0}^{\infty}\{f(x)\}^2\,dx = \pi\int_{0}^{\infty} e^{-4x}\,dx = \frac{\pi}{4}$$

(3)：$\{f(x)\}^2 = \sin^2 x$ なので、§ 11.1.5 の問い (1) の (c) の解答を参照して、

$$V = \pi\int_{0}^{\pi}\{f(x)\}^2\,dx = \pi\int_{0}^{\pi}\sin^2 x\,dx = \frac{\pi^2}{2}$$

(4)：円錐の高さ方向を $x$ 軸にとり、$x = 0$ を頂点、$x = h$ を底面とする。このとき、$x$ のところでの断面積 $S(x)$ は $x^2$ に比例する。即ち、$S(x) = (S/h^2)x^2$ が成り立つ。したがって、円錐の体積は、

$$V = \int_{0}^{h} S(x)\,dx = \int_{0}^{h}\frac{S}{h^2}x^2\,dx = \frac{hS}{3}$$

§ 11.7.5 問題解答

(1)：(11.47) 式から、$t = x/(v_0\cos\theta)$ を (11.50) 式に代入すると、軌道式：

$$y = -\frac{g}{2(v_0\cos\theta)^2}x^2 + (\tan\theta)x$$

この軌道式は上に凸な2次関数である。したがって、$y = 0$（地面）での解：$x = 0$（ボールを投げ上げたところ）と $x = x_0$（地面と衝突したところ）を持つ。

$$x_0 = \frac{2\tan\theta}{g}(v_0\cos\theta)^2 = \frac{v_0^2}{g}\sin(2\theta)$$

したがって、$\sin(2\theta) = 1$ となる迎角 $\theta_0 = \pi/4$ のとき、最も遠くに飛ぶ。また、衝突した時刻 : $t_0$ は

$$t_0 = \frac{x_0}{v_0 \cos\theta} = \frac{2v_0}{g}\sin\theta$$

(2) : (11.45), (11.49) 式より、

$$\frac{1}{2}m\left(v_x(t)^2 + v_y(t)^2\right) = \frac{1}{2}mv_0^2 - mg\left(-\frac{1}{2}gt^2 + (v_0\cos\theta)t\right) = \frac{1}{2}mv_0^2 - mgy(t)$$

(3) : (11.61) 式の両辺を $x$ で積分すれば、(11.62) 式が示せる。

ばねを $l_0$ 伸ばしたとき、ばねがもつ位置エネルギーは $kl_0^2/2$、また、初速度はゼロなので、運動エネルギーはゼロである。したがって、エネルギー保存則は、

$$\frac{1}{2}mv^2 + \frac{1}{2}kx^2 = \frac{1}{2}kl_0^2$$

伸びがゼロになったとき, 即ち、$x = 0$ の速度を $v_0$ と置くと、

$$\frac{1}{2}mv_0^2 = \frac{1}{2}kl_0^2 \qquad 故に、\qquad v_0 = \pm\sqrt{\frac{k}{m}}l_0$$

(4) : 地面からの高さを $h = 50$m, 体重を $m = 60$kg, ゴムひもの長さを $l_0 = 20$m と置く。$x$m 落下した時の人の速度を $v$m/s とすると、

$$mgh = mg(h - x) + \frac{1}{2}mv^2 + \frac{1}{2}k(x - l_0)^2$$

左辺は、初め人が持っていた位置エネルギー、右辺第 1 項と第 2 項は、$x$m 落下したときの位置エネルギーと運動エネルギー、そして第 3 項は伸びたゴムひもが持っている位置エネルギーである（ただし、$x \geq l_0$）。

$x = 20$m のとき、ゴムひもの位置エネルギーはゼロなので、

$$2gh = 2g(h - 20) + v^2 \qquad 故に \qquad v = \sqrt{40g} \simeq 19.8\text{m/s}$$

最下点では速度がゼロ、その高さを $x_b$m と置くと、

$$2mgh = 2mg(h - x_b) + k(x_b - l_0)^2 \qquad 故に \qquad x_b \simeq 31.03\text{m/s or } 12.89\text{m/s}$$

$x_b \geq l_0(= 20)$ なので、$x_b \simeq 31.03$m。

したがって、地面からの高さは $h - x_b \simeq 18.97$m。

# 第11章 積分

(5) :

(a) : 空気抵抗は、運動方向と逆方向に働くので、$-\beta v(t)$ である。

$$\text{運動方程式：} \quad m\frac{d^2 x(t)}{dt^2} = m\frac{dv(t)}{dt} = -mg - \beta v(t)$$

(b) : 自由落下では下向きの速度がだんだん増加するにつれて、空気抵抗が増加する。そのため、運動方程式の右辺の力の項：$(-mg - \beta v(t))$ はだんだんゼロに近づく。即ち、十分時間が経過したとき、等速度：$v(t=\infty) = -mg/\beta$ で運動する。この運動方程式は解くことが出来て（§ 11.7.6 の (11.63)〜(11.65) 式参照）、その結果は

$$v(t) = -\frac{mg}{\beta}\left(1 - e^{-(\beta/m)t}\right)$$

## § 11.7.7 問題解答

(1) : (11.66) 式の $e^{-\alpha T} = 1/2$ から $\alpha = \ln 2/T$ が得られ、(11.65) 式に代入すると、

$$\ln\left(\frac{N(t)}{N_0}\right) = -\alpha t = -t\ln 2/T = \ln\left(\frac{1}{2}\right)^{t/T} \quad \text{故に} \quad \frac{N(t)}{N_0} = \left(\frac{1}{2}\right)^{t/T}$$

(2) : 発見された動物が死んでから現在までの年数を $t_2$ とすると、(11.67) 式より、

$$\frac{N_2(t_2)}{N_2(0)} = \frac{1}{3} = \left(\frac{1}{2}\right)^{t_2/T}$$

半減期：$T = 5730$ 年を用いて、$t_2 = T\ln 3/\ln 2 \simeq 9082.45$ 年。

## § 11.8.3 問題解答

(1) : (11.75) 式に $f(x) = x^2$ を代入する。

$$a_0 = \frac{1}{\pi}\int_{-\pi}^{\pi} x^2 dx = \frac{1}{\pi}\left|\frac{x^3}{3}\right|_{-\pi}^{\pi} = \frac{2\pi^2}{3}$$

$$a_n = \frac{1}{\pi}\int_{-\pi}^{\pi} x^2 \cos(nx)dx = \frac{1}{n\pi}\left|x^2 \sin(nx)\right|_{-\pi}^{\pi} - \frac{2}{n\pi}\int_{-\pi}^{\pi} x\sin(nx)dx = \frac{(-1)^n}{n^2}$$

$b_n$ の計算で、$x^2 \sin(nx)$ が奇関数のため、

$$b_n = \frac{1}{\pi}\int_{-\pi}^{\pi} x^2 \sin(nx)dx = 0$$

これらの結果を (11.74) 式に代入すると、(11.80) 式が得られる。

(2) : (11.75) 式に $f(x) = |x|$ を代入する。

$$a_0 = \frac{1}{\pi} \int_{-\pi}^{\pi} |x| dx = \frac{2}{\pi} \int_0^{\pi} x dx = \frac{2}{\pi} \left| \frac{x^2}{2} \right|_0^{\pi} = \pi$$

$$a_n = \frac{1}{\pi} \int_{-\pi}^{\pi} |x| \cos(nx) dx = \frac{2}{\pi} \int_0^{\pi} x \cos(nx) dx = \frac{2}{n^2 \pi} \{(-1)^n - 1\}$$
$$= \begin{cases} 0 & n : 偶数 \\ -4/n^2 \pi & n : 奇数 \end{cases}$$

$b_n$ は、$|x| \sin(nx)$ が奇関数のため、

$$b_n = \frac{1}{\pi} \int_{-\pi}^{\pi} |x| \sin(nx) dx = 0$$

# 参考文献

[1] 高木貞治　『解析概論第 3 版』（岩波書店、1961）
[2] 寺沢寛一　『（自然科学者のための）数学概論』（岩波書店、1954）
[3] 森口繁一 他　『数学公式』（岩波全書、1957）
[4] 小平正雄 他　『理化学辞典』（岩波書店、1958）
[5] 志賀浩二　『数学の流れ 30 講 (上、中、下)』（朝倉書店、2007）
[6] 木村俊一　『天才数学者はこう解いた、こう生きた』講談社選書メチエ（講談社、2001）

# 索 引

## あ
アラビア数字 ... 7
位置（ベクトル） ... 133
位置エネルギー ... 260
位置ベクトル ... 229
因数分解 ... 31
ウェーバー・フェルナーの法則 ... 124
運動エネルギー ... 262
運動の第2法則 ... 228
運動方程式 ... 228
エネルギー保存則 ... 261
円周角 ... 76
円の式 ... 82
追い越し算 ... 29
オイラーの公式 ... 127
黄金比 ... 35, 84
オームの法則 ... 49

## か
外角 ... 64
階乗 ... 192
外心 ... 77
回折 ... 117
外接円 ... 77
角運動量 ... 141, 232
加速度 ... 227
加速度（ベクトル） ... 134
加速度ベクトル ... 229
片対数グラフ ... 125
ガリレオ変換 ... 161
カルダノ ... 36
為替レート ... 14
干渉 ... 116
漢数字 ... 8
慣性質量 ... 228
慣性の法則 ... 259
完全数 ... 18
奇関数 ... 101
奇数 ... 9
記数法 ... 16
奇数列 ... 170
虚数 ... 20
偶関数 ... 101
偶数 ... 9
偶数列 ... 170
屈折率 ... 222
組み合わせ ... 192
高次方程式 ... 27, 225
勾配 ... 47
公倍数 ... 17
公約数 ... 17
公理 ... 63

# 索引

抗力 .................................................. 135
ゴールドバッハの予想 ........................ 19
国際単位系 ........................................ 22
婚約数 ............................................... 18

## さ

最小公倍数 ........................................ 17
最大公約数 ........................................ 17
3次方程式 ......................................... 36
三段論法 .......................................... 181
仕事 ................................................. 138
指数関数 .......................................... 121
自然数 ................................................ 9
自然数列 .......................................... 170
自然対数 .......................................... 126
重心 ................................................... 73
従属変数 ............................................ 46
周波数 ............................................. 110
自由落下 .......................................... 228
循環小数 ............................................ 19
順列 ................................................. 192
焦点 ................................................... 82
常用対数 .......................................... 123
進行波 ............................................. 112
振動 ................................................. 109
垂心 ................................................... 73
数直線 ............................................... 10
正規直交関数列 ............................... 264
正弦定理 ......................................... 102
整数 ..................................................... 9
整数分数 ............................................ 19
絶対値 ............................................... 10
漸化式 ............................................. 177
素因数分解 ........................................ 17
双曲線関数 ...................................... 127

双曲線の式 ........................................ 82
速度 ................................................. 226
速度（ベクトル） ........................... 133
速度ベクトル .................................. 229
素数 ................................................... 17
素数列 ............................................. 170

## た

第1象限 ............................................ 46
対数関数 .......................................... 121
代数的無理数 .................................... 20
楕円の式 ............................................ 82
タルターニャ .................................... 36
単位ベクトル .................................. 133
チェバの定理 .................................... 72
置換積分法 ...................................... 249
中間値の定理 .................................. 206
中心角 ............................................... 76
中心力 ............................................. 232
超越数 ...................................... 20, 126
調和数列 .......................................... 171
鶴亀算 ............................................... 29
定常波 ............................................. 113
定積分 ............................................. 247
テイラー級数展開 ........................... 222
デシベル .......................................... 124
同位角 ............................................... 63
等式 ................................................... 26
等比数列 .......................................... 171
特異点 ............................................... 49
独立変数 ............................................ 46
取り尽くし法 .................................. 184

## な

内角 ................................................... 64

内心 .................................................. 77
内接円 .............................................. 77
二項分布 ......................................... 180
二分法 ............................................. 206
ニュートンの運動の第1法則 ............. 136
ニュートンの運動の第2法則 ............. 136
ネイピア数 ................................ 20, 126

## は
背理法 ............................................. 181
半減期 ............................................. 263
被積分関数 ..................................... 246
微分法 ............................................. 201
比例定数 ........................................... 48
フィボナッチ数列 ........................... 178
フェラーリ ....................................... 36
フェルマーの原理 ........................... 221
複素平面 ......................................... 224
フックの法則 ................................. 260
不定積分 ......................................... 246
不等式 ............................................... 26
部分積分法 ..................................... 251
変曲点 ............................................. 220
変形関数 ......................................... 212
放射性元素 ..................................... 263
ポロニウス（の）円 ................... 77, 95

## ま
マクローリン級数展開 ................... 223
摩擦力 ............................................. 135
無理数 ............................................... 19
メネラウスの定理 ............................. 72
メルセンヌ素数 ................................. 18
面積速度 ................................. 141, 232

## や
友愛数 ............................................... 18
有理数 ............................................... 19
余弦定理 ......................................... 103

## ら
ラディアン ....................................... 75
リーマン予想 ................................... 17
両対数グラフ ................................. 126
連立方程式 ................................ 27, 30
ローマ数字 ......................................... 8
ローレンツ変換 ............................. 161

## わ
割円八線表 ....................................... 99

田中　聰（たなか　さとし）

理学博士
元近畿大学理工学部理学科教授、元理学研究科大学院教授。現在、毎日新聞文化センター講師、奈良ウェルネス講師、NPO法人「なにわ考房」理事。

## 大人の楽しい数学考房

2017年9月7日　初版第1刷発行

著　者　田中　聰
発行者　中田典昭
発行所　東京図書出版
発売元　株式会社 リフレ出版
　　　　〒113-0021　東京都文京区本駒込3-10-4
　　　　電話 (03)3823-9171　FAX 0120-41-8080
印　刷　株式会社 ブレイン

© Satoshi Tanaka
ISBN978-4-86641-079-1 C0041
Printed in Japan 2017
落丁・乱丁はお取替えいたします。

ご意見、ご感想をお寄せ下さい。

[宛先]　〒113-0021　東京都文京区本駒込3-10-4
　　　　東京図書出版